高职高专电子信息类系列精品教材

电工电子技术

主　编　雷少刚

副主编　杨亚萍

西安电子科技大学出版社

内 容 简 介

本书是根据高职高专教育非电类电工电子技术课程教学基本要求编写而成的。全书共13章，主要内容包括直流电路基本知识、直流电路的基本分析方法、正弦交流电路、三相交流电路、变压器、交流电动机、常用低压电器与电气控制、常见半导体器件、基本放大电路、集成运算放大器、直流稳压电源、数字电路基础、组合逻辑电路与时序逻辑电路。各章均配有小结和习题与思考题。

本书可作为高职高专非电类以及相关专业的教材，也可供相关专业工程技术人员参考。

图书在版编目(CIP)数据

电工电子技术/雷少刚主编. —西安：西安电子科技大学出版社，2011.2
(2022.6 重印)
ISBN 978 - 7 - 5606 - 2543 - 0

Ⅰ. ①电…　Ⅱ. ①雷…　Ⅲ. ①电工技术—高等学校：技术学校—教材
②电子技术—高等学校：技术学校—教材　Ⅳ. ①TM　②TN

中国版本图书馆 CIP 数据核字(2011)第 013568 号

策　　划　毛红兵
责任编辑　邵汉平　毛红兵
出版发行　西安电子科技大学出版社(西安市太白南路 2 号)
电　　话　(029)88202421　88201467　　邮　编　710071
http://www.xduph.com　　E-mail：xdupfxb@pub.xaonline.com
经　　销　新华书店
印　　刷　陕西博文印务有限责任公司
版　　次　2011 年 2 月第 1 版　2022 年 6 月第 7 次印刷
开　　本　787 毫米×1092 毫米　1/16　印张 15.5
字　　数　362 千字
印　　数　13 371～14 370 册
定　　价　40.00 元
ISBN 978 - 7 - 5606 - 2543 - 0/TM

XDUP 2835001 - 7
＊ ＊ ＊ 如有印装问题可调换 ＊ ＊ ＊

前　言

　　本书是根据高职高专课程基本要求和高职高专教育专业人才培养目标及规格的精神要求，依照高职高专院校"电工电子技术"课程大纲编写而成的，可作为高职高专院校非电类专业及相关专业的教材，也可供从事电工电子技术工作的人员以及工程技术人员参考。

　　本书的编写宗旨是：本着面向工程实践、注重应用、注重发展的原则，重点培养学生在实际工作中观察问题、分析问题及解决问题的综合能力；根据高职高专教育的特点，强调概念、定理、内容的应用性和实用性，尽量减少复杂的数学推导，适当降低理论深度。

　　本书在章节结构、内容安排与习题等方面，吸收了相关教材建设好的经验，同时总结了编者近年来从事教学工作的成果和经验，力求全面体现高职高专教育特色，满足当前教学的需要。

　　本书由西安航空技术高等专科学校雷少刚副教授任主编，杨亚萍副教授任副主编。具体编写分工是：何红讲师编写第 1、2、3 章，何小映讲师编写第 4、11、12 章，申良讲师编写第 8 章，杨亚萍副教授编写第 5、6、7 章，雷少刚副教授编写第 9、10、13 章及第 8 章部分章节。全书由雷少刚负责统稿。

　　在本书编写过程中，得到了西安航空技术高等专科学校领导的大力支持，同时得到了西安航空技术高等专科学校刘振廷教授的悉心指导，在此一并表示衷心感谢。

　　由于编者水平有限，书中难免有错误和不足之处，敬请使用本书的广大读者批评指正，以便修订时改正。

编　者

2010 年 11 月

目　　录

第1章 直流电路基本知识

电路是电工技术和电子技术的基础。本章以直流电路为例介绍电路的组成及模型、组成电路元件的约束关系及相互连接的约束关系；在此基础上进一步介绍用元件构成电路的连接方法、分析电路的常用方法、基本电路定理等。

1.1 电路的模型及基本物理量

1.1.1 电路的基本组成

简单而言，电路就是电流流通的通路，是由某些电工设备或电路元件为实现能量的输送和转换或实现信号的传递和处理按一定的方式连接而成的总体。例如，图1-1所示的手电筒电路是由干电池、电灯泡、导线和开关等组成的。

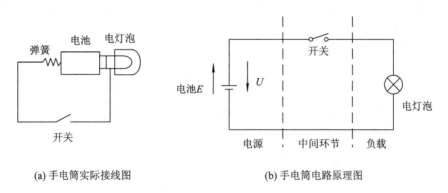

(a) 手电筒实际接线图　　　　　　　　　　(b) 手电筒电路原理图

图1-1　手电筒电路

电源(如电池)是将非电能转换为电能的设备；负载则是将电能转换为非电能的设备和元件；开关用于接通或断开电路，起控制电路的作用；导线用于把电源与负载连接起来。电路由电源、负载、中间环节(开关、连接导线等)3个基本部分组成，缺一不可。

电路按功能可分为两大类：

第一类是电力电路，其功能是进行能量的转换、传输和分配。

第二类是信号电路，其功能是进行信号的传递与处理。

不论是电能的传输和转换电路，还是信号的传递和变换电路，其中来自电源和信号源的电压输入、电流输入称为激励，它推动电路工作。激励在各部分所产生的电压和电流输出称为响应。对电路的分析，就是在已知电路结构和元件参数的情况下，分析激励和响应之间的关系。图1-2是电路在两种典型场合的应用。

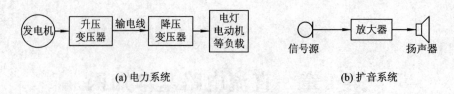

(a) 电力系统   (b) 扩音系统

图 1-2   电路在两种典型场合的应用图

1.1.2　基本物理量

1. 电流

大量电荷的定向移动形成电流。产生电流的条件是：导体两端存在一定的电压。当金属导体处于电场之内时，自由电子要受到电场力的作用，逆着电场的方向作定向移动，这就形成了电流。大小和方向均不随时间变化的电流叫恒定电流，简称直流。

电流的大小取决于在一定时间内通过导体横截面电荷量的多少。电流的强弱用电流强度来表示，对于恒定直流，电流强度 I 用在 t 秒内通过导体横截面的电量 Q 来表示，即

$$I = \frac{Q}{t} \tag{1-1}$$

电流的单位是 A(安[培])，电荷的单位为 C(库仑)。

常用的电流单位有 kA(千安)、mA(毫安)、μA(微安)和 nA(纳安)，其换算关系为

$$1 \text{ kA} = 10^3 \text{ A}, \quad 1 \text{ mA} = 10^{-3} \text{ A}, \quad 1 \text{ }\mu\text{A} = 10^{-6} \text{ A}, \quad 1 \text{ nA} = 10^{-9} \text{ A}$$

习惯上规定以正电荷移动的方向表示电流的实际方向。在外电路，电流由正极流向负极；在内电路，电流由负极流向正极。在简单电路中，电流的实际方向可由电源的极性确定；在复杂电路中，电流的方向有时事先难以判断，为了分析电路的需要，引入了电流的参考正方向的概念。即在进行电路计算时，先假定某一方向作为待求电流的正方向，并根据此正方向进行计算，若计算结果为正值($I>0$)，则说明电流的实际方向与选定的正方向相同；若计算结果为负值($I<0$)，则说明电流的实际方向与选定的正方向相反。图 1-3 表示电流的参考正方向(图中实线所示)与实际方向(图中虚线所示)之间的关系。

(a) 参考方向与实际方向相同   (b) 参考方向与实际方向相反

图 1-3   电流的方向

2. 电压

电压又称电位差，是衡量电场力做功本领大小的物理量。电压的大小是指电场力把单位正电荷从电场中 A 点移到 B 点所做的功。若电荷电量为 Q，做功为 W_{AB}，则 A、B 间的电压 U_{AB} 表达式为

$$U_{AB} = \frac{W_{AB}}{Q} \tag{1-2}$$

电压的单位为 V(伏[特])。如果电场力把 1 C 电量从点 A 移到点 B 所做的功是 1 J

（焦耳），则 A 与 B 两点间的电压就是 1 V。常用的电压单位还有 kV（千伏）、mV（毫伏）和
μV（微伏）。其换算关系为

$$1\ kV = 10^3\ V, \quad 1\ mV = 10^{-3}\ V, \quad 1\ \mu V = 10^{-6}\ V$$

电压的实际方向规定为从高电位点指向低
电位点，即由"＋"极指向"－"极。在电压的方
向上，电位是逐渐降低的。

电压的表示方法有三种：① 用箭头表示
（图 1-4(a)）；② 用正、负极性符号表示（图
1-4(b)）；③ 用双下标表示，如电压 U_{AB} 的前
一个下标 A 代表起点，后一个下标 B 代表终

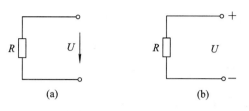

图 1-4　电压的正负与实际方向

点，电压的方向则由起点指向终点。如果难以确定电压的实际方向，可先假定电压的参考
方向。若计算结果为正值，就认为电压的实际方向与参考方向相同；反之，若计算结果为
负值，就认为实际电压方向与参考方向相反。

3. 电动势

为了维持电路中有持续不断的电流，必须有一种外力，能克服电场力把正电荷从低电
位处（如负极 B）移到高电位处（如正极 A）。在电源内部就存在着这种外力，电动势能够衡
量电源将非电能转换为电能的能力（见图 1-5）。

如图 1-6 所示，外力克服电场力把单位正电荷由低电位 B 端移到高电位 A 端，所做
的功称为电动势，用 E 表示，单位也是 V。如果外力把 1 C 的电量从点 B 移到点 A 所做的
功是 1 J，则电动势就等于 1 V。

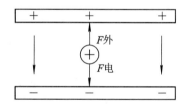

图 1-5　外力克服电场力做功

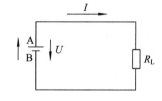

图 1-6　电动势

电动势的方向规定为从低电位指向高电位，即由"－"极指向"＋"极。

4. 电功率

在电流通过电路时，电场力或电源力做功，电路中发生了能量的转换。电场力所做的
功 $W = QU$。把单位时间内电场力所做的功称为电功率，简称功率，用 P 表示，单位为
W（瓦[特]），有

$$P = \frac{QU}{t} = UI \tag{1-3}$$

对于大功率，采用 kW（千瓦）或 MW（兆瓦）作单位，对于小功率，则用 mW（毫瓦）或
μW（微瓦）作单位。在电源内部，外力做功，正电荷由低电位移向高电位，电流逆着电场方
向流动，将其它能量转变为电能，其电功率 $P = EI$。若计算结果 $P > 0$，则该元件是耗能元
件；若计算结果 $P < 0$，则该元件为供能元件。

当已知设备的功率为 P 时，在 t 秒内消耗的电能 $W = Pt$，电能就等于电场力所做的

功，单位是 J(焦[耳])。在电工技术中，往往直接用 W·s(瓦特秒)作单位，实际中则多用 kW·h(千瓦时)作单位，俗称 1 度电。$1\ kW\cdot h = 3.6 \times 10^{6}\ W\cdot s$。

1.2　电路的工作状态

电路在工作时，有可能处于有载工作状态、开路状态和短路状态，现分别对每种状态的特点描述如下。

1.2.1　电路的有载状态

应用电路往往是含有电源的闭合回路，如图 1-7 所示的电路是一个简单的电源有载工作电路。当开关 S 闭合时，有电流通过负载电阻 R_L，电路处于通路状态，即有载工作状态，此时电路中的电流为

$$I = \frac{E}{R_0 + R_L}$$

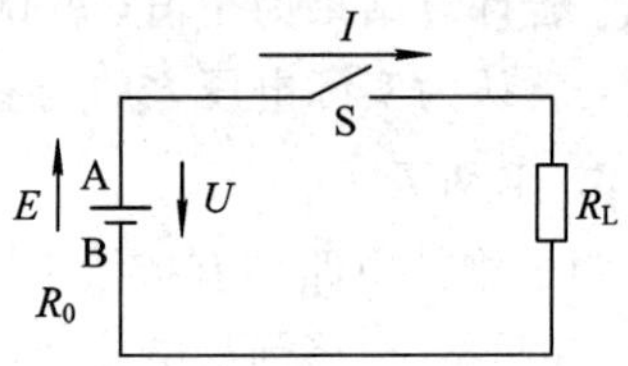

当电压源 E 和内阻 R_0 一定时，电流 I 的大小取决于负载电阻 R_L 的大小。负载两端的电压为

$$U = IR_L = E - IR_0$$

对等式两边同乘以 I，得功率的平衡方程式为

$$UI = EI - I^2 R_0$$

令 $P = UI$、$P_S = EI$、$P_0 = I^2 R_0$，上式可改写为

$$P = P_S - P_0$$

即

$$P_S = P + P_0$$

此式说明，电路在有载工作状态下，电压源 E 产生的功率等于电源内阻 R_0 损耗的功率与负载 R_L 消耗的功率之和。

图 1-7　电路的有载工作状态

电路中的用电器是经常变动的。一般情况下，当并联的用电器增多时，等效负载电阻 R_L 就会减小，而电源 E 通常是一恒定值，且内阻很小，电源端电压 U 变化很小，则电源输出的电流和功率将随之增大，这种情况称为电路的负载增大；反之，当并联的用电器减少时，电源输出的电流和功率将随之减小，这种情况称为电路的负载减小。可见，所谓负载增大或负载减小，是指增大或减小电流，而不是增大或减小电阻值。

各种电气设备和电路元件都有额定值，只有按照额定值使用，电气设备的运行才能安全可靠，经济合理，同时也不致于缩短使用寿命。例如，一台变压器的寿命与它的绝缘材料的耐热性能和绝缘强度有关，如果通过变压器的电流大于其额定电流，将会由于发热过甚而损坏绝缘材料。同理，若所加电压超过额定电压，绝缘材料有可能被击穿，影响使用寿命。导线的使用也是如此，一定要根据使用场合、通过电流的大小来选定导线的线径和绝缘等级等。

为了便于用户使用，生产厂家在电气设备和元器件的铭牌或外壳上均明确标出了其额定数据——额定电压、额定电流和额定功率，分别用 U_N、I_N 和 P_N 表示。

根据负载的大小，电路在有载工作状态下又分为下列三种：

(1) 满载工作状态，即电气设备的电流等于额定电流时的状态；

（2）轻载工作状态，即电气设备的电流小于额定电流时的状态，又称为欠载；

（3）过载工作状态，即电气设备的电流大于额定电流时的状态。

1.2.2　电路的开路状态

如图 1-8 所示电路，开关 S 未闭合或未接负载电阻 R_L 时，电路断开，此时输出电流为零，电路的这种状态叫做开路状态，又叫断路状态。这时电源的端电压 U 在数值上等于电压源的电压 E，这个电压叫做开路电压。由于输出电流为零，故电路不输出功率。

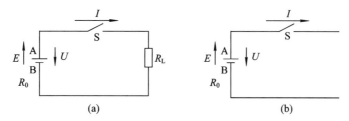

图 1-8　电路的开路状态

开路状态电路的主要特点为

$$\begin{cases} I = 0 \\ U = E \\ P = 0 \end{cases}$$

1.2.3　电路的短路状态

在图 1-9 中，当负载电阻 R_L 逐渐减小到等于零时，或者由于某种原因导致负载两端被电阻等于零的导线短接时，电流不再流过负载，这种状态称为短路状态。在此状态下电路中的电流只通过电源内阻 R_0，电流将达到很大的数值，这个电流叫做短路电流，用 I_S 表示。电源短路时的特征方程可表示为

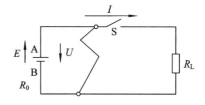

图 1-9　电路的短路状态

$$\begin{cases} I_S = \dfrac{E}{R_0} \\ U = 0 \\ P_E = \Delta P = I_S^2 R_0 \\ P = 0 \end{cases}$$

其中，ΔP 为功率损耗。内阻 R_0 一般很小，由上式可知 I_S 将很大。如果这种状态不能迅速排除，则短路电流流过内阻产生的热量会烧坏电源。电源短路是一种严重事故，应尽量避免。一旦发生短路故障，应迅速切断电路使之处于开路状态，以保护电气设备和供电线路。造成电源短路的原因主要有：绝缘损坏或接线不当。因此，在实际工作中要经常检查电气设备和线路的绝缘情况。为了防止短路引起大电流损坏电源的事故出现，通常应在电路中安装熔断器或自动保护装置。

实际工作中，有时出于某种需要，可以将电路的某一段或某一元件短路（常称为短接）或进行某种短路实验。例如，电动机启动时，先把与电动机相串联的安培表的两端短接起来，以免电动机启动时的大电流流过安培表，把仪表烧坏；启动完毕，断开安培表两端的

短接线，安培表指示电动机运转的电流。这种短接非但没有危险，反而是有利的。应该注意：严禁将电源输出端直接短路。

1.3 欧姆定律

在任意时刻 t，能用通过坐标原点的伏安特性曲线来表征其外部持性的二端网络称为电阻元件，例如电阻器就是其中之一。根据电阻元件的伏安特性曲线是否为通过坐标原点的直线，而将它分为线性电阻和非线性电阻两大类。欧姆定律指出：导体中的电流 I 与加在导体两端的电压 U 成正比，与导体的电阻 R 成反比。

1.3.1 线性电阻与欧姆定律

线性电阻元件以图 1-10(a)所示的符号表示。当电压 U 与电流 I 方向一致时，其伏安特性曲线是一条通过坐标原点的直线，如图 1-10(b)所示，其数学表达式为

$$U = IR$$

图 1-10(a)所示电路，是不含电动势，只含有电阻的一段电路。

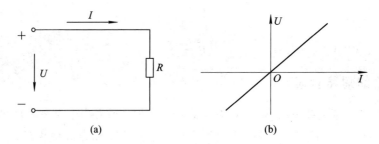

图 1-10 一段电路

若 U 与 I 正方向一致，则欧姆定律可表示为

$$U = IR \tag{1-4}$$

若 U 与 I 方向相反，则欧姆定律可表示为

$$U = - IR$$

电阻的单位是 Ω（欧[姆]），计量大电阻时用 $k\Omega$（千欧）或 $M\Omega$（兆欧）。其换算关系为：

$$1\ k\Omega = 10^3\ \Omega, \quad 1\ M\Omega = 10^6\ \Omega$$

电阻的倒数 $1/R = G$，称为电导，它的单位为 S（西[门子]）。

1.3.2 全电路的欧姆定律

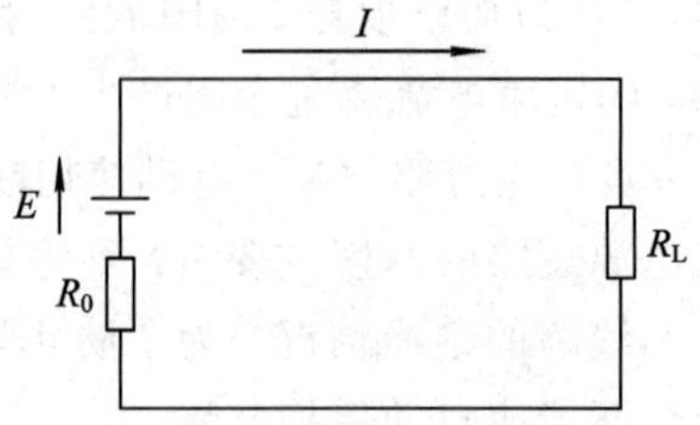

图 1-11 所示是简单的闭合电路，R_L 为负载电阻，R_0 为电源内阻，若略去导线电阻不计，则此段电路用欧姆定律表示为

$$I = \frac{E}{R_L + R_0} \tag{1-5}$$

图 1-11 简单的闭合电路

式(1-5)的意义是：电路中流过的电流，其大小与电动势成正比，而与电路的全部电阻成反比。电源的电动势和内电阻一般认为是不变

的，所以，改变外电路电阻，就可以改变回路中的电流大小。

1.4 基尔霍夫定律

凡是运用欧姆定律及电阻串、并联能进行化简、计算的电路，叫做简单电路；不能用电阻串、并联化简的直流电路叫做复杂直流电路。分析复杂直流电路时主要依据电路的两条基本定律——欧姆定律和基尔霍夫定律。基尔霍夫定律既适用于直流电路，也适用于交流电路。图 1-12 所示为复杂直流电路。

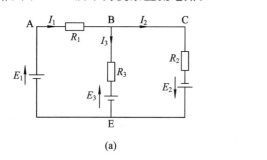
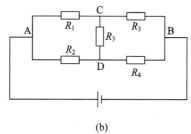

(a)   (b)

图 1-12 复杂直流电路

1.4.1 复杂直流电路的基本概念

1. 支路

支路是由一个或几个元件相互串联构成的无分支电路。电路中每一段不分支的电路，都可以称为支路，如图 1-12(a)中，BAE、BCE、BE 等都是支路。其中，含有电源的支路叫有源支路，不含电源的支路为无源支路。

2. 节点

电路中三条或三条以上支路相交的点，称为节点。例如，图 1-12(a)中的 B、E 都是节点；图 1-12(b)中的 A、B、C、D 都是节点。

3. 回路

电路中的任一闭合路径，称为回路。例如，图 1-12(a)中 BAEB、BCEB、BCEAB 等都是回路；图 1-12(b)中则有 7 个回路。

1.4.2 基尔霍夫电流定律(KCL)

基尔霍夫电流定律又称基尔霍夫第一定律，简称 KCL。其内容为：在电路中，任何时刻对于任一节点而言，流入节点电流之和等于流出节点电流之和，即

$$\sum I_i = \sum I_o \tag{1-6}$$

如图 1-12(a)所示，对节点 B 有

$$I_1 = I_2 + I_3$$

对节点 E 有

$$I_2 + I_3 = I_1$$

基尔霍夫电流定律的应用方法可以分为三步：

（1）可先任意假设各支路电流的参考方向，并标在电路图上。

（2）列出节点电流方程。通常流进节点的电流取正，流出节点的电流取负。

（3）根据计算值的正负来确定未知电流的实际方向。若解得值为负，则表明假设的电流方向与实际方向相反。

例 1-1　在图 1-13 中，已知 $I_1 = 20$ A，$I_2 = -30$ A，$I_3 = -15$ A，求 $I_4 = ?$

解　由 KCL 可得电流方程

$$I_1 + I_3 = I_2 + I_4$$

得

$$I_4 = I_1 + I_3 - I_2 = 20 + (-15) - (-30)$$
$$= 35 \text{ A}$$

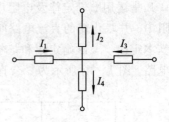

图 1-13　例题 1-1 图

1.4.3　基尔霍夫电压定律(KVL)

基尔霍夫电压定律又称基尔霍夫第二定律，简称 KVL。其内容为：沿任一回路绕行一周，回路中所有电动势的代数和等于所有电阻压降的代数和，即

$$\sum E = \sum IR$$

如图 1-12(a)所示，沿 ABEA 回路，有

$$E_1 - E_3 = I_1 R_1 + I_3 R_3$$

基尔霍夫电压定律的应用方法可以分为三步：

（1）确定各支路电流的参考方向和回路的绕行方向，并标在电路图上。

（2）根据基尔霍夫电压定律列写回路电压方程，各 I、E 的方向与绕行方向一致时，此电动势和电阻上的电压降为正，相反则为负。

（3）每个回路可以列写一个独立的电压方程。

1.5　电路中电位的计算

1.5.1　电位的概念

前面已经讲过，两点间的电压就是两点间的电位差。电路中每一点都有一定的电位，就如同空间的每一处都有一定的高度一样。讲某点的电位为多少，必须以某一点的电位作为参考电位，否则无任何意义。

电工学对电位的描述是：在电路中指定某点为参考点，规定其电位为零。电路中其他点与参考点之间的电压称为该点的电位。参考点也叫零电位点，可以任意选择，但通常选择大地、接地点、电气设备的机壳为参考点。在电工技术中，为了工作安全，通常把电路的某一点与大地连接，称为接地，这时电路的接地点为参考点；在电子线路中，通常以公共的接机壳点作为参考点；电路分析中常以多条支路的连接点作为参考点，它是分析电路中其余各点电位高低的比较标准，用符号"⊥"表示。

在晶体管电路和一些电子线路中，常需要计算晶体管各极的电位值，求出各极间的电位差，从而确定晶体管的工作状态。

1.5.2　电位的计算

电路中某点的电位，就是从该点出发，沿任选的一条路径"走"到参考点所经过的全部电位降的代数和。但要注意每一项电压的正、负值，如果在绕行过程中是从正极到负极，则此电压便是正的；反之，如果是从负极到正极，则此电压是负的。电压可以是电源电压，也可以是电阻上的电压。电源电压的正负极是直接给出的，电阻上电压的正负极则是根据电路中电流的方向来确定的。

计算电位的方法和步骤如下：

（1）选择一个零电位点，即参考点。

（2）标出电源和负载的极性。按 E 的方向是由负极指向正极的原则，标出电源的正负极性，设定电流方向，将电流流入端标为正极，流出端标为负。

（3）求点 A 的电位时，选定一条从点 A 到零电位点的路径，从点 A 出发沿此路径"走"到零电位点，不论一路经过的是电源还是负载，只要是从正极到负极，就取该电位降为正，反之就取负值，然后求代数和。

以图 1-14 所示电路为例，点 D 是参考点，各电源的极性和电流的方向如图中所示，求点 A 的电位时有三条路径：

沿 AE_1D 路径：$V_A = E_1$

沿 ABD 路径：$V_A = I_1R_1 + I_3R_3 + E_3$

沿 ABCD 路径：$V_A = I_1R_1 + I_2R_2 - E_2$

显然，沿 AE_1D 路径计算点 A 的电位最简单，但三种计算方法的结果是完全相同的。

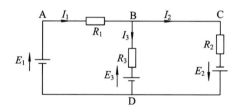

图 1-14　电位的计算

例 1-2　在图 1-15 所示电路中，若 $R_1 = 5\ \Omega$，$R_2 = 10\ \Omega$，$R_3 = 15\ \Omega$，$E_1 = 180\ V$，$E_2 = 80\ V$，若以点 B 为参考点，试求 A、B、C、D 四点的电位 V_A、V_B、V_C、V_D，同时求出 C、D 两点之间的电压 U_{CD}。若改用点 D 作为参考点，再求 V_A、V_B、V_C、V_D 和 U_{CD}。

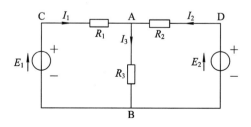

图 1-15　例 1-2 图

解 (1) 根据基尔霍夫定律列方程：

$$\begin{cases} I_1 + I_2 = I_3 \\ I_1R_1 + I_3R_3 = E_1 \text{（回路 CABC）} \\ I_2R_2 + I_3R_3 = E_2 \text{（回路 DABD）} \end{cases}$$

解方程组得：

$$I_1 = 12\ \text{A}, \quad I_2 = -4\ \text{A}, \quad I_3 = 8\ \text{A}$$

(2) 若以点 B 为参考点，则

$$V_B = 0\ \text{V}$$
$$V_A = I_3R_3 = 8 \times 15 = 120\ \text{V}$$
$$V_C = E_1 = 180\ \text{V}$$
$$V_D = E_2 = 80\ \text{V}$$
$$U_{CD} = V_C - V_D = 180 - 80 = 100\ \text{V}$$

(3) 若以点 D 为参考点，则

$$V_D = 0\ \text{V}$$
$$V_A = -I_2R_2 = -(-4) \times 10 = 40\ \text{V}$$
$$V_B = -E_2 = -80\ \text{V}$$
$$V_C = I_1R_2 - I_2R_2 = 12 \times 5 - (-4) \times 10 = 100\ \text{V}$$
$$U_{CD} = V_C - V_D = 100 - 0 = 100\ \text{V}$$

本 章 小 结

(1) 电路通常由电源、负载和中间环节三部分组成。作为电源，其电动势的方向在电源内部由低电位指向高电位，电流的方向在电源内部与电动势的方向相同；在外电路，电流在电场力的作用下从高电位通过负载流向低电位，负载端电压的方向是从高电位指向低电位。电路有开路、短路和有载三种状态。

(2) 参考方向是事先选定的一个方向。如果选定电流的参考方向为从标有电压"＋"端指向"－"端，则称电流与电压的参考方向为关联参考方向。

(3) 电阻 R 是表示元件对电流呈现阻碍作用的一个参数。对于线性电阻，在电压电流取关联参考方向时，有 $U = IR$。

(4) 基尔霍夫定律是研究复杂电路的基本定律，KCL 为电流定律，KVL 为电压定律。

(5) 电路中任意一点的电位值随着参考点的改变而改变，而电路中任意两点的电位差与参考点的改变无关。

习题与思考题

1.1 求图 1-16 所示各元件的端电压或通过的电流，计算元件的功率，并说明元件是耗能元件还是储能元件。

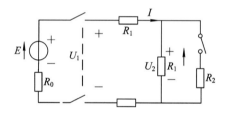

图 1-16 题 1.1 图

1.2 一个 100 Ω、1 W 的电阻,使用时允许加的最大电压和通过的最大电流是多少?

1.3 一个 220 V、40 W 的灯泡,如果接在 380 V 的电源上,功率是多少?会出现什么问题?如果接在 110 V 的电源上,功率是多少?又会出现什么问题?

1.4 额定电压为 110 V、功率为 100 W 及 40 W 的两个灯泡串接在 220 V 的电源上,求每个灯泡所承受的电压各是多少?哪个较亮?哪个电流大?若两个都是 40 W,情况如何?

1.5 一只 110 V、8 W 的指示灯,现在要接在 380 V 的电源上,问要串联多大阻值的电阻?该电阻应选用多大瓦数的?

1.6 图 1-17 是电源有载工作的电路。电源的电动势 $E = 220$ V,内阻 $R_0 = 0.2$ Ω;负载电阻 $R_1 = 10$ Ω,$R_2 = 6.67$ Ω;线路电阻 $R = 0.1$ Ω。试求负载电阻 R_2 并联前后:

(1) 电路中电流 I;

(2) 电源端电压 U_1 和负载端电压 U_2;

(3) 负载功率 P。当负载增大时,总的负载电阻、线路中的电流、负载功率、电源端的电压是如何变化的?

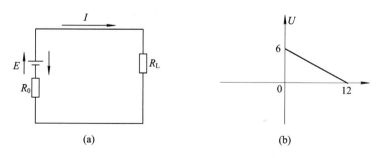

图 1-17 题 1.6 图

1.7 图 1-18(a)所示电路,电源外特性曲线如图 1-18(b)所示,已知 $R_L = 10$ Ω。求:

(1) 电源电动势 E 及内阻 R_0;

(2) 负载电阻 R_L 上的电流;

(3) 负载电阻 R_L 和内阻 R_0 消耗的功率。

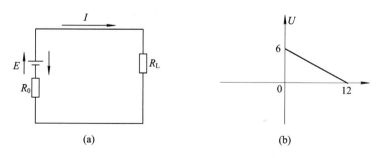

图 1-18 题 1.7 图

1.8 电路参数如图 1-19 所示,用基尔霍夫定律求 I_1、I_2、I_3。

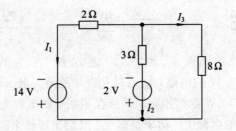

图 1 - 19 题 1.8 图

1.9 用基尔霍夫定律求图 1-20 所示电流 I。

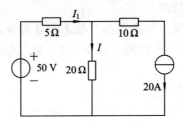

图 1 - 20 题 1.9 图

1.10 如图 1-21 所示，$E_1 = E_2 = 220$ V，$R_1 = 0.5$ Ω，$R_2 = 0.8$ Ω，$R_3 = 20$ Ω，求各支路的电流。

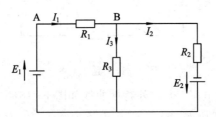

图 1 - 21 题 1.10 图

1.11 在图 1-22 所示电路中，已知 $E_1 = 30$ V，$E_2 = 6$ V，$E_3 = 12$ V，$R_1 = 2.5$ Ω，$R_2 = 2$ Ω，$R_3 = 0.5$ Ω，$R_4 = 7$ Ω，指定电流参考方向如图所示，以 N 为参考点，求各点的电位和 U_{AB}、U_{BC}、U_{DA}。

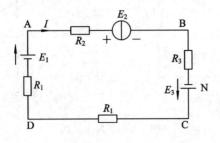

图 1 - 22 题 1.11 图

第 2 章 直流电路的基本分析方法

直流电路分析主要是指在电路参数及电路结构已知的情况下，求出电路相应的电压或电流。本章主要介绍直流电路的基本等效技巧与基本概念以及基本定律，如电阻串并联等效、电压源电流源等效、节点电压、回路电压定理以及戴维南定理等。

2.1 电阻的串、并联及其等效

2.1.1 电阻的串联及分压

由若干个电阻顺次连接成的一条无分支电路，称为串联电路。如图 2-1 所示的电路是由三个电阻串联组成的。

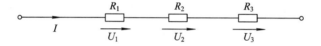

图 2-1 电阻的串联

电阻元件串联有以下几个特点：

（1）流过串联各元件的电流相等，即

$$I = I_1 = I_2 = I_3$$

（2）等效电阻为

$$R = R_1 + R_2 + R_3$$

（3）总电压为

$$U = U_1 + U_2 + U_3$$

（4）总功率为

$$P = P_1 + P_2 + P_3$$

（5）电阻串联具有分压作用，即

$$U_1 = \frac{R_1 U}{R}, \quad U_2 = \frac{R_2 U}{R}, \quad U_3 = \frac{R_3 U}{R}$$

在实际中，利用串联分压原理，可以扩大电压表的量程，还可以制成电阻分压器。

例 2-1 现有一表头，满刻度电流 $I_Q = 50\ \mu A$，表头的电阻 $R_G = 3\ k\Omega$，若要改装成量程为 10 V 的电压表，如图 2-2 所示，试问应串联一个多大的电阻？

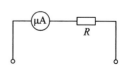

图 2-2 例 2-1 图

解 当表头满刻度时，它的端电压 $U_G = 50 \times 10^{-6} \times 3 \times 10^3 = 0.15$ V。设量程扩大到 10 V 时所需串联的电阻为 R，则 R 上分得的电压 $U_R = 10 - 0.15 = 9.85$ V，故

$$\frac{U_R}{I_Q} = \frac{9.85}{0.15} = 197 \ \Omega$$

即应串联 197 kΩ 的电阻，方能将表头改装成量程为 10 V 的电压表。

2.1.2 电阻的并联及分流

将几个电阻元件接在两个共同端点之间的连接方式称为并联。图 2-3 所示的电路是由三个电阻并联组成的。

并联电路的基本特点是：

（1）并联电阻承受同一电压，即
$$U = U_1 = U_2 = U_3$$

（2）总电流为
$$I = I_1 + I_2 + I_3$$

（3）总电阻的倒数满足以下关系：
$$\frac{1}{R} = \frac{1}{R_1} + \frac{1}{R_2} + \frac{1}{R_3}$$

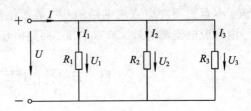

图 2-3　电阻的并联

即总电导为
$$G = G_1 + G_2 + G_3$$

若只有两个电阻并联，其等效电阻 R 可用下式计算：
$$R = R_1 /\!/ R_2$$

式中，符号"$/\!/$"表示电阻并联。

（4）总功率为
$$P = P_1 + P_2 + P_3$$

（5）分流作用：
$$I_1 = \frac{U}{R_1} = \frac{R_1 \cdot (R_2 /\!/ R_3)}{R_1 + R_2 /\!/ R_3} \cdot I \cdot \frac{1}{R_1} = \frac{R_2 /\!/ R_3}{R_1 + R_2 /\!/ R_3} I$$

$$I_2 = \frac{U}{R_2} = \frac{R_2 \cdot (R_1 /\!/ R_3)}{R_2 + R_1 /\!/ R_3} \cdot I \cdot \frac{1}{R_2} = \frac{R_1 /\!/ R_3}{R_2 + R_1 /\!/ R_3} I$$

$$I_3 = \frac{U}{R_3} = \frac{R_3 \cdot (R_1 /\!/ R_2)}{R_3 + R_1 /\!/ R_2} \cdot I \cdot \frac{1}{R_3} = \frac{R_1 /\!/ R_2}{R_3 + R_1 /\!/ R_2} I$$

利用电阻并联的分流作用，可扩大电流表的量程。在实际应用中，用电器在电路中通常都是并联运行的，属于相同电压等级的用电器必须并联在同一电路中，这样才能保证它们都在规定的电压下正常工作。

例 2-2　M-500 型万用表表头的最大量程 $I_G = 40 \ \mu A$，表头内电阻 $R_G = 2 \ k\Omega$，若要改装成最大量程为 10 mA 的毫安表，如图 2-4 所示，问分流电阻应为多少？

解　当表头满刻度时，它的端电压为
$$U_G = 40 \ \mu A \times 2 \ k\Omega = 80 \ mV$$

设量程扩大到 10 mA 时所需并联的电阻为 R，则 R 上分得的电压为

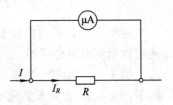

图 2-4　例 2-2 图

$$U_R = U_G = 80 \ mV$$

$$I_R = I - I_G = 10 \text{ mA} - 40 \text{ } \mu\text{A} = 9960 \text{ } \mu\text{A}$$

故
$$R = \frac{U_R}{I_R} = \frac{80 \text{ mV}}{9960 \text{ } \mu\text{A}} = 8 \text{ } \Omega$$

即应并联 8 Ω 的电阻，方能将表头改装成量程为 10 mA 的电流表。

例 2-3 有三盏电灯接在 110 V 电源上，如图 2-5 所示，其额定值分别为 110 V、100 W，110 V、60 W，110 V、40 W。求总功率 P、总电流 I、通过各灯泡的电流及等效电阻。

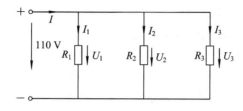

图 2-5 例 2-3 图

解 （1）因外接电源符合各灯泡的额定值，各灯泡正常发光，故总功率为
$$P = P_1 + P_2 + P_3 = 100 + 60 + 40 = 200 \text{ W}$$

（2）总电流与各灯泡电流分别为：
$$I = \frac{P}{U} = \frac{200}{110} \approx 1.82 \text{ A}$$

$$I_1 = \frac{P_1}{U_1} = \frac{100}{110} \approx 0.909 \text{ A}$$

$$I_2 = \frac{P_2}{U_2} = \frac{60}{110} \approx 0.545 \text{ A}$$

$$I_3 = \frac{P_3}{U_3} = \frac{40}{110} \approx 0.364 \text{ A}$$

（3）等效电阻为
$$R = \frac{U}{I} = \frac{110}{1.82} \approx 60.4 \text{ } \Omega$$

2.1.3 电阻的混联

电路中既有串联电阻又有并联电阻，这种电阻的连接方法称为混联，如图 2-6 所示。熟练掌握电阻混联电路等效电阻的求解方法，不但具有实际应用价值，同时也可提高观察复杂电路连接关系的能力。求解混联电路的等效电阻时，一般采用逐步等效、逐步化简的方法，基础就是电阻串联与并联的等效。

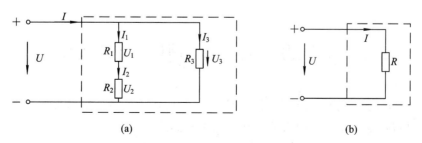

(a)   (b)

图 2-6 电阻的混联电路及化简电路

在化简中，要注意以下几点：

（1）可以先从电路的局部开始，凡是两端为同一个电压的并联电路，或流过同一个电流的串联支路（可以假设有电压或电流），分别用并联、串联的方法，求出局部电路的等效电阻，并画在电路上，便于进一步发现串、并联的关系。

（2）尽量缩短理想导线的长度，甚至缩为一点，这时往往会发现新的连接关系。

（3）在不改变电路连接关系的前提下，可以变动元件的位置，或改画电路，必要时可多画几次，以便看清连接关系。

下面通过几个例题说明电阻混联电路的等效方法。

例 2 - 4 如图 2-7 所示电路，已知 $R_1 = 8\ \Omega$，$R_2 = 12\ \Omega$，$R_3 = 5.2\ \Omega$，$R_4 = 5\ \Omega$，求 a、b 两点之间的电阻。

解 由图可知，假设电流从"a 点流进，分成三路，一支路经 R_4 到 b 点，经 R_1 的一支路与经 R_2 的一支路汇集后再经 R_3 到 b 点。因此 4 个电阻之间的关系为 R_1 与 R_2 并联后与 R_3 串联，再与 R_4 并联，即

$$R_{ab} = (R_1 \parallel R_2 + R_3) \parallel R_4$$

$$R_1 \parallel R_2 + R_3 = \frac{8 \times 12}{8 + 12} + 5.2 = 10\ \Omega$$

$$R_{ab} = \frac{10 \times 5}{10 + 5} = \frac{10}{3}\ \Omega$$

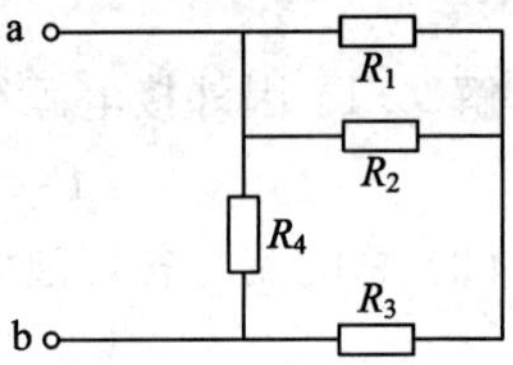

图 2-7 例 2-4 图

例 2 - 5 在上题中，若 a、b 间有一电源，其两端电压为 5 V，求每个电阻上的电流。

解 电路中的总电流为

$$I = \frac{U}{R_{ab}} = \frac{5}{10/3} = 1.5\ \text{A}$$

根据分流公式，R_4、R_3 上的电流为

$$I_4 = \frac{R_1 \parallel R_2 + R_3}{R_1 \parallel R_2 + R_3 + R_4} I = \frac{10}{10 + 5} I = 1\ \text{A}$$

$$I_3 = \frac{R_4}{R_1 \parallel R_2 + R_3 + R_4} I = \frac{5}{10 + 5} I = 0.5\ \text{A}$$

R_1、R_2 上的电流为

$$I_1 = \frac{R_2}{R_1 + R_2} I_3 = \frac{12}{12 + 8} I_3 = 0.3\ \text{A}$$

$$I_2 = \frac{R_1}{R_1 + R_2} I_3 = \frac{8}{12 + 8} I_3 = 0.2\ \text{A}$$

2.2 电压源、电流源的概念及等效变换

电源是将非电能转换为电能的元件或装置，它的作用是给外电路提供电能或电信号。干电池、蓄电池、发电机和电子稳压、稳流装置等都是常见的实际电源。

电源可以用两种不同的电路模型来表示：一种是用电压的形式表示，称为电压源；一种是用电流的形式表示，称为电流源。

2.2.1 电压源

电压源是实际电源的一种抽象,是具有不变电动势和较小内阻的电源,它能向外电路提供较为稳定的电压。如图 2-8(a)所示,图中 U 是电源端电压(即向外电路提供的电压),R_L 是负载电阻,I 是负载电流。如果电源的内阻 $R_0 \approx 0$,则当电源与外电路接通时,其端电压 $U = E$,端电压不随电流而变化,电源外特性曲线是一条水平线。

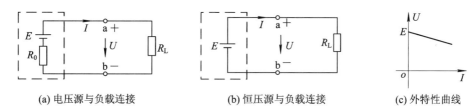

(a) 电压源与负载连接   (b) 恒压源与负载连接   (c) 外特性曲线

图 2-8   电压源电路模型及其外特性曲线

由图 2-8(b)所示电路可得

$$U = E - IR_0$$

U 随电源输出电流的变化而变化,其外特性曲线如图 2-8(c)所示。

从电压源外特性曲线可以看出,电压源的特性如下:输出电压的大小与其内阻阻值的大小有关。当输出电流变化时,内阻 R_0 愈小,输出电压的变化就愈小,也就越稳定。

(1)当电压源开路(空载)时,$I = 0$,$U = E = U_0$;U_0 称为开路电压。

(2)当电压源有负载时,$U < E$,其差值是内阻上的电压降 IR_0。显然,当负载增加,即外电路的电阻(负载电阻)减小时,输出电压 U 将下降。R_0 愈小,输出电压 U 随负载电流增加而降落的愈少,则外特性曲线愈平。

(3)当电压源短路时,$R_L = 0$,$I = \dfrac{E}{R_0} = I_S$,I_S 称为短路电流。短路电流通常远远大于电压源正常工作时提供的额定电流。

(4)当 $R_0 = 0$(相当于电压源的内阻 R_0 短路)时,电压 U 恒等于电动势 E,而其中的电流 I 是任意的,由负载电阻 R_L 和电动势 E 确定。这样的电压源称为理想电压源或恒压源,其电路如图 2-9(a)所示。理想电压源的外特性曲线是与横轴平行的一条直线,如图 2-9(b)所示。如果一个电源的内阻远小于负载电阻,即 $R_0 \ll R_L$,则内阻上的压降 $IR_0 \ll U$,U 基本上恒定,可以认为该电源为理想电压源。理想电压源是实际电源的一种理想模型。例如,在电力供电网中,对于任何一个用电器(如一盏灯)而言,整个电力网除了该用电器以外的部分,就可以近似地看成是一个理想电压源。通常用的稳压电源也可以近似看做理想电压源。

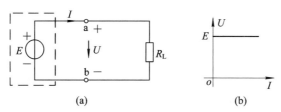

(a)   (b)

图 2-9   理想电压源及其外特性曲线

2.2.2 电流源

电流源也是实际电源的一种抽象，它能向外电路提供较为稳定的电流。电流源的电路模型是电流 I_s 和内阻 R_i 的并联，如图 2-10(a)所示。其中 I_s 是电流源的源电流，U、I 分别是电流源向负载提供的端电压和负载电流。

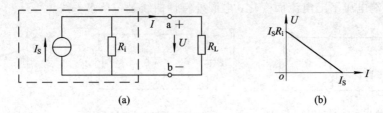

图 2-10　电流源电路模型及其外特性曲线

由图 2-10(a)所示电路，可得 U 与 I 之间的关系为

$$I = I_s - \frac{U}{R_i}$$

由此作出电流源的伏安特性曲线如图 2-10(b)所示。根据图 2-11 和上式可以得出电流源的特点：

(1) 当电流源开路，即 S 断开时，外电路 $I=0$，$U=U_{ab}=I_sR_i$，电流全部流过内阻 R_i。

(2) 当电流源有负载，即 S 闭合时，I_s 分成两部分，一部分供给负载，一部分从其内阻通过。当负载电阻增加时，负载分得的电流减小，输出电压将随之增大。R_i 愈大，输出电流 I 随输出电压增大而减小得愈少，则外特性愈陡；负载电流愈小，内阻上的电流就愈大，内部损耗也就愈大。所以，电流源不能处于空载状态。

(3) 当电流源短路，即 $R_0=0$ 时，$I_0=0$，电流 I_s 全部成为输出电流 I。

(4) 当 $R_i=\infty$（相当于电流源的内阻 R_i 断开时），电流 I 恒等于电流 I_s，而其两端的电压 U 由负载电阻 R_L 和电流 I_s 确定，这样的电流源称为理想电流源（也称恒流源），其电路如图 2-12(a)所示。如果一个电流源的内阻远大于负载电阻，即 $R_i \gg R_L$，则输出电流 I 基本上恒等于 I_s，也可以认为该电流源为理想电流源。理想电流源的伏安特性曲线如图 2-12(b)所示。

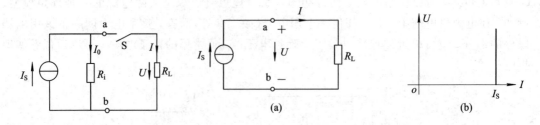

图 2-11　实际的电流源与负载连接　　图 2-12　理想电流源电路模型及其外特性曲线

2.2.3 电压源与电流源的等效变换

一个实际的电源，既可以用理想电压源与内阻串联表示，也可以用一个理想电流源与

内阻并联来表示。在含有多个电源（电压源或电流源）的复杂网络中，常常将电源进行合并，即将串、并联电源等效为一个电源，从而将复杂网络简化。这种分析电路的方法称之为电源等效变换法。对于外电路而言，如果电源的外特性相同，则无论采用哪种模型计算外电路电阻 R_L 上的电流、电压，结果都会相同。如图 2-13 所示，两电源模型在满足一定条件时，可以等效变换，即对负载和外电路效果是一样的。

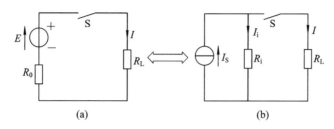

图 2-13　电压源与电流源的等效变换

由图 2-13(a)，根据 KVL 可列出电压源的伏安关系为

$$U = E - IR_0 \quad 或 \quad I = \frac{E}{R_0} - \frac{U}{R_0}$$

由图 2-13(b)，根据 KCL 可列出电流源的伏安关系为

$$I = I_S - \frac{U}{R_i}$$

若电压源与电流源完全等效，即上两式完全相同，则有

$$I_S = \frac{E}{R_i}, \quad R_i = R_0$$

上式即为两种电源模型之间等效互换的条件及公式。

关于两者的等效变换，我们有如下的结论：

（1）电压源与电流源的等效变换只能对外电路等效，对内电路则不等效。

（2）把电压源变换为电流源时，电流源中的 I_S 等于电压源输出端短路电流 I_i，I_S 的方向与电压源对外电路输出电流的方向相同，电流源中的并联电阻 R_i 与电压源的内阻 R_0 相等。

（3）把电流源变换为电压源时，电压源中的电动势 E 等于电流源输出端断路时的端电压，E 的方向与电流源对外输出电流的方向相同，电压源中的内阻 R_0 与电流源的并联电阻 R_i 相等。

（4）理想电压源与理想电流源之间不能进行等效变换。

例 2-6　已知两个电压源，$E_1 = 24$ V，$R_{01} = 4$ Ω；$E_2 = 30$ V，$R_{02} = 6$ Ω，将它们同极性相并联，如图 2-14(a)所示，试求其等效电源的电动势和内阻 R_0。

解　（1）简化两电压源为两电流源。

将 24 V 内阻为 4 Ω 的电压源转化为 6 A、内阻为 4 Ω 的电流源；再将 30 V 内阻为 6 Ω 的电压源转化为 5 A、内阻为 6 Ω 的电流源，如图 2-14(b)所示。

（2）简化两电流源为一电流源。

将 6 A、内阻为 4 Ω 的电流源和 5 A、内阻为 6 Ω 的电流源简化为 11 A、内阻为

$$R_0 = \frac{R_{01}R_{02}}{R_{01} + R_{02}} = \frac{4 \times 6}{4 + 6} = 2.4 \ \Omega$$

的电流源,如图 2-14(c)所示。

(3) 将电流源等效为电压源。

将 11 A、内阻为 2.4 Ω 的电流源等效为 $E=I_{\mathrm{S}}R_0=11\times2.4=26.4$ V 的电压源,如图 2-14(d)所示。

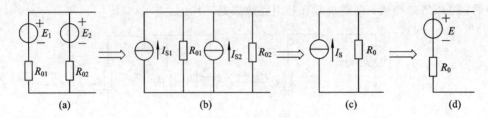

图 2-14 例 2-6 图

2.3 支路电流法与节点电压法

简单电路就是直接能用电阻串并联知识和欧姆定律求解的电路。前面已经讨论了简单电路的分析与计算方法。

在实际工程应用中,我们经常遇到一些电路,它们含有多个电源和多个电阻,且电阻之间的连接既不是串联又不是并联,多电源之间的连接也是任意的,这种电路无法用电阻串并联知识和欧姆定律进行分析、计算。这种不能直接利用电阻串并联方法和欧姆定律求解的电路称为复杂电路。对于复杂电路,有许多简化计算方法,其中支路电流法是最基本的方法之一。

2.3.1 支路电流法

支路电流法是以各支路电流为未知量,应用基尔霍夫电流、电压定律列出与支路电流数目相等的独立方程式,再联立求解,即可求得各支路的电流。

应用支路电流法解题的步骤(假定某电路有 m 条支路,n 个节点)如下:

(1) 标定各待求支路的电流参考正方向及回路绕行方向。

(2) 应用基尔霍夫电流定律列出 $n-1$ 个节点方程。

(3) 应用基尔霍夫电压定律列出 $m-(n-1)$ 个独立的回路电压方程式。

(4) 由联立方程组求解各支路电流。

支路电流法的特点:

(1) n 个节点的电路,只能列写 $n-1$ 个独立的节点电流方程。

(2) 电路的回路数等于用 KVL 所列的独立的节点电压方程。

(3) 列回路电压方程时,各 I、E 的方向与回路的绕行方向一致的取正,相反的取负。

(4) 支路电流的参考方向和回路的绕行方向可任意取,一般与电动势方向一致。

(5) 对于一个具有 m 条支路、n 个节点的复杂直流电路,需要列写 m 个独立的方程来联立求解。由于 n 个节点只能列写 $n-1$ 个独立的电流方程,这样还缺 $m-(n-1)$ 个方程,要由回路电压方程补足。

例 2-7 如图 2-15 所示电路,$E_1=10$ V,$R_1=6$ Ω,$E_2=26$ V,$R_2=2$ Ω,$R_3=4$ Ω,

求各支路电流。

解　假定各支路电流方向如图所示，根据基尔霍夫电流定律（KCL），对节点 A 有

$$I_3 = I_1 + I_2$$

设闭合回路的绕行方向为顺时针方向，对左回路，有

$$E_1 - E_2 = I_1 R_1 - I_2 R_2$$

对右回路，有

$$E_2 = I_2 R_2 + I_3 R_3$$

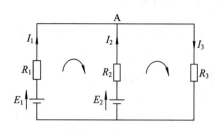

图 2-15　例 2-7 图

联立方程组：

$$\begin{cases} I_3 = I_1 + I_2 \\ 10 - 26 = 6I_1 - 2I_2 \\ 26 = 2I_2 + 4I_3 \end{cases}$$

解方程组，得：

$$I_1 = -1 \text{ A}, \quad I_2 = 5 \text{ A}, \quad I_3 = 4 \text{ A}$$

这里解得 I_1 为负值，说明实际方向与假定方向相反，同时说明 E_1 此时相当于负载。

例 2-8　如图 2-16 所示，已知 $R_1 = R_4 = R_5 = 18 \ \Omega$，$R_2 = R_3 = 6 \ \Omega$，$E = 12 \text{ V}$，求各支路电流。

解　对于节点 A、C、D 分别列出 KCL 方程

$$I = I_1 + I_3$$
$$I_1 = I_2 + I_5$$
$$I_4 = I_3 + I_5$$

对于回路 ACDA、CBDC、ADBA，设绕行方向均为顺时针，分别列出 KVL 方程：

$$I_1 R_1 + I_5 R_5 - I_3 R_3 = 0$$
$$I_2 R_2 - I_5 R_5 - I_4 R_4 = 0$$
$$E = I_3 R_3 + I_4 R_4$$

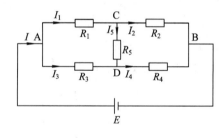

图 2-16　例 2-8 图

将已知数据代入上六式，得

$$I = I_1 + I_3$$
$$I_1 = I_2 + I_5$$
$$I_4 = I_3 + I_5$$
$$18I_1 + 18I_5 - 6I_3 = 0$$
$$6I_2 - 18I_5 - 18I_4 = 0$$
$$12 = 6I_3 + 18I_4$$

联立求解得：

$$I = \frac{10}{9} \text{ A}, \quad I_1 = \frac{4}{9} \text{ A}, \quad I_2 = \frac{2}{3} \text{ A}$$

$$I_3 = \frac{2}{3} \text{ A}, \quad I_4 = \frac{4}{9} \text{ A}, \quad I_5 = -\frac{2}{9} \text{ A}$$

2.3.2 节点电压法

前面讲述的支路电流法是选用网络的电流变量建立电路方程的分析方法。本节主要讨论选用网络电压变量的分析方法。节点电压法是指以电路中各节点电压作为未知量，应用 KVL 定律列出电路中的节点电压方程，从而解得节点电压和支路电流。

电路中，任意选择节点为参考节点，其他节点与参考节点间的电压便是节点电压。节点电压的参考极性均是指向参考节点的，即以参考节点为"－"极性。

下面以图 2－17 所示的电路为例，介绍节点电压法分析计算电路的步骤。

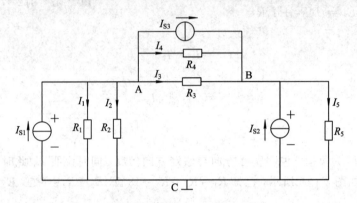

图 2－17　3 个节点的电路

图 2－17 所示电路共有 3 个节点，若选节点 C 为参考点，即设节点 C 的电位为零，其他两节点到参考点的电压用 U_A、U_B 表示，两节点之间的电压由 $U_{AB}=U_A-U_B$ 求得，进而由欧姆定律求出各支路电流。

由欧姆定律得到各支路电流：

$$\begin{cases} I_1 = \dfrac{U_A}{R_1} & (1) \\[2mm] I_2 = \dfrac{U_A}{R_2} & (2) \\[2mm] I_3 = \dfrac{U_A - U_B}{R_3} & (3) \\[2mm] I_4 = \dfrac{U_A - U_B}{R_4} & (4) \\[2mm] I_5 = \dfrac{U_B}{R_5} & (5) \end{cases}$$

对于节点 A、B，根据 KCL 可得：

$$I_{S1} = I_1 + I_2 + I_3 + I_4 + I_{S3}$$

$$I_{S2} + I_{S3} + I_3 + I_4 = I_5$$

若用电导（电阻的倒数）来表示各电阻的倒数，则上两式可表示为：

$$I_{S1} - I_{S3} = (G_1 + G_2 + G_3 + G_4) \cdot U_A - (G_3 + G_4) \cdot U_B$$

$$I_{S2} + I_{S3} = -(G_3 + G_4) \cdot U_A + (G_3 + G_4 + G_5) \cdot U_B$$

将上两式写成一般形式为：

$$I_{S11} = G_{11} \cdot U_A - G_{12} \cdot U_B$$
$$I_{S22} = -G_{21} \cdot U_A + G_{22} \cdot U_B$$

其中 $G_{11} = G_1 + G_2 + G_3 + G_4$、$G_{22} = G_3 + G_4 + G_5$ 称为自电导，分别是与节点 A、B 相连的所有支路的电导之和，且自电导恒为正；$G_{12} = G_{21} = -(G_3 + G_4)$ 称为互电导，它们是连接在公节点 A、B 之间的所有支路的电导和的负值，且互电导恒为负；$I_{S11} = I_{S1} - I_{S3}$、$I_{S22} = I_{S2} + I_{S3}$ 分别表示流入节点 A、B 的电流源电流的代数和，流入节点的电流源电流为正，流出为负。计算出 U_A、U_B 后，就可以计算出各支路的电流。

掌握了列写节点电压方程的规律后，可以直接写出节点电压方程，不必再重复推导过程。

节点电压法适用于节点少、支路数多的电路。对于有多条支路并联于两个节点之间的电路，用节点电压法更为方便。两个节点间的电压为

$$U = \frac{\sum(GU_S)}{\sum G}$$

上述结论叫弥尔曼定理。在上式中，分子为各含源支路等效的电流源流入该节点的电流的代数和；分母为各支路的所有电导的和（电阻的倒数和）。各支路电源方向和节点电压参考方向相反时取正号，相同时取负号，而与各支路电流参考方向无关；对于连接到该节点的电流源，当其电流指向该节点时取正号，反之取负号。

例 2-9 如图 2-18 所示，已知 $R_1 = 3\ \Omega$，$R_2 = 4\ \Omega$，$R_3 = 2\ \Omega$，$R_4 = R_5 = 4\ \Omega$，试求 U_A、I_1、I_2、I_3、I_4、I_5。

解 现根据节点电压法 $U = \dfrac{\sum(GU_S)}{\sum G}$，求出 A 点电位为

$$U_A = \frac{\sum(GU_S)}{\sum G} = \frac{-5G_1 + 8G_2 + 4G_3}{G_1 + G_2 + G_3 + G_4 + G_5}$$

$$= \frac{-\dfrac{5}{3} + \dfrac{8}{4} + \dfrac{4}{2}}{\dfrac{1}{3} + \dfrac{1}{4} + \dfrac{1}{2} + \dfrac{1}{4} + \dfrac{1}{4}} = \frac{7/3}{19/12} = \frac{28}{19}\ \text{V}$$

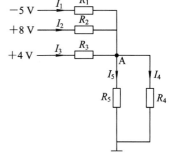

图 2-18 例 2-9 图

故

$$I_1 = \frac{-5 - U_A}{R_1} = -\frac{41}{19}\ \text{A}$$

$$I_2 = \frac{8 - U_A}{R_2} = \frac{31}{19}\ \text{A}$$

$$I_3 = \frac{4 - U_A}{R_3} = \frac{24}{19}\ \text{A}$$

$$I_4 = \frac{U_A}{R_4} = \frac{7}{19}\ \text{A}$$

$$I_5 = \frac{U_A}{R_5} = \frac{7}{19}\ \text{A}$$

2.4 叠 加 定 理

由多个电源组成的电路,各条支路的电流及元件两端的电压是多个电源共同作用的结果。叠加原理是线性电路的一个重要定理,它反映了线性电路的两个基本性质,即叠加性和比例性。

在线性电路中,任一支路电流(或电压)都是电路中各个电源单独作用时在该电路中产生的电流(或电压)的代数和,线性电路的这种性质称为叠加原理。

在某一独立电源单独作用时,对其他电源的处理是:恒压源用短路来代替,恒流源用开路来代替。叠加原理在线性电路分析中起着重要作用,它是分析线性电路的基础。线性电路的许多定理可以从叠加原理导出。

使用叠加原理时,应注意下列几点:

(1)叠加原理只能用来计算线性电路的电流和电压。对非线性电路,叠加原理不适用。

(2)在叠加时要注意电流和电压的参考方向,求和时要注意各个电流和电压的正负。

(3)叠加时,对其他多余电源的处理是,电压源用短路替代,电流源用开路替代。

(4)由于功率不是电压或电流的一阶函数,所以不能用叠加原理来计算。

用叠加原理分析计算多电源的复杂电路,就是把电路中的电源化为几个单电源的简单电路,应用欧姆定律或基尔霍夫定律求解各支路电流。

下面通过例题说明叠加定理的应用。

例 2 - 10　用叠加原理求图 2 - 19(a)所示的电路中的 U_{AB}。

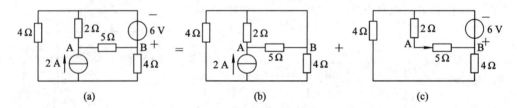

图 2 - 19　例 2 - 10 图

解　2 A 的恒流源单独作用时的电路如图 2 - 19(b)所示,此时流过 5 Ω 电阻的电流和加在其两端的电压分别为:

$$I' = \frac{2}{2+5} \times 2 = \frac{4}{7} \text{ A}$$

$$U'_{AB} = \frac{2 \times 5}{2+5} \times 2 = \frac{20}{7} \text{ V}$$

6 V 的恒压源单独作用时的电路如图 2 - 19(c)所示,此时流过 5 Ω 电阻的电流和加在其两端的电压分别为:

$$I'' = \frac{-6}{2+5} = -\frac{6}{7} \text{ A}$$

$$U''_{AB} = -\frac{6}{7} \times 5 = -\frac{30}{7} \text{ V}$$

则

$$U_{AB} = U'_{AB} + U''_{AB} = \frac{20}{7} + \frac{-30}{7} = \frac{-10}{7} \text{ V}$$

综上所述,应用叠加原理求电路中各支路电流的步骤如下:

(1)分别作出由一个电源单独作用的分图,而其余电源只保留其内阻。

(2)按电阻串、并联的计算方法,分别计算出分图中每一支路电流的大小和方向。

(3)求出各电源在各个支路中产生的电流的代数和,这些电流就是各电源共同作用时在各支路中产生的电流。其中,若分图中某支路电流的参考方向与原图中的参考方向一致,则该电流取正,反之取负。

应用叠加定理计算复杂电路,有时要多次计算串联和并联电阻,所以解题过程并不很简单,但叠加定理表达了线性电路的基本性质。在分析和论证一些电路时,经常要用到叠加定理。例如,在电子电路中应用叠加定理来分析经过线性化以后的晶体管电路等。

2.5 戴维南定理

在复杂电路的计算中,若只需计算出某一支路的电流,则可把电路划分为两部分,一部分为待求支路,另一部分可看成是一个有源两端网络(具有两个端的网络称为两端网络)。假如有源两端网络能够化简为一个等效电压源,则复杂电路就变成一个等效电压源和待求支路相串联的简单电路。如图 2-20 所示,R 中的电流就可以由下式求出:

$$I = \frac{E}{R + R_0}$$

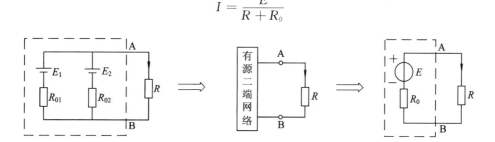

图 2-20 有源电路的等效变换

戴维南定理指出:任何一个有源两端线性网络都可以用一个等效的电压源来代替,这个等效电压源的电动势 E 就是有源两端网络开路电压 U_0,它的内阻 R_0 等于从有源两端网络看进去的电阻(网络电压源的电动势短路、电流源断路)。即计算某支路时,只需将该支路从整个电路中除去,电路的其余部分看做一个有源二端网络。

根据戴维南定理可对任意一个有源二端网络进行简化,简化的关键在于正确理解和求出有源二端网络的开路电压和等效电阻。其步骤如下:

(1)把电路分为待求支路和有源二端网络两部分,如图 2-21(a)所示。

(2)把待求支路移开,求出有源二端网络的开路电压 U_{AB},如图 2-21(b)所示。

(3)将网络内各电源按照电压源的电动势短路、电流源断路的方法除去,仅保留电源内阻和电路中的电阻,求出网络两端的等效电阻 $R_{AB} = \dfrac{R_{01}R_{02}}{R_{01}+R_{02}}$,如图 2-21(c)所示。

(4)画出有源二端网络的等效电路,等效电路中电源的电动势 $E=U_{AB}$,电源的内阻 $R_0=R_{AB}$,然后在等效电路两端接入待求支路,如图 2-21(d)所示。求出待求支路的电流为

$$I = \frac{E}{R_0 + R}$$

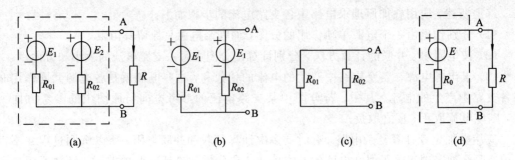

图 2-21　戴维南定理说明电路图

例 2-11　如图 2-21(a) 所示，已知 $E_1 = 8 \text{ V}$，$E_2 = 2.6 \text{ V}$，$R_{01} = 0.6 \ \Omega$，$R_{02} = 0.3 \ \Omega$，$R = 9.8 \ \Omega$，用戴维南定理求通过 R 的电流 I。

解
$$U_{AB} = E_1 - I'R_{01} = E_1 - \frac{E_1 - E_2}{R_{01} + R_{02}} R_{01} = 8 - \frac{8 - 2.6}{0.6 + 0.3} \times 0.6 = 4.4 \text{ V}$$

$$R_{AB} = \frac{R_{01}R_{02}}{R_{01} + R_{02}} = \frac{0.6 \times 0.3}{0.6 + 0.3} = 0.2 \ \Omega$$

$$I = \frac{U_{AB}}{R_{AB} + R} = \frac{E}{R_0 + R} = \frac{4.4}{9.8 + 0.2} = 0.44 \text{ A}$$

本 章 小 结

（1）电路分析是指已知电路结构和元件参数，求各支路的电流和电压。分析方法有两种途径：一是采用电路图的等效变换方法将电路进行简化，从而简化计算；另一种是选取不同的未知量，以减少未知量的个数。

采用等效变换时，主要方法有下面三种。

① 电阻串、并联化简：串联电阻的等效电阻等于各电阻之和，总电压按各个串联电阻阻值进行分配。并联电阻的等效电阻等于各电阻的倒数之和的倒数（等效电导等于各电导之和）。总电流按各个并联电阻的电导值进行分配。

② 电压源和电流源的等效互换：电压源和电流源进行等效互换时，其等效条件为
$$I_S = \frac{E}{R_0}, \quad R_i = R_0$$

③ 戴维南定理：任何一个线性有源二端网络都可以用一个理想电压源 E 和内阻 R_0 串联的电压源模型来代替，其中 E 等于二端网络的开路电压，内阻等于二端网络中所有电源为零时的等效电阻。应用该定理时要注意等效电压源的方向。

电路分析的另一途径是选取不同的未知量，以减少未知量的个数，使方程数减少，方法有下面两种。

支路电流法：对于具有 m 个节点、n 条支路的电路，以 n 个支路电流为未知量，列出 $n-1$ 个节点的 KCL 方程和 $n-(m-1)$ 个 KVL 方程，联立求解 n 个方程，可得 n 个支路电流。

节点电压法：在电路中，选定某一节点为参考点，其余各点的电压方向均指向参考点。连接到某节点的电压源与电阻串联支路，其中电压源的参考方向离开本节点时，取正号，反之取负号；连接到某节点的电流源电流的方向指向本节点时，取正号，反之取负号。

（2）各种分析方法之间是相互联系的，对于某一问题究竟采用哪一种方法，看具体情况而定。一般要求出全部支路电流，应采用支路电流法和节点电压法。对于只求出某一支路电流的问题，则采用等效化简的方法，将电路的某些部分进行化简，使整个电路的结构简单，便于计算。

（3）叠加定理是线性电路普遍适用的重要定理，叠加的概念广泛应用于线性电路的许多问题。当有多个电源同时作用于同一电路时，电路各支路中的电流（或电压）等于各个电源单独作用时在该支路中产生的电流（或电压）的代数和。该定理不能应用于功率的叠加。

习题与思考题

2.1　已知如图 2-22 所示各电路的电阻都为 R，求每个电路的等效电阻。

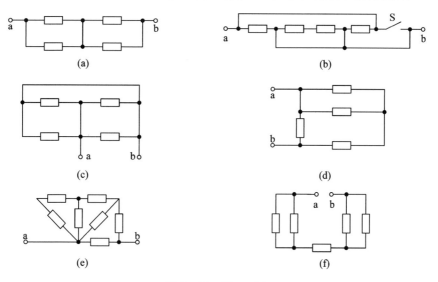

(a)　　　　　　　　　　　　(b)

(c)　　　　　　　　　　　　(d)

(e)　　　　　　　　　　　　(f)

图 2-22　题 2.1 图

2.2　求如图 2-23 所示电路的等效电阻。

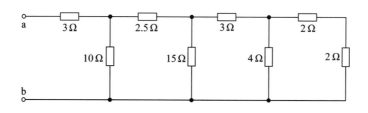

图 2-23　题 2.2 图

2.3　图 2-24 所示电路是一个多量程的伏特表，已知表头电流为 $100\ \mu A$ 时满量程，其内阻 $R_0 = 1\ k\Omega$，求表头所串各电阻的值。

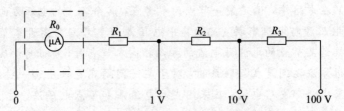

图 2-24 题 2.3 图

2.4 图 2-25 所示电路是一个多量程的电流表，已知表头电流为 $100\ \mu A$ 时满量程，其内阻 $R_0 = 1\ k\Omega$，求表头所并联的各电阻值。

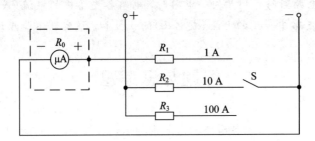

图 2-25 题 2.4 图

2.5 将如图 2-26 所示各电路变换成电压源等效电路。

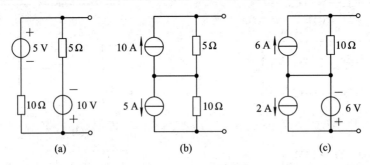

图 2-26 题 2.5 图

2.6 将如图 2-27 所示各电路变换成电流源等效电路。

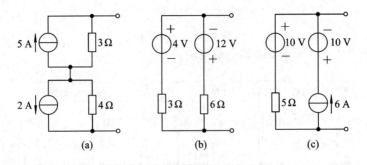

图 2-27 题 2.6 图

2.7 电路如图 2-28 所示，试用节点分析法求：

(1) 节点电压 V_A、V_B；

(2) 电流 I。

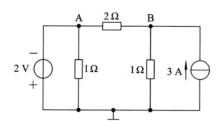

图 2 - 28　题 2.7 图

2.8　在如图 2 - 29 所示电路中，

(1) 当将开关 S 合在 a 点时，求电流 I_1、I_2 和 I_3；

(2) 当将开关 S 合在 b 点时，利用(1)的结果，用叠加原理计算电流 I_1、I_2 和 I_3。

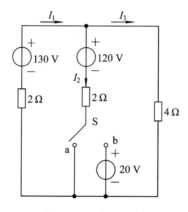

图 2 - 29　题 2.8 图

2.9　用戴维南定理计算如图 2 - 30 所示电路中电阻 R_L 上的电流 I_L。

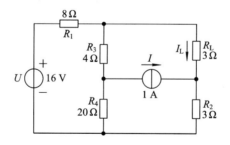

图 2 - 30　题 2.9 图

2.10　用戴维南定理求图 2 - 31 所示电路中 a、b 两端的等效电压源 E 和等效内阻 R_0。

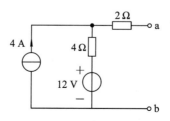

图 2 - 31　题 2.10 图

第3章 正弦交流电路

交流电路是电工学的重点内容之一，是学习电机、电器和电子技术的理论基础。现代工农业生产、国防以及人们日常生活中广泛使用的是交流电。交流电是指大小和方向随时间作周期性交替变化的电动势、电压和电流。按正弦规律变化的交流电称为正弦交流电。在正弦交流电作用下的电路称为正弦交流电路。本章首先讨论正弦交流电路的基本概念及表示法；然后介绍单一参数的伏安特性和能量关系，以及由这些单一参数组成的电路电压与电流之间的关系及功率；最后分析和研究提高功率因数的意义和方法。在学习中要注意掌握交流电路的特点和规律。

3.1 正弦交流电路的基本概念

3.1.1 正弦量

1. 周期、频率、角频率

在工程技术中常采用各种大小和方向随时间作周期性变化的电流和电压以传递电能和电信号，这种电流和电压称为周期性电流和电压。常见的周期性信号有正弦交流信号、方波信号、三角波信号等。本章以正弦交流电为例来进行说明，其波形如图3-1所示。

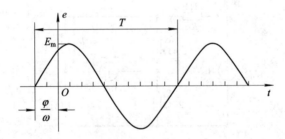

图3-1 正弦交流电波形图

周期性变化的电流和电压变化一周所需要的时间叫周期，用 T 表示，单位是秒(s)。

1秒内周期性变化的电流和电压变化的次数称为交流电的频率，用 f 表示，频率的单位是 Hz(赫[兹])，$1\ Hz = 1\ s^{-1}$。

周期和频率之间的关系为

$$T = \frac{1}{f}$$

正弦量的变化规律用角度描述也很方便。如图3-2所示的正弦电动势，每一时刻的值都可与一个角度相对应。如横轴用角度刻度，当角度变到 π/2 时，电动势达到最大值；当角度变到 π 时，电动势变为零值(图3-2)。这个角度不表示任何空间角度，只是用来描述正弦交流电的变化规律,所以把这种角度叫电角度。

每秒经过的电角度叫角频率,用 ω 表示。图 3-1 中的 ω 即是角频率。角频率与频率、周期之间有如下的关系:

$$\omega = \frac{2\pi}{T} = 2\pi f$$

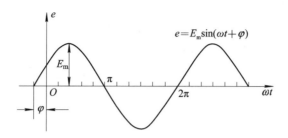

图 3-2　用电角度表示正弦交流电

2. 瞬时值、最大值、有效值

交流电在变化过程中,每一时刻的值都不相同,可称为瞬时值。瞬时值是关于时间的函数,只有指出具体的时刻,才能求出确切的数值和方向。瞬时值规定用小写字母表示。例如图 3-2 中的电动势,其瞬时值为

$$e = E_m \sin(\omega t + \varphi)$$

正弦交流电波形图上的最大幅值即为交流电的最大值(见图 3-2),它表示在一周内数值最大的瞬时值。最大值规定用大写字母加脚标 m 表示,例如 I_m、E_m、U_m 等。

正弦交流电的瞬时值是随时间变化的,计量时用正弦交流电的有效值来表示。交流电表的指示值和交流电器上标示的电流、电压数值一般都是有效值。

交变电流的有效值是指在热效应方面和它相当的直流电的数值。即在相同的电阻中,分别通入直流电和交流电,在经过一个交流周期的时间内,如果它们在电阻上产生的热量相等,即可用此直流电的数值表示交流电的有效值(见图 3-3)。有效值规定用大写字母表示,例如 I、E、U。按上述定义,应有

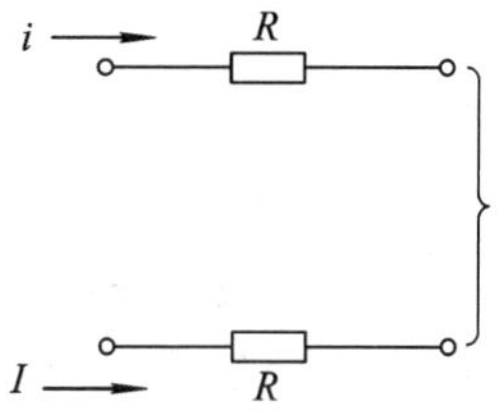

$$I^2 RT = \int_0^T i^2 R \, dt$$

图 3-3　交流电的有效值

$$I = \sqrt{\frac{1}{T} \int_0^T i^2 \, dt}$$

对于正弦交流电

$$i = I_m \sin\omega t \ \text{A}$$

$$I = \sqrt{\frac{1}{T} \int_0^T I_m^2 \sin^2\omega t \ dt} = \sqrt{\frac{I_m^2}{T} \int_0^T \frac{1}{2}(1 - \cos2\omega t) \ dt}$$

$$= \sqrt{\frac{I_m^2}{T} \left(\frac{t}{2} - \frac{\sin2\omega t}{4\omega} \right) \Big|_0^T} = \sqrt{\frac{I_m^2}{2}} = \frac{I_m}{\sqrt{2}} \approx 0.707 I_m$$

或

$$I_m = \sqrt{2}I$$

可见，正弦交流电的有效值是最大值的 $1/\sqrt{2}$ 倍。对正弦交流电动势和电压亦有同样的关系：

$$E_m = \sqrt{2}E, \quad U_m = \sqrt{2}U$$

3. 相位、初相和相位差

正弦交变电动势 $e = E_m \sin(\omega t + \varphi)$ V，它的瞬时值随着电角度 $\omega t + \varphi$ 而变化。电角度 $\omega t + \varphi$ 叫做正弦交流电的相位，用来描述正弦交流电在不同瞬间的变化状态，如增大、减小、零或者最大值等。例如图 3-4(a)所示的发电机，若在电机铁芯上放置两个夹角为 φ、匝数相同的线圈 AX 和 BY，当转子如图示方向转动时，这两个线圈中的感应电动势分别是：

$$e_A = E_m \sin(\omega t) \text{ V}$$
$$e_B = E_m \sin(\omega t + \varphi) \text{ V}$$

这两个正弦交变电动势的最大值相同，频率相同，但相位不同：e_A 的相位是 ωt，e_B 的相位是 $\omega t + \varphi$，见图 3-4(b)。

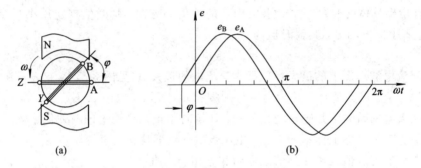

(a)   (b)

图 3-4 不同相的两电动势

当 $t = 0$ 时的相位简称初相，它反映正弦交流电起始时刻的状态。以上述 e_A、e_B 为例，e_A 的初相是 0，e_B 的初相是 φ。初相通常用不大于 180° 的角来表示。

两个同频率的正弦交流电的相位之差称为相位差。相位差表示两正弦量到达最大值的先后差距。

例如：已知 $i_1 = I_{1m} \sin(\omega t + \varphi_1)$，$i_2 = I_{2m} \sin(\omega t + \varphi_2)$，则 i_1 和 i_2 的相位差 $\varphi = (\omega t + \varphi_1) - (\omega t + \varphi_2) = \varphi_1 - \varphi_2$，这表明两个同频率的正弦交流电的相位差等于初相之差。若两个同频率的正弦交流电的相位差 $\varphi_1 - \varphi_2 > 0$，则称"$i_1$ 超前于 i_2"；若 $\varphi_1 - \varphi_2 < 0$，则称"$i_1$ 滞后于 i_2"；若 $\varphi_1 - \varphi_2 = 0$，则称"$i_1$ 和 i_2 同相位"；若相位差 $\varphi_1 - \varphi_2 = \pm 180°$，则称"$i_1$ 和 i_2 反相位"。必须指出，在比较两个正弦交流电之间的相位时，两正弦量一定要同频率才有意义；否则，随时间变化，两正弦量之间的相位差是一个变量，这就没有意义了。

综上所述，正弦交流电的最大值、频率和初相叫做正弦交流电的三要素。三要素描述了正弦交流电的大小、变化快慢和起始状态。

当三要素决定后，就可以唯一地确定一个正弦交流电了。

例 3-1 如图 3-5 所示的正弦交流电，写出它们的瞬时值表达式。

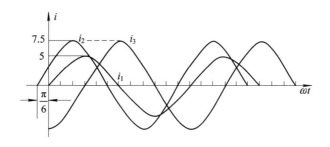

图 3-5 例 3-1图

解 i_1、i_2、i_3 的瞬时值为

$$i_1 = 5 \sin\omega t \ \text{A}$$

$$i_2 = 7.5 \sin\left(\omega t + \frac{\pi}{6}\right) \ \text{A}$$

$$i_3 = 7.5 \sin\left(\omega t - \frac{\pi}{2}\right) \ \text{A}$$

例 3-2 已知正弦交流电：$i_1 = 5 \sin\omega t$ A，$i_2 = 10 \sin(\omega t + 45°)$ A，$i_3 = 50 \sin(3\omega t - 60°)$ A。求：i_1 和 i_2 的相位差，i_2 和 i_3 的相位差。

解 i_2、i_3 频率不同，相位差无意义。i_1 和 i_2 的相位差为

$$\varphi_1 - \varphi_2 = \omega t - (\omega t + 45°) = -45°$$

表明 i_1 滞后于 i_2 45°。

3.1.2 同频率正弦量的相加和相减

同频率正弦量相加、减，可以用解析式的方法来实现，即用三角函数表示正弦量；还可以用波形图表示法来实现，即用与解析式相对应的正弦曲线表示正弦量。但这两种方法在表示正弦量的加减时都不简便。所以，通常用旋转矢量的方法计算几个同频率正弦量的相加、相减。

用旋转矢量表示正弦交流电的方法是：在直角坐标系中画一个旋转矢量，规定用该矢量的长度表示正弦交流电的最大值，该矢量与横轴的正向夹角表示正弦交流电的初相，矢量以角速度 ω 按逆时针旋转，旋转的角速度也就表示正弦交流电的角频率。

例 3-3 已知 $i_1 = 7.5 \sin(\omega t + 30°)$ A，$i_2 = 5 \sin(\omega t + 90°)$ A，$i_3 = 5 \sin\omega t$ A，$i_4 = 10 \sin(\omega t - 120°)$ A，画出表示以上正弦交流电的旋转矢量。

解 如图 3-6 所示，用旋转矢量 $\boldsymbol{I}_{1m}$、$\boldsymbol{I}_{2m}$、$\boldsymbol{I}_{3m}$ 和 $\boldsymbol{I}_{4m}$ 分别表示正弦交流电 i_1、i_2、i_3 和 i_4，其中：$I_{1m} = 7.5$ A，$I_{2m} = 5$ A，$I_{3m} = 5$ A，$I_{4m} = 10$ A。

注意：只有当正弦交流电的频率相同时，表示这些正弦量的旋转矢量才能画在同一坐标系中。

1. 同频率正弦量加、减的一般步骤

几个同频率正弦量加、减的一般步骤如下：

（1）在直角坐标系中画出代表这些正弦量的旋转矢量。

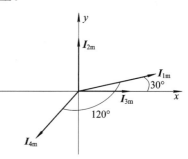

图 3-6 例 3-3图

（2）分别求出这几个旋转矢量在横轴上的投影之和及在纵轴上的投影之和。

（3）求合成矢量。

（4）根据合成矢量写出计算结果。

例 3-4 已知 $i_1 = 2\sin(\omega t + 30°)$ A，$i_2 = 4\sin(\omega t + 45°)$ A，求 $i = i_1 + i_2$。

解 画 i_1、i_2 的旋转矢量图 $\boldsymbol{I}_{1m}$、$\boldsymbol{I}_{2m}$（见图 3-7），求得

$$O_x = O_{x1} + O_{x2} = 2\cos30° + 4\cos45° \approx 4.66$$

$$O_y = O_{y1} - O_{y2} = 2\sin30° - 4\sin45° \approx -1.828$$

$$I_m = \sqrt{O_x^2 + O_y^2} = \sqrt{21.72 + 3.34} \approx \sqrt{25.06} \approx 5$$

$$\varphi = \arctan\frac{O_y}{O_x} = \arctan\frac{-1.828}{4.66} = \arctan-0.3922 \approx -21.4°$$

$$i = i_1 + i_2 = 5\sin(\omega t - 21.4°) \text{ A}$$

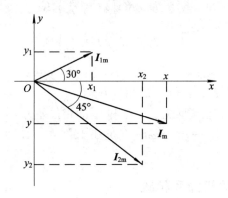

图 3-7　例 3-4 图

2. 正弦量加、减的简便方法

可以证明，几个同频率的正弦量相加、相减，其结果还是一个相同频率的正弦量。所以，在画旋转矢量图时，可以略去直角坐标系及旋转角速度 ω，只要选其中一个正弦量为参考量，将其矢量图画在任意方向上（一般画在水平位置上），其它正弦量仅按它们和参考量的相位关系画出，便可直接按矢量计算法进行。

另外，由于交流电路中通常只计算有效值，而不计算瞬时值，因而计算过程更简单。

例 3-5 已知 $i_1 = 2\sin(\omega t + 30°)$ A，$i_2 = 4\sin(\omega t - 45°)$ A，求 $i = i_1 + i_2$ 的最大值。

解 相位差 $\varphi_{1,2} = \varphi_1 - \varphi_2 = 30° - (-45°) = 75°$，且 i_1 超前于 i_2 75°。以 i_1 为参考量，画矢量图（图 3-8）。根据矢量图求 $I_m = I_{1m} + I_{2m}$。用余弦定理得

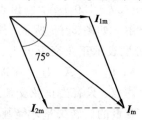

$$I_m^2 = 4 + 16 - 16\cos(90° + 15°) = 20 + 16\sin15°$$

$$\approx 24.14$$

所以

$$I_m = 4.91 \text{ A}$$

图 3-8　正弦电流相加

例 3-6 已知 $u_1 = 220\sin(\omega t + 90°)$ V，$u_2 = 220\sin(\omega t - 30°)$ V，求 $u = u_1 - u_2$ 的有效值。

解 设参考量为 $u_1 = 220\sin(\omega t + 90°)$ V，矢量式为 $\boldsymbol{U} = \boldsymbol{U}_1 + (-\boldsymbol{U}_2)$，画有效值矢量

图(图 3-9)。根据余弦定理，从矢量图得

$$U^2 = U_1^2 + U_2^2 - 2U_1U_2 \cos 120°$$
$$= 220^2 + 220^2 - 2 \times 220 \times 220 \times \cos 120°$$
$$= 145\ 200$$

所以

$$U = 381\ \text{V}$$

由矢量图还可得出，U 和 U_1 的夹角为 $30°$，表明 U 超前于 U_1 $30°$，考虑 U_1 的初相是 $90°$，故可得

$$u = 381 \sin(\omega t + 120°)\ \text{V}$$

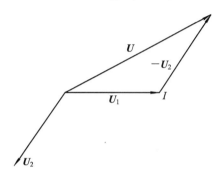

图 3-9 正弦电压相减

3.2 R、L、C 元件的交流电路

直流电流的大小与方向不随时间变化，而交流电流的大小和方向则随时间不断变化。因此，在交流电路中出现的一些现象，与直流电路中的现象不完全相同。

电容器接入直流电路时，电容器被充电，充电结束后，电路处在断路状态。但在交流电路中，由于电压是交变的，因而电容器时而充电时而放电，电路中出现了交变电流，使电路处在导通状态。电感线圈在直流电路中相当于导线，但在交流电路中由于电流是交变的，所以线圈中有自感电动势产生。电阻在直流电路与交流电路中作用相同，起着限制电流的作用，并把取用的电能转换成热能。

由于交流电路中电流、电压、电动势的大小和方向随时间变化，因而分析和计算交流电路时，必须在电路中给电流、电压、电动势标定一个正方向。同一电路中电压和电流的正方向应标定一致（如图 3-10 所示）。若在某一瞬时电流为正值，则表示此时电流的实际方向与标定方向一致；反之，如果电流为负值，则表示此时电流的实际方向与标定方向相反。

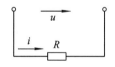

图 3-10 交流电方向的设定

3.2.1 纯电阻电路

1. 电阻电路中的电流

将电阻 R 接入如图 3-11(a)所示的交流电路，设交流电压为 $u = U_m \sin\omega t$ V，则 R 中电流的瞬时值为

$$i = \frac{u}{R} = \frac{U_m}{R} \sin\omega t$$

这表明,在正弦电压作用下,电阻中通过的电流是一个相同频率的正弦电流,而且与电阻两端电压同相位。画出矢量图如图 3-11(b)所示。

电流最大值和电流有效值分别为:

$$I_m = \frac{U_m}{R}$$

$$I = \frac{U_m}{\sqrt{2}R} = \frac{U}{R}$$

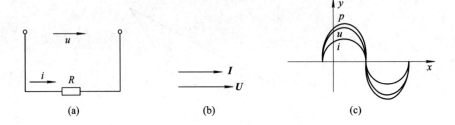

图 3-11 纯电阻电路、矢量图及波形图

2. 电阻电路的功率

1)瞬时功率

电阻在任一瞬时取用的功率,称为瞬时功率,它可按下式计算:

$$p = ui = U_m I_m \sin^2\omega t$$

$p \geqslant 0$,表明电阻任一时刻都在向电源取用功率,起负载作用。i、u、p 的波形图如图 3-11(c)所示。

2)平均功率(有功功率)

由于瞬时功率是随时间变化的,为便于计算,常用平均功率来计算交流电路中的功率。平均功率为

$$P = \frac{1}{T}\int_0^T p \, \mathrm{d}t = \frac{1}{T}\int_0^T U_m I_m \sin^2\omega t \, \mathrm{d}t = \frac{U_m I_m}{2}$$

$$p = \frac{U_m I_m}{2} = UI = I^2 R$$

这表明,平均功率等于电压、电流有效值的乘积。平均功率的单位是 W(瓦[特])。通常,白炽灯、电炉等电器所组成的交流电路,可以认为是纯电阻电路。

例 3-7 已知电阻 $R = 440 \ \Omega$,将其接在电压 $U = 220 \ V$ 的交流电路上,试求电流 I 和功率 P。

解
$$I = \frac{U}{R} = \frac{220}{440} = 0.5 \ A$$

$$P = UI = 220 \times 0.5 = 110 \ W$$

3.2.2 纯电容电路

交流电路中,如果负载只有电容器,且电容器的介质损耗可以忽略,则这个交流电路

称为纯电容电路，如图 3-12(a)所示。

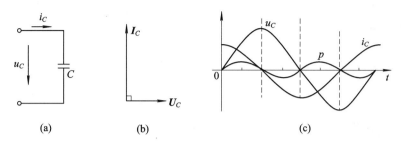

图 3-12　纯电容电路、矢量图及波形图

设电容器 C 两端加上电压 $u = U_\mathrm{m}\sin\omega t$，由于电压的大小和方向随时间变化，使电容器极板上的电荷量也随之变化，电容器的充、放电过程也不断进行，因而形成了纯电容电路中的电流。

1. 电路中的电流

1）瞬时值

$$i = \frac{\mathrm{d}q}{\mathrm{d}t} = C\frac{\mathrm{d}u_C}{\mathrm{d}t} = \omega C U_\mathrm{m}\cos\omega t = \omega C U_\mathrm{m}\sin\left(\omega t + \frac{\pi}{2}\right) = I_\mathrm{m}\sin\left(\omega t + \frac{\pi}{2}\right)$$

这表明，纯电容电路中通过的正弦电流比加在它两端的正弦电压超前 $\pi/2$ 电角度，如图 3-12(b)所示。纯电容电路的电压、电流波形图如图 3-12(c)所示。

2）最大值

$$I_\mathrm{m} = \omega C U_\mathrm{m} = \frac{U_\mathrm{m}}{\dfrac{1}{\omega C}} = \frac{U_\mathrm{m}}{X_C}$$

3）有效值

$$I = \omega C U = \frac{U}{\dfrac{1}{\omega C}} = \frac{U}{X_C}$$

2. 容抗

电容器在交流电路中对电流的阻碍作用称为容抗，符号用 X_C 表示，单位是 Ω，即

$$X_C = \frac{1}{\omega C} = \frac{1}{2\pi f C}$$

在一定的电压下，电容器容量越大，储存的电荷越多，电压不变时，充放电的电荷也越多，相应的电流就越大，容抗越小；另一方面，交流电频率越高，电容器充放电就越快，单位时间移动的电荷就越多，电流就越大，容抗也相应小。在直流电路中，因为频率 $f=0$，X_C 为无穷大，相当于开路，这就是电容的隔直作用。

3. 功率

1）瞬时功率

$$p = ui = U_\mathrm{m}I_\mathrm{m}\sin\omega t\cos\omega t = \frac{1}{2}U_\mathrm{m}I_\mathrm{m}\sin 2\omega t = UI\sin 2\omega t$$

这表明，纯电容电路瞬时功率的波形以电路频率的 2 倍按正弦规律变化。电容器也是

储能元件，当电容器充电时，它从电源吸收能量；当电容器放电时，它将能量送回电源（图 3 - 12(c)）。

2）平均功率

$$P = 0$$

3）无功功率

$$Q_C = U_C I = I^2 X_C$$

3.2.3 纯电感电路

交流电路中，如果负载只有一个线圈，且它的电阻和分布电容可以忽略不计，则该电路就可以看成是一个纯电感电路。纯电感电路如图 3 - 13(a)所示，L 为线圈的电感。

1. 电感的电压

设 L 中流过的电流 $i = I_m \sin\omega t$，L 上的自感电动势 $e_L = -L \dfrac{\mathrm{d}i}{\mathrm{d}t}$，由图示标定的方向，电压瞬时值为

$$u_L = -e_L = L \frac{\mathrm{d}i}{\mathrm{d}t} = \omega L I_m \cos\omega t = \omega L I_m \sin\left(\omega t + \frac{\pi}{2}\right)$$

这表明，纯电感电路中通过正弦电流时，电感两端的电压也以同频率的正弦规律变化，而且在相位上超前于电流 $\pi/2$ 电角。

纯电感电路的矢量图如图 3 - 13(b)所示。

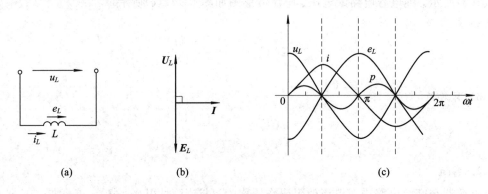

(a)   (b)   (c)

图 3 - 13 纯电感电路

电压最大值为

$$U_m = \omega L I_m$$

电压有效值为

$$U = \omega L I$$

2. 电感的感抗

当通过线圈的电流发生变化时，线圈会产生自感电动势，阻碍电流的变化，这种阻碍作用称为感抗，符号是 X_L，单位是 Ω。其计算公式为

$$X_L = \omega L = 2\pi f L = \frac{U_L}{I}$$

电感的感抗由两方面决定：一是电感量越大，线圈产生的感应电动势越大；另一方面，电

源频率越高，电路中电流变化越快，产生的自感电动势也越大。感应电动势越大，对电流变化的阻碍越大，即感抗增大。在直流电路中，因为频率 $f=0$，感抗 $X_L=0$，相当于短路，即一条直导线，这就是电感的阻交通直作用。故感抗只对交流电有意义。

3. 功率

1）瞬时功率 p

$$p = ui = U_m \sin\left(\omega t + \frac{\pi}{2}\right) \cdot I_m \sin\omega t$$
$$= U_m I_m \cos\omega t \cdot \sin\omega t$$
$$= \frac{1}{2}U_m I_m \sin2\omega t = UI \sin2\omega t$$

纯电感电路的瞬时功率 p、电压 u、电流 i 的波形图如图 3-13（c）所示。从波形图可以看出：第 1、3 个 $T/4$ 期间，$p \geqslant 0$，表示线圈从电源处吸收能量；在第 2、4 个 $T/4$ 期间，$p \leqslant 0$，表示线圈向电路释放能量。

2）平均功率（有功功率）P

瞬时功率表明，在电流的一个周期内，电感与电源进行两次能量交换，交换功率的平均值为零，即纯电感电路的平均功率为零，

$$P = \frac{1}{T}\int_0^T p \, \mathrm{d}t = 0$$

上式说明，纯电感线圈在电路中不消耗有功功率，它是一种储存电能的元件。

3）无功功率 Q

纯电感线圈和电源之间进行能量交换的最大速率，称为纯电感电路的无功功率，用 Q 表示，

$$Q = U_L I = I^2 X_L$$

无功功率的单位是 V·A（在电力系统中，惯用单位为乏（var））。

例 3-8 一个线圈电阻很小，可略去不计，电感 $L=35$ mH。求：该线圈在 50 Hz 和 1000 Hz 的交流电路中的感抗各为多少？若接在 $U=220$ V，$f=50$ Hz 的交流电路中，电流 I、有功功率 P、无功功率 Q 又是多少？

解　（1）$f=50$ Hz 时，
$$X_L = 2\pi fL = 2\pi \times 50 \times 35 \times 10^{-3} \approx 11 \ \Omega$$
$f=1000$ Hz 时，
$$X_L = 2\pi fL = 2\pi \times 1000 \times 35 \times 10^{-3} \approx 220 \ \Omega$$
（2）当 $U=220$ V，$f=50$ Hz 时，

电流　　　　　　　　　　　$I=20$ A

有功功率　　　　　　　　　$P=0$ W

无功功率

$$Q = UI = 220 \times 20 = 4400 \ \text{V·A}$$

3.3　相量形式的基尔霍夫定律

同频率的正弦量加减可以用对应的相量形式来进行计算。因此，在正弦交流电路中，

KCL 和 KVL 可用相应的相量形式表示。

如交流电路中的 KCL 为 $\sum i(t)=0$，可以用 $\sum \dot{I}=0$ 表示，这里的 $\boldsymbol{I}$ 为矢量。而交流电路中的 KVL 为 $\sum u(t)=0$，可以用 $\sum \dot{U}=0$ 表示，这里的 $\boldsymbol{U}$ 为矢量。

相量形式的基尔霍夫定律说明：在交流电路中，任一节点处各电流相量的代数和等于零；任一回路中各电压相量的代数和等于零。这就是相量形式的基尔霍夫定律。需要注意的是，这是相量的代数和，而不是数值的代数和。一般情况下，$\sum I \neq 0$，$\sum U \neq 0$，因为各正弦量之间总存在一定的相位差，只有当正弦量之间没有相位差（同相）时，才能直接用模值相加。

3.4　*RLC* 串联电路分析

3.4.1　电阻、电感的串联电路

在图 3-14 所示的 R、L 串联电路中，设流过电流 $i=I_m \sin \omega t$，则电阻 R 上的电压瞬时值为

$$u_R = I_m R \sin \omega t = u_{Rm} \sin \omega t$$

由前文可知，电感 L 上的电压瞬时值为

$$u_L = I_m X_L \sin\left(\omega t + \frac{\pi}{2}\right) = u_m \sin\left(\omega t + \frac{\pi}{2}\right)$$

总电压 u 的瞬时值为 $u=u_L+u_R$。画出该电路电流和各段电压的矢量图如图 3-15 所示。

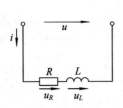

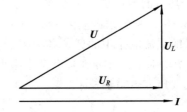

图 3-14　R、L 串联电路　　　图 3-15　R、L 串联电路的电流和电压矢量图

因为通过串联电路各元件的电流是相等的，所以在画矢量图时通常把电流矢量画在水平方向上，作为参考矢量。电阻上的电压与电流同相位，故矢量 U_R 与 $\boldsymbol{I}$ 同方向；感抗两端电压超前于电流 $\pi/2$ 电角，故矢量 U_L 与 $\boldsymbol{I}$ 垂直。R 与 L 的合成矢量便是总电压 $\boldsymbol{U}$ 的矢量。

1. 电压和电压三角形

从电压矢量图可以看出，电阻上电压矢量、电感上电压矢量与总电压的矢量，恰好组成一个直角三角形，此直角三角形叫做电压三角形（图 3-16(a)）。从电压三角形可求出总电压的有效值为

$$U = \sqrt{U_R^2 + U_L^2} = \sqrt{(IR)^2 + (IX_L)^2} = I\sqrt{R^2 + X_L^2}$$

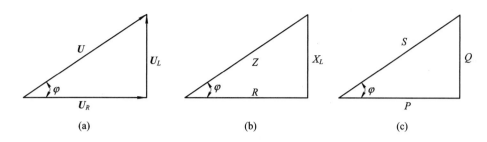

图 3 - 16　电压、阻抗、功率三角形

2. 阻抗和阻抗三角形

和欧姆定律对比，上式可写成

$$I = \frac{U}{\sqrt{R^2 + X_L^2}} = \frac{U}{Z}$$

式中 $Z = \sqrt{R^2 + X_L^2}$。

我们把 Z 称为电路的阻抗，它表示 R、L 串联电路对电流的总阻力。阻抗的单位是 Ω。

电阻、感抗、阻抗三者之间也符合一个直角三角形三边之间的关系，如图 3 - 16(b)所示，该三角形称为阻抗三角形。注意，这个三角形不能用矢量表示。电流与总电压之间的相位差可从下式求得：

$$\varphi = \arctan \frac{U_L}{U_R} = \arctan \frac{X_L}{R}$$

$$\varphi = \arccos \frac{U_R}{U} = \arccos \frac{R}{Z}$$

上式说明，φ 角的大小取决于电路的电阻 R 和感抗 X_L 的大小，而与电流电压的量值无关。

3. 功率和功率三角形

1）有功功率 P

在交流电路中，电阻消耗的功率叫有功功率，

$$P = I^2 R = U_R I = UI \cos\varphi$$

式中，$\cos\varphi$ 称为电路功率因数，它是交流电路运行状态的重要数据之一。电路功率因数的大小由负载性质决定。

2）无功功率 Q

$$Q = I^2 X_L = U_L I = UI \sin\varphi$$

3）视在功率 S

总电压 U 和电流 I 的乘积叫电路的视在功率，

$$S = UI = I^2 Z$$

视在功率的单位是 V·A(伏安)或 kV·A(千伏安)，它表示电器设备(发电机、变压器等)的容量。根据视在功率的表示式，有功功率和无功功率的表达式也可用 $P = UI \cos\varphi = S \cos\varphi$ 和 $Q = UI \sin\varphi = S \sin\varphi$ 表示。可见，S、P、Q 之间的关系也符合一个直角三角形三边的关系，即

$$S = \sqrt{P^2 + Q^2}$$

由 S、P、Q 组成的这个三角形叫功率三角形(图 3 - 16(c))，该三角形可看成是电压三角形

各边同乘以电流 I 得到。与阻抗三角形一样，功率三角形也不应画成矢量，因 S、P、Q 都不是正弦量。

3.4.2　电阻、电容的串联电路

在图 3-17 所示的 R、C 串联电路中，设流过电流 $i = I_m \sin\omega t$，则电阻 R 上的电压瞬时值为

$$u_R = I_m R \sin\omega t = u_{Rm} \sin\omega t$$

由前文可知，电容 C 上的电压瞬时值为

$$u_C = I_m X_C \sin\left(\omega t - \frac{\pi}{2}\right) = u_m \sin\left(\omega t - \frac{\pi}{2}\right)$$

总电压 u 的瞬时值为 $u = u_C + u_R$。画出该电路电流和各段电压的矢量图如图 3-18 所示。

因为通过串联电路各元件的电流是相等的，所以在画矢量图时通常把电流矢量画在水平方向上，作为参考矢量。电阻上

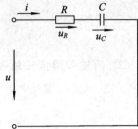

图 3-17　R、C 串联电路

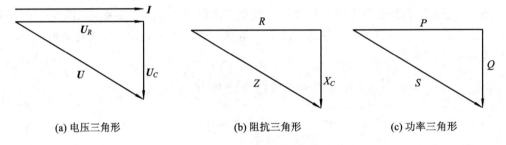

(a) 电压三角形　　　　　　(b) 阻抗三角形　　　　　　(c) 功率三角形

图 3-18　R、C 串联电路的矢量图

的电压与电流同相位，故矢量 U_R 与 I 同方向；容抗两端的电压滞后于电流 $\pi/2$ 电角，故矢量 U_C 与 I 垂直。R 与 C 的合成矢量便是总电压 U 的矢量。

电压有效值、电压三角形从电压矢量图可以看出，电阻、容抗和总阻抗也可以形成一个矢量三角形，功率三角形也和电压矢量图相似。由图 3-18(a) 可以得出：

$$U = \sqrt{U_R^2 + U_L^2} = \sqrt{(IR)^2 + (IX_L)^2} = I\sqrt{R^2 + X_L^2}$$

1. 阻抗和阻抗三角形

根据正弦交流电路的欧姆定律，电流 I 的有效值可表示为

$$I = \frac{U}{\sqrt{R^2 + X_C^2}} = \frac{U}{Z}$$

式中 $Z = \sqrt{R^2 + X_C^2}$。我们把 Z 称为电路的阻抗，它表示 R、C 串联电路对电流的总阻力。阻抗的单位是 Ω。

电阻、容抗、阻抗三者之间也符合一个直角三角形三边之间的关系，如图 3-18(b) 所示，该三角形称阻抗三角形。注意，这个三角形不能用矢量表示。电流与总电压之间的相位差可从下式求得：

$$\varphi = \arctan\frac{U_C}{U_R} = \arctan\frac{X_C}{R}$$

$$\varphi = \arccos \frac{U_R}{U} = \arccos \frac{R}{Z}$$

上式说明，φ 角的大小取决于电路的电阻 R 和容抗 X_C 的大小，而与电流电压的量值无关。

2. 功率和功率三角形

1）有功功率 P

$$P = I^2 R = U_R I = UI \cos\varphi$$

式中，$\cos\varphi$ 称为电路功率因数，它是交流电路运行状态的重要数据之一。电路功率因数的大小由负载性质决定。

2）无功功率 Q

$$Q = I^2 X_C = U_C I = UI \sin\varphi$$

3）视在功率 S

总电压 U 和电流 I 的乘积叫电路的视在功率，

$$S = UI = I^2 Z$$

功率三角形如图 3-18(c)所示。

例 3-9 把电阻 $R = 60$ Ω，电感 $L = 255$ mH 的线圈，接入频率 $f = 50$ Hz，电压 $U = 220$ V 的交流电路中，分别求出 X_L、I、U_L、U_R、$\cos\varphi$、P、S。

解

感抗 $\qquad X_L = 2\pi f L = 2\pi \times 50 \times 255 \times 10^{-3} \approx 80$ Ω

阻抗 $\qquad Z = \sqrt{R^2 + X_L^2} = \sqrt{60^2 + 80^2} = 100$ Ω

电流 $\qquad I = \dfrac{U}{Z} = \dfrac{220}{100} = 2.2$ A

电阻两端电压 $\qquad U_R = IR = 2.2 \times 60 = 132$ V

电感两端电压 $\qquad U_L = I X_L = 2.2 \times 80 = 176$ V

电路功率因数 $\qquad \cos\varphi = \dfrac{R}{Z} = \dfrac{60}{100} = 0.6$

有功功率 $\qquad P = UI \cos\varphi = 220 \times 2.2 \times 0.6 = 290.4$ W

视在功率 $\qquad S = UI = 220 \times 2.2 = 484$ W

例 3-10 如图 3-19(a)所示电路，已知 $U = 110$ V，$I = 1$ A，$R_1 = 50$ Ω，电路的有功功率 $P = 100$ W，求 R_2、X_L、U_2、$\cos\varphi_{BC}$、$\cos\varphi_总$，并绘出电路电流、电压矢量图。

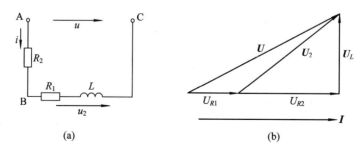

图 3-19 例 3-10 图

解 因为 $P = I^2(R_1 + R_2)$，所以

$$R_2 = \frac{P}{I^2} - R_1 = \frac{100}{1} - 50 = 50 \ \Omega$$

电路总阻抗 $\qquad Z = \frac{U}{I} = \frac{110}{1} = 110 \ \Omega$

感抗 $\qquad X_L = \sqrt{Z^2 - (R_1^2 + R_2^2)} = \sqrt{110^2 - 100^2} \approx 45.8 \ \Omega$

电路总功率因数 $\quad \cos\varphi_{总} = \frac{R_1 + R_2}{Z} = \frac{100}{110} \approx 0.91$

BC 段阻抗 $\qquad Z_2 = \sqrt{R_2^2 + X_L^2} = \sqrt{50^2 + 45.8^2} \approx 67.8 \ \Omega$

BC 段电压 $\qquad U_2 = I Z_2 = 1 \times 67.8 = 67.8 \ V$

BC 段功率因数 $\qquad \cos\varphi_{BC} = \frac{R_2}{Z_2} = \frac{50}{67.8} \approx 0.737$

电流、电压矢量图如图 3-19(b)所示。

3.4.3 *RLC* 串联电路

R、L、C 三种元件组成的串联电路如图 3-20 所示。

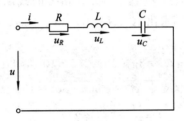

图 3-20 R、L、C 串联电路

若电路中流过正弦电流 $i = \sqrt{2} I \sin\omega t$，此电流分别在 R、L、C 两端产生压降 u_R、u_L、u_C，则各元件上对应的电压有效值为

$$U_R = IR, \quad U_L = IX_L, \quad U_C = IX_C$$

总电压的有效值矢量应为各段电压有效值矢量之和：

$$\boldsymbol{U} = \boldsymbol{U}_R + \boldsymbol{U}_L + \boldsymbol{U}_C$$

且 $\boldsymbol{U}_R$ 与电流 $\boldsymbol{I}$ 同相，$\boldsymbol{U}_L$ 超前于 $\boldsymbol{I}$ 90°，$\boldsymbol{U}_C$ 滞后于 $\boldsymbol{I}$ 90°，电压、电流矢量图如图 3-21 所示。

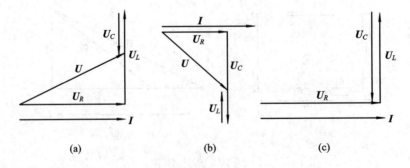

(a)   (b)   (c)

图 3-21 R、L、C 串联电路电流、电压矢量图

从矢量图可得总电压有效值为

$$\sqrt{U_R^2 + (U_L - U_C)^2} = I\sqrt{R^2 + (X_L - X_C)^2} = IZ$$

$$Z = \sqrt{R^2 + (X_L - X_C)^2}$$

上式中，Z 称为电路阻抗，$X = X_L - X_C$ 称为电路的电抗。阻抗和电抗的单位都是 Ω。电路中总电压和电流的相位差为

$$\varphi = \arctan\frac{U_L - U_C}{U_R} = \arctan\frac{X_L - X_C}{R}$$

从上式可以看出：

当 $X_L > X_C$ 时，$\varphi > 0$，总电压超前于电流(图 3-21(a))，电路属感性电路；

当 $X_L < X_C$ 时，$\varphi < 0$，总电压滞后于电流(图 3-21(b))，电路属容性电路；

当 $X_L = X_C$ 时，$\varphi = 0$，总电压和电流同相位(图 3-21(c))，电路属阻性电路，这种现象称为谐振。关于串联时的谐振电路我们在后面的章节会分析。

3.5 提高功率因数

功率因数是用电设备的一个重要技术指标。电路的功率因数由负载中包含的电阻与电抗的相对大小决定：纯电阻负载 $\cos\varphi = 1$；纯电抗负载 $\cos\varphi = 0$；一般负载的 $\cos\varphi$ 在 $0\sim1$ 之间，而且多为感性负载。例如常用的交流电动机便是一个感性负载，满载时功率因数为 $0.7\sim0.9$，而空载或轻载时功率因数则较低。提高用户的功率因数，对于提高电网运行的经济效益以及节约电能都具有重要意义。

3.5.1 提高功率因数的意义

提高功率因数的意义如下：

首先，能够充分利用电源设备的容量，提高电源的利用率。提高用户的功率因数，可以使同等容量的供电设备向用户提供更多的有功功率，提高供电能力；或者说，在用户所需有功功率一定的情况下，发电机、变压器输配电线等容量都可以相应减小，从而降低电网设备的投资。

其次，可以减小输电线上的能量损失。在一定的电源电压下，向用户输送一定的有功功率时，由 $I = P/(U\cos\varphi)$ 可知，电流 I 和功率因数成反比，功率因数越低，流过输电线路的电流就越大，供电设备的利用率越低，输电线路上的功率损失与电压损失越多。因此，为了减少电能损耗，改善供电质量，就必须提高功率因数。

例 3-11 某供电变压器额定电压 $U_e = 220$ V，额定电流 $I_e = 100$ A，视在功率 $S = 22$ kV·A。现变压器对一批功率 $P = 4$ kW，$\cos\varphi = 0.6$ 的电动机供电，问变压器能对几台电动机供电？若将 $\cos\varphi$ 提高到 0.9，问变压器又能对几台电动机供电？

解 当 $\cos\varphi = 0.6$ 时，每台电动机取用的电流为

$$I = \frac{P}{U\cos\varphi} = \frac{4 \times 10^3}{220 \times 0.6} \approx 30 \text{ A}$$

可供电动机的台数为

$$n = \frac{I_e}{I} = \frac{100}{30} \approx 3.3$$

故可给 3 台电动机供电。

若 $\cos\varphi=0.9$，每台电动机取用的电流为

$$I' = \frac{P}{U\cos\varphi} = \frac{4 \times 10^3}{220 \times 0.9} \approx 20 \text{ A}$$

可供电动机的台数为

$$n = \frac{I_e}{I} = \frac{100}{20} = 5$$

故可给 5 台电动机供电。

可见，当功率因数提高后，每台电动机取用的电流变小，变压器可供电的电动机台数增加，使变压器的容量得到充分的利用。

例 3-12 某厂供电变压器至发电厂之间输电线的电阻是 5 Ω，发电厂以 10^4 V 的电压输送 500 kW 的功率。当 $\cos\varphi=0.6$ 时，问输电线上的功率损失是多大？若将功率因数提高到 0.9，每年可节约多少电？

解 当 $\cos\varphi=0.6$ 时，输电线上的电流为

$$I = \frac{P}{U\cos\varphi} = \frac{500 \times 10^3}{10^4 \times 0.6} \approx 83 \text{ A}$$

因而输电线上的功率损失为

$$P_{损失} = I^2 r = 83^2 \times 5 \approx 34.5 \text{ kW}$$

当 $\cos\varphi=0.9$ 时，输电线上的电流为

$$I' = \frac{P}{U\cos\varphi} = \frac{500 \times 10^3}{10^4 \times 0.9} \approx 55.6 \text{ A}$$

因而输电线上的功率损失为

$$P'_{损失} = I^2 r = 55.6^2 \times 5 \approx 15.5 \text{ kW}$$

一年共 $365 \times 24 = 8760$ 小时，当 $\cos\varphi$ 由 0.6 提高到 0.9 时，可节约的电能为

$$W = (34.5 - 15.5) \times 8760 = 166\,440 \text{ kW·h}$$

即每年可节约用电 16.6 万度。

从以上两例可见，提高功率因数后，可以充分利用供电设备的容量，而且可以减少输电线路上的损失。下面介绍提高功率因数的方法。

3.5.2 提高功率因数的方法

提高功率因数的具体方法有以下两种。

第一，提高用电设备本身的功率因数：

(1) 合理选用电动机，即不要用大容量的电动机来带动小功率负载。

(2) 尽量不让电动机空转。

(3) 可以实行交流接触器无声运行。

(4) 对负载有变化但经常处在轻载运行状态的电动机，采用△-Y接线的自动切换等。

这些措施都可以提高设备自身的自然功率因数，从而使电路功率因数提高。

异步电动机和变压器是电网中占用无功功率最多的电气设备，当电动机实际负荷比其额定容量低许多时，功率因数将急剧下降。这时电动机做功不大，耗用的无功功率和有功功率却很多，造成电能的浪费。要提高功率因数，就必须合理选择电动机，使电动机的容

量与被拖动的机械负载配套。电力变压器的选择也同样要配套，容量过大而负荷较小的变压器也会增大无功功率和铁芯的损耗。

第二，常在感性负载上并接电容器(如图 3-22 所示)来提高线路的功率因数。采用这一方法时应区分两个概念：

(1) 并联电容器后，对原感性负载的工作情况没有任何影响，即流过感性负载的电流和它的功率因数均未改变。这里所谓功率因数提高了，是指包括电容在内的整个电路的功率因数比单独的感性负载的功率因数提高了，因为这时感性负载和电容器之间就地进行能量交换，感性负载所需要的无功功率一部分或大部分可以由并联的电容器供给。能量的吸收与释放，原来只在负载与电源之间，现在一部分或大部分改在感性负载与电容器之间进行，从而减小因能量交换而在外部线路上流通的那部分电流，降低了线路损耗。

(2) 线路电流的减小，是由于电流的无功分量减小的结果，而电流的有功分量并未改变，这从相量图上可以清楚地看出。

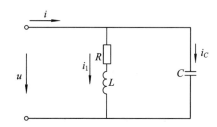

图 3-22　感性负载和电容器的并联电路

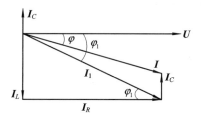

图 3-23　电流、电压矢量图

由图 3-22 可知，R、L 支路电流为

$$I_1 = \frac{U}{Z_1} = \frac{U}{\sqrt{R^2 + X_L^2}}$$

这里 $Z_1 = \sqrt{R^2 + X_L^2}$。

i_1 滞后于总电压 u 的电角 $\varphi_1 = \arccos \dfrac{R}{Z_1}$，电容 C 支路的电流 $I_C = \dfrac{U}{X_C}$，电路总电流 $i = i_1 + i_C$。值得注意的是：由于相位不同，故总电流 I 的有效值应从 I_1 和 I_C 的矢量和求得。根据电流矢量式画出该电路电流、电压矢量图如图 3-23 所示，并联电路取总电压为参考矢量。

感性负载中的电流 I_1 可以分解成两个分量：与电压同相的 I_R 称为有功分量，$I_R = I_1 \cos\varphi$；另一个滞后于电压 $\pi/2$ 电角的 I_L 称为无功分量，$I_L = I_1 \sin\varphi$。

从矢量图求出总电流的有效值为

$$I = \sqrt{I_R^2 + (I_L - I_C)^2}$$

总电流与电压的相位差为

$$\varphi = \arctan \frac{I_L - I_C}{I_R}$$

根据矢量图，我们讨论以下几种情况：

(1) 当 $I_L > I_C$ 时，电路的总电流滞后于电压，此时电路呈感性。

(2) 当 $I_L < I_C$ 时，电路的总电流超前于电压，此时电路呈容性。

（3）当 $I_L = I_C$ 时，电路的总电流与电压同相位，$\varphi = 0$，此时电路呈电阻性。这种情况称为并联谐振（或电流谐振）。关于并联谐振的其他内容，我们在下一节做详细说明。

3.6 电路的谐振

在含有电感和电容元件的交流电路中，由于感抗和容抗都是频率的函数，一般情况下电路的电流和电压的相位是不相同的，所以电路可能表现为感性，也可能表现为容性。在一定条件下，电路的电流和电压的相位有可能相同，电路表现为电阻性，这种现象叫做电路的谐振。谐振电路具有的某些特征在无线电和电工技术中得到了广泛的应用；另一方面，在电力系统中若发生谐振，则有可能破坏系统的正常工作状态，应尽量避免。所以对谐振现象的研究具有重要的意义。

按发生谐振电路的连接方式不同，谐振可分为串联谐振和并联谐振。

3.6.1 串联谐振

1. 谐振条件

如图 3-24 所示，在 R、L、C 串联电路中，当 $X_L = X_C$ 时，电路中总电压和电流同相位，这时电路中便产生谐振现象。所以，$X_L = X_C$ 便是电路产生谐振的条件。

因为 $X_L = X_C$，又知 $X_L = 2\pi \cdot fL$，$X_C = \dfrac{1}{2\pi \cdot fC}$，谐振的频率用 f_0 表示，谐振角频率用 ω_0 表示，故由

$$2\pi \cdot f_0 L = \frac{1}{2\pi \cdot f_0 C}$$

得

$$f_0 = \frac{1}{2\pi\sqrt{LC}} \quad \text{或} \quad \omega_0 = \frac{1}{\sqrt{LC}}$$

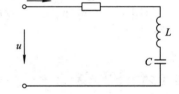

图 3-24　串联谐振电路

2. 串联谐振时的电路特点

（1）总电压和电流同相位，电路呈电阻性。

（2）串联谐振时电路阻抗最小，电路中电流最大。串联谐振时的电路阻抗为

$$Z_0 = \sqrt{R^2 + (X_L - X_C)^2} = R$$

串联谐振时的电流为

$$I_0 = \frac{U}{Z_0} = \frac{U}{R}$$

（3）串联谐振时，电感两端电压、电容两端电压可以比总电压大许多倍。

电感电压为

$$U_L = IX_L = \frac{X_L}{R}U = QU$$

电容电压为

$$U_C = IX_C = \frac{X_C}{R}U = QU$$

可见，谐振时电感（或电容）两端的电压是总电压的 Q 倍，Q 称为电路的品质因数，

$$Q = \frac{X_L}{R} = \frac{X_C}{R} = \frac{\omega_0 L}{R} = \frac{1}{\omega_0 CR}$$

在电子电路中经常用到串联谐振，例如某些收音机的接收回路便用到串联谐振。在电力线路中应尽量防止谐振发生，因为谐振时电容、电感两端出现的高压会使电器损坏。

3.6.2 并联谐振

在并联电路中，当输入电压与输入电流相位相同时，称并联谐振。并联谐振的结构形式很多，可以是电感与电容并联，再与信号源并联构成的并联谐振电路；也可以是电感、电容和电阻并联，再与信号源并联构成的并联谐振电路；或者是具有电阻的电感与电容并联，再与信号源并联构成的并联谐振电路。我们只选择比较典型的具有电阻和电感的线圈与电容并联的电路为例（如图 3-25 所示），对并联谐振的条件、特点作简要说明。

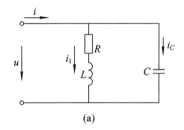 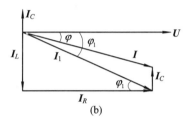

图 3-25　并联谐振电路

1. 谐振条件

图 3-25 为所讨论的并联电路。其中线圈电路阻抗 $Z_1 = R + j\omega L$，电容电路阻抗 $Z_C = \frac{1}{j\omega C}$。设电路中电压 $u = U_m \sin\omega t$ V，在任一时刻总电流 i 的瞬时值 $i = i_1 + i_C$。

电路的等效阻抗为

$$Z = \frac{(R + j\omega L)\frac{1}{j\omega C}}{(R + j\omega L) + \frac{1}{j\omega C}} = \frac{R + j\omega L}{1 + j\omega RC - \omega^2 LC}$$

在实际应用中，通常线圈的电阻 R 很小，所以一般在谐振时，$\omega L \gg R$，则上式可写成

$$Z \approx \frac{j\omega L}{1 + j\omega RC - \omega^2 LC} = \frac{1}{\frac{RC}{L} + j\left(\omega C - \frac{1}{\omega L}\right)}$$

并联电路发生谐振的条件是使上式中的虚部为零，即将电源频率 f 调到 $f = f_0$ 发生谐振，这时上式说明，并联谐振电路与串联谐振电路的谐振频率具有相同的计算公式，

$$\omega_0 C - \frac{1}{\omega_0 L} \approx 0$$

即

$$f_0 \approx \frac{1}{2\pi \sqrt{LC}}$$

2. 并联谐振的特点

电路发生并联谐振时，谐振电路有以下特点：

（1）谐振电路阻抗最大，此时

$$Z \approx \frac{1}{\frac{RC}{L}+\mathrm{j}\left(\omega_0 C - \frac{1}{\omega_0 L}\right)} = \frac{L}{RC}$$

（2）谐振电路电流最小，

$$I = \frac{U}{Z} = \frac{U}{\frac{L}{RC}} = \frac{URC}{L}$$

此时，谐振电路的阻抗最大，因此电路总电流最小。若信号频率偏离谐振频率，则信号电流将会增大，偏离越远，增高越大。

谐振时，电容支路与电感支路的信号电流大小相同，方向相反，其数值是信号电流值的 Q 倍，因此并联谐振又被称做电流谐振。

（3）谐振时电压与电流同相位，电路呈现阻性。

（4）谐振时各并联支路的电流为

$$I_C = U\omega_0 C$$

$$I_1 = \frac{U}{\sqrt{R^2+(\omega_0 L)^2}} \approx \frac{U}{\omega_0 L}$$

$$Z_0 = \frac{L}{RC} = \frac{\omega_0 L}{R\omega_0 C} \approx \frac{(\omega_0 L)^2}{R}$$

当 $\omega_0 L \gg R$ 时，$\omega_0 L \approx \frac{1}{\omega_0 C} \ll \frac{(\omega_0 L)^2}{R}$，则可得 $I_C \approx I_1 \gg I$，即支路电流大于电路总电流。

例 3-13 如图 3-22 所示，已知电压 $U=220$ V，电路频率 $f=50$ Hz，电动机取用功率 $P=4$ kW，其功率因数 $\cos\varphi_1=0.6$，并入电容 $C=220$ μF 后，求总电流 I 和电路功率因数 $\cos\varphi_总$。

解
$$I_1 = \frac{P}{U\cos\varphi_1} = \frac{4000}{220\times 0.6} \approx 30.3 \text{ A}$$

由 $I_R = I_1 \cos\varphi_1$，得

$$I_R = 30.3 \times 0.6 = 18.18 \text{ A}$$

由 $I_L = I_1 \sin\varphi_1$，得

$$I_L = 30.3 \times 0.8 = 24.24 \text{ A}$$

$$I_C = U\omega_0 C = 220 \times 2 \times \pi \times 50 \times 220 \times 10^{-6} \approx 13.8 \text{ A}$$

所以

$$I = \sqrt{I_R^2 + (I_L - I_C)^2} = \sqrt{18.18^2 + (24.24 - 13.8)^2} \approx 21 \text{ A}$$

$$\cos\varphi_总 = \frac{I_1 \cos\varphi_1}{I} = \frac{30.3 \times 0.6}{21} \approx 0.866$$

本 章 小 结

（1）交流电的产生和变化规律：将矩形线圈置于均匀强磁场中匀速转动，即可产生按正弦规律变化的交流电。

（2）表征交流电的物理量：最大值、频率和初相为正弦交流电的三要素。

（3）交流电的表示法：解析式表示法、波形图表示法和旋转矢量表示法。

（4）阻抗的串联与并联：两个阻抗串联，等效阻抗 $Z = Z_1 + Z_2$；两个阻抗并联的等效阻抗 $\dfrac{1}{Z} = \dfrac{1}{Z_1} + \dfrac{1}{Z_2}$。

（5）电路的谐振。

① RLC 串联电路的谐振。在 RLC 串联电路中，当感抗＝容抗时，电路端电压和电流同相，电路呈电阻性，电路发生串联谐振，此时电路中阻抗最小，电流最大。

② 并联谐振的电路。并联电路发生谐振的条件是电路中的感抗＝容抗，此时电路中阻抗最大，电流最小。

（6）功率因数。

① 定义：电路的有功功率与视在功率的比值叫做功率因数。

② 功率因数的意义：

• 功率因数的大小表示电源功率被利用的程度。电路的功率因数越大，表示电源所发出的电能转换为热能或机械能越多，而与电感或电容之间相互交换的能量就越少，说明电源的利用率越高。

• 在同一电压下，要输送同一功率，电路中功率因数越高，则电路中电流越小，线路中的损耗也越小。

③ 提高功率因数的方法：在电感性负载两端并联一只电容量适当的电容器，可以提高整个电路的功率因数。

（7）计算交流电路时的注意事项：

① 在理解交流电的变化规律时，要把交流电的瞬时值表达式和交流电的波形图联系起来。

② 对于电流或电压的最大值和瞬时值，不论是待求量或是已知量，题目中都特别予以说明，如果给出量或待求量只笼统地说是电压或电流，则指的都是有效值，读数指的也是有效值。

③ 交流电路中，电流与电压间不仅有数量关系，而且还有相位关系，这是其与直流电路的不同之处，要充分注意。在存在相位差的情况下，必须进行矢量计算，绝对不能以简单的代数和来代替矢量和。

④ 作相量图时，对于串联电路，由于电流相同，所以以电流为参考量较为方便；在并联电路中，由于电压相同，以电压为参考量较为方便。

习题与思考题

3.1 试计算下列正弦量的周期、频率和初相：
$$u = 5 \sin(\pi \cdot t + 45°) \text{ V}, \quad i = 8 \cos(\pi \cdot t + 60°) \text{ V}$$

3.2 试计算下列各正弦量间的相位差：

（1）$i_1 = 5 \sin(\omega t + 30°)$ A，$i_2 = 4 \sin(\omega t - 30°)$ A；

（2）$i_1 = 5 \sin(10t + 30°)$ A，$i_2 = 4 \sin(20t - 45°)$ A

3.3 两个频率相同的正弦交流电流，它们的有效值是 $I_1 = 8$ A，$I_2 = 6$ A，求在下列各种情况下合成电流的有效值。

(1) i_1 与 i_2 同相；

(2) i_1 与 i_2 反相；

(3) i_1 超前于 i_2 90°电角；

(4) i_1 滞后于 i_2 60°电角。

3.4 有一直流耐压为 220 V 的交直流通用电容器，能否把它接在 220 V 的交流电源上使用？为什么？

3.5 已知某电感元件的自感为 10 mH，加在元件上的电压为 10 V，初相为 30°，角频率是 10^6 rad/s。试求元件中的电流，写出其瞬时值表达式，并画出相量图。

3.6 已知某电容元件的电容为 5 μF，加在元件上的电压为 10 V，初相为 30°，角频率是 10^6 rad/s。试求元件中的电流，写出其瞬时值表达式，并画出相量图。

3.7 有一个电感线圈接在 $U=120$ V 的直流电源上，电流为 20 A。若接在 $f=50$ Hz，$E=220$ V 的交流电源上，则电流为 28.2 A。求该线圈的电阻和电感。

3.8 一个线圈（电阻很小，可略去不计），电感 $L=51$ mH，求该线圈在 50 Hz 和 1000 Hz 的交流电路中的感抗各为多少？若接在 $U=220$ V，$f=50$ Hz 的交流电路中，电流 I、有功功率 P、无功功率 Q 又是多少？

3.9 并联接在 $U=220$ V，$f=50$ Hz 的交流电路中的三个元件，已知 $R=X_L=X_C=110$ Ω。求各支路电流表的读数，并画出相量图。

3.10 如图 3-26 所示电路中，已知 $R_1=9$ Ω，电感 L 的感抗 $X_L=12$ Ω，$R_2=15$ Ω，电容 C 的容抗 $X_C=20$ Ω。电源电压 $U=120$ V。

(1) 求各支路电流及各种功率；

(2) 求总电流及总功率；

(3) 画出电流电压的相量图。

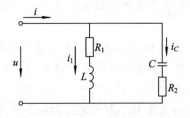

图 3-26 题 3.10 图

3.11 如图 3-27 所示电路中，电源电压 $E=12$ V，$f=50$ kHz，调节电容 C 使电路达到谐振，此时得到谐振电流 $I_0=100$ mA。电容端谐振电压 $U_C=200$ V，试求各参数 R、L、C 的值及电路的品质因数。

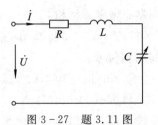

图 3-27 题 3.11 图

第 4 章 三相交流电路

工程应用中大多数供配电系统和电动机都采用三相交流电路。三相交流电路就是由三个频率相同、幅值相等、相位上互差120°电角的正弦电动势组成的电路。这样的三个电动势称为三相对称电动势。本章重点讨论三相交流电的基本概念、三相电路及负载的连接与相关参数的计算。

4.1 三相电路及负载的连接

4.1.1 三相交流电动势的产生

如图 4-1 所示，在三相交流发电机中，定子上嵌有三个具有相同匝数和尺寸的绕组 AX、BY、CZ。其中 A、B、C 分别为三个绕组的首端，X、Y、Z 分别为三个绕组的末端。绕组在空间的位置彼此相差120°。

当转子磁场在空间按正弦规律分布、转子恒速旋转时，三相绕组中将感应出三相正弦电动势 e_A、e_B、e_C，分别称做 A 相电动势、B 相电动势和 C 相电动势。它们的频率相同，振幅相等，相位上互差120°电角。

规定三相电动势的正方向是从绕组的末端指向首端。三相电动势的瞬时值为

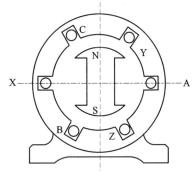

图 4-1 三相发电机原理图

$$e_A = E_m \sin\omega t$$
$$e_B = E_m \sin(\omega t - 120°)$$
$$e_C = E_m \sin(\omega t - 240°)$$

其波形图、矢量图分别如图 4-2(a)、(b)所示。任一瞬时，三相对称电动势之和为零，即

$$e_A + e_B + e_C = 0$$

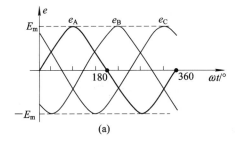

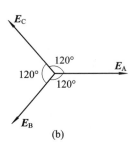

图 4-2 三相对称电动势的波形图、矢量图

4.1.2 三相电源的连接

三相发电机的三个绕组有两种连接方式,一种叫星形(Y)接法,另一种叫三角形(△)接法。

1. 三相电源的星形(Y)接法

若将电源的三个绕组末端 X、Y、Z 连在一点 O,而将三个首端作为输出端,如图 4-3 所示,则这种连接方式称为星形接法。

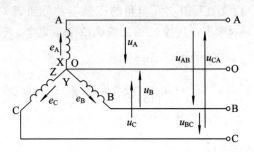

图 4-3 三相电源的星形接法

在星形接法中,末端的连接点称做中点,中点的引出线称做中线(或零线),三个绕组首端的引出线称做端线或相线(俗称火线)。这种从电源引出四根线的供电方式称为三相四线制。

在三相四线制中,端线与中线之间的电压 u_A、u_B、u_C 称为相电压,它们的有效值用 U_A、U_B、U_C 或 $U_相$ 表示。当忽略电源内阻抗时,$U_A=E_A$,$U_B=E_B$,$U_C=E_C$,且相位上互差 120°电角,所以三相相电压是对称的。规定 U 相的正方向是从端线指向中线。

在三相四线制中,任意两根相线之间的电压 u_{AB}、u_{BC}、u_{CA} 称做线电压,其有效值用 U_{AB}、U_{BC}、U_{CA} 或 $U_线$ 表示,规定正方向由脚标字母的先后顺序标明。例如,线电压 U_{AB} 的正方向是由 A 指向 B,书写时顺序不能颠倒,否则相位上相差 180°。从接线图 4-3 中可得出线电压和相电压之间的关系:

$$U_{AB} = 2U_A \cos30° = \sqrt{3}U_A$$

$$U_{BC} = \sqrt{3}U_B$$

$$U_{CA} = \sqrt{3}U_C$$

或

$$U_线 = \sqrt{3}U_相$$

式中:$U_线$——三相对称电源线电压;

$U_相$——三相对称电源相电压。

从矢量图还可得出,三个线电压在相位上互差 120°,故线电压也是对称的。

星形连接的三相电源,有时只引出三根端线,不引出中线,这种供电方式称做三相三线制。它只能提供线电压,主要在高压输电时采用。

例 4-1 已知三相交流电源的相电压 $U_相=220$ V,求线电压 $U_线$。

解
$$U_{线} = \sqrt{3} \times 220 \approx 380 \text{ V}$$

由此可见，我们平日所用的 220 V 电压是指相电压，即火线和中线之间的电压；380 V 电压是指火线和火线之间的电压，即线电压。所以，三相四线制供电方式可给我们提供两种电压。

2. 三相电源的三角形(△)接法

除了星形连接以外，电源的三个绕组还可以连接成三角形，即把一相绕组的首端与另一相绕组的末端依次连接，再从三个接点处分别引出端线，如图 4-4 所示。按这种接法，在三相绕组闭合回路中，有

$$e_A + e_B + e_C = 0$$

所以回路中无环路电流。若有一相绕组首末端接错，则在三相绕组中将产生很大环流，致使发电机烧毁。

发电机绕组很少用三角形接法，但作为三相电源用的三相变压器绕组，星形和三角形两种接法都会用到。

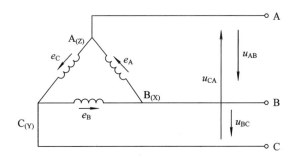

图 4-4　三相电源的三角形连接

4.1.3　三相负载的连接

1. 单相负载和三相负载

用电器按其对供电电源的要求，可分为单相负载和三相负载。工作时只需单相电源供电的用电器称为单相负载，例如照明灯、电视机、小功率电热器、电冰箱等。

需要三相电源供电才能正常工作的电器称为三相负载，例如三相异步电动机等。

每相负载的电阻相等、电抗相等且性质相同的三相负载称为三相对称负载，即 $Z_A = Z_B = Z_C$，$R_A = R_B = R_C$，$X_A = X_B = X_C$；否则称为三相不对称负载。

三相负载的连接方式也有两种，即星形连接和三角形连接。

2. 三相负载的星形连接

三相负载的星形连接如图 4-5 所示，每相负载的末端 x、y、z 接在一点 O'，并与电源中线相连；负载的另外三个端点 a、b、c 分别和三根相线 A、B、C 相连。

在星接的三相四线制中，把每相负载中的电流叫相电流 $I_{相}$，每根相线（火线）上的电流叫线电流 $I_{线}$。

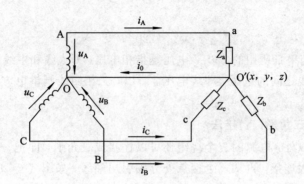

图 4 - 5 三相负载的星形接法

从如图 4 - 5 所示的三相负载星形连接图可以看出，三相负载星形连接时的特点是：

（1）各相负载承受的电压为对称电源的相电压。

（2）线电流 $I_线$ 等于负载相电流 $I_相$。

下面讨论各相负载中电流、功率的计算。

1）三相不对称负载的星形连接

已知三相负载：

$$Z_a = \sqrt{R_a^2 + X_a^2}, \quad Z_b = \sqrt{R_b^2 + X_b^2}, \quad Z_c = \sqrt{R_c^2 + X_c^2}$$

则每相负载中的电流有效值为

$$I_a = \frac{U_a}{Z_a} = \frac{U_相}{Z_a} = \frac{U_线}{\sqrt{3}Z_a}$$

$$I_b = \frac{U_b}{Z_b} = \frac{U_相}{Z_b} = \frac{U_线}{\sqrt{3}Z_b}$$

$$I_c = \frac{U_c}{Z_c} = \frac{U_相}{Z_c} = \frac{U_线}{\sqrt{3}Z_c}$$

各相负载的电流和电压的相位差为

$$\varphi_a = \arccos \frac{R_a}{Z_a}$$

$$\varphi_b = \arccos \frac{R_b}{Z_b}$$

$$\varphi_c = \arccos \frac{R_c}{Z_c}$$

中线电流的有效值应从三相电流的矢量和求得，即

$$I_0 = I_a + I_b + I_c$$

2）三相对称负载的星形接法

三相对称负载为

$$Z_A = Z_B = Z_C = Z, \quad \varphi_a = \varphi_b = \varphi_c = \arctan \frac{X}{R}$$

且各相负载性质相同。

将三相对称负载在三相对称电源上作星形连接时，三个相电流对称，中线电流为零，即

$$I_0 = I_a + I_b + I_c = 0$$

在这种情况下，中线存在与否对系统工作没有影响。

4.2 三相电的功率

三相负载的功率等于三个单相负载的功率之和，即

$$P = P_a + P_b + P_c = U_A I_a \cos\varphi_a + U_B I_b \cos\varphi_b + U_C I_c \cos\varphi_c$$

三相对称负载的三相总功率为

$$P = 3U_{相} I_{相} \cos\varphi_{相}$$

在三相对称负载的星形接法中，

$$I_{线} = I_{相}, \quad U_{线} = \sqrt{3}U_{相}$$

在三相对称负载的三角形接法中，

$$U_{线} = U_{相}, \quad I_{线} = \sqrt{3}I_{相}$$

所以三相负载的三相总功率还可写成：

$$P = \sqrt{3}U_{线} I_{线} \cos\varphi_{相}$$

式中：

$U_{线}$——线电压；

$I_{线}$——线电流；

$\cos_{\varphi相}$——每相负载的功率因数。

4.3 工 程 应 用

4.3.1 低压配电线路器件

输配电线路日日夜夜地运行着，为现代生活源源不断地输送并分配着绿色能源。而线路本身每时每刻都经受着光、热、化学气体的腐蚀，以及一些外力和本身荷重的破坏，因此要求线路的材料、元件要优良，结构要合理，且应符合"安全系数"标准。

电网改造前，配电网架脆弱，事故较多，供电可靠性较差。电网改造后，作为基础设施的配电网，由于采用了新材料、新设备、新技术和新工艺，并在标准上严要求，配电网的质量得到很大的改善和提高，如10 kV线路绝缘化、高压设备无油化、智能化等。

为了提高和保障供电质量，不断地提高配电技术，应对配电线路元件、配电设备熟悉，更应掌握，以便应用。

配电线路元器件主要有杆塔、导线、金具、绝缘子、拉线以及配电变压器台等。

1. 杆塔

1）电杆

电杆采用符合国标 GB4623—1994《环形预应力混凝土电杆》规定的定型产品圆形混凝土电杆。其中，低压动力的照明网杆架设的线路宜采用 B‐19‐10 电杆；照明线路采用 B‐15‐8 电杆；接户宜采用 B‐15‐7.5 电杆；电压10 kV 采用 B‐19‐10 及以上的电杆。

2）铁塔

10 kV 及以下配电线路采用铁塔的不多，当线路配线回路较多，其荷重较大，或在线路转角、分支处不便于组装拉线或顶杆时，为了增加杆塔的挠度，增大承受荷重的能力和依靠杆塔自身平衡线路张力，可采用铁塔。

2. 导线

1）裸导线线路

空间开阔，人口密度较小，环境能满足架空线路运行所需的电气尺寸，便于施工、运行维护的小城市和农村，多数采用裸导线组装架空线路；且以铝代铜，采用 LJ 型、LGJ 型铝绞线，其散热条件好，相对增大了载流能力。

2）新型裸铝绞线

AERO—Z 型裸铝线系耐克森公司开发研制的新型裸导线，其材料为新型铝合金。该型裸导线仍由多芯组成，单根导线间形成螺旋形凹槽，内"Z"形线将多根导线绕成一个或多个同心圆导线层，形成一个完全密合的结构且表面非常光滑，与传统导线相比表现出了十分突出的特性。

（1）导线表面非常光滑，内部完全密合，导线的风阻系数大大降低，减少了对杆塔的拉力。直径相同的导线与传统导线相比，对杆塔的拉力最多可减少 40%，从而提高了线路的安全系数。

（2）与传统导线相比，在直径相同的情况下，可使用相同线夹。但由于其结构完全密合，有效截面增大，其制造材料是特殊的铝锆合金、退火铝，载流量可提高 10%，导体截面利用率得到提高。

（3）由于完全密合，绞线间没有空隙，降低了电晕效应，线路损耗降低。另外，该型导线没有内部腐蚀，线路舞动几率降低，减振性能得到改善，适宜于输配电线路，尤其是大跨度输配电线路选用。

3）架空绝缘线路

架空绝缘线路是一种很有发展前途的配电线路，在大中城市乃至人口密集的小城镇不能敷设电缆线路，线路走廊又比较狭窄的地方，架空绝缘线路是很值得提倡的，可以按常规架空方式架设，适应性较强，并有比较强的安全性。

城网改造中，大多数架空线路被改造为架空绝缘线路，尤其将 10 kV 配电线路改造为架空绝缘线路以后，增强了线路对地及相间的绝缘强度，裸导线使依靠绝缘子的单一绝缘变成了绝缘子和导线的双重绝缘，彻底消除了鸟害以及悬挂物造成的短路事故。架空绝缘配电线路所采用的导线应符合 GB12527—1990、GB14049—1993 的规定。

4）电力电缆

电力电缆与架空电缆的不同之处是：架空电缆是无铠电缆，只有绝缘介质构成的绝缘层和保护层，单位质量较轻，适宜架空敷设，而电力电缆是有铠电缆，不但芯线间有绝缘层，还有金属铅装和高强度的绝缘外护套，具有较大的机械强度，适应环境较宽，如空中、地下和水中。

5）电缆附件

在使用电缆时，电缆附件是不可缺少的配件。电缆附件用来把电缆与设备连接起来，可延续电缆长度，构成分支线路，使线路安全可靠，保障电缆的绝缘性能。其附件有电缆终端头、中间接头、分线箱以及绝缘材料，主要应用在电缆线路的变压器、开关柜、环网柜上。

此外还有金具等设备，由于篇幅所限，在此就不一一列举了。

4.3.2 低压配电标准

电能是洁净廉价的绿色能源，造福于人类，服务于社会，在人们的生活和工作中都离不开它。若要提高供电部门的经济效益和社会效益，则必须提高供电质量，满足负荷的需要，保证电压质量。

1. 电压质量

电压质量就是使电压偏差、供电频率、电压闪变、波形畸变以及供电可靠性都达到规定的标准。

（1）电压偏差。电压偏差即最大负荷与最小负荷时，线路各点电压变动的偏差，一般以百分数表示，即

$$电压偏差 = \frac{实测电压 - 额定电压}{额定电压} \times 100\%$$

（2）电压和电流的波形畸变。我国乃至世界采用的交流电都是正弦波形。但是由于发电机的并解列、电网的故障运行以及单相整流负荷的冲击，都可能使电网产生谐波，从而影响正弦交流电的波形，破坏了电能的质量，影响了其他负荷的正常运行。

结合我国电网的具体情况，我国制定了谐波的国家标准 LB/T14549—1993《电能质量公用电网谐波》，国家技术监督局于 1993 年 7 月 31 日发布，1994 年 3 月 1 日起实施。

（3）电压闪变。电压闪变指用电负荷电流急剧变动造成系统瞬时电压降落超过允许值的现象。电压闪变可使设备启动困难，照明灯的光通量急剧变化等。电压闪变是由冲击性负荷造成的，比如，电弧炉、轧钢机、大型起重设备、弧焊机等。因此，对造成电压闪变的冲击性负荷应采取有效措施加以控制。比如，单设专用的特殊电源变压器，以适应冲击负荷的需要；对大型起动设备采取软控制等。

（4）供电频率。我国电器设备的运行频率为 50 Hz，但由于发电机运行、电网负荷等因素的影响，往往达不到理想频率。

2. 供电可靠性

供电可靠性是指正常的供电时间与故障的停电时间之比，应对不同的负荷有不同的标准。对于一旦停电将造成人员伤亡，造成经济损失的一类负荷，则应确保经常供电，如煤矿、医院、军工、科研及重要的重型自动化程度比较高的工矿企业。对于这类负荷不允许停电。

对一旦停电将造成一定的经济损失，但采取措施可以避免的或减轻的称为二类负荷。对于这类负荷应采取措施停电。

一旦停电不会造成经济损失、不影响生产的称为三类负荷。

面对改革开放的市场经济，电力由卖方市场转变为买方市场，用户对电能质量的要求越来越高。一是需要更多的电量；二是要求高质、高效不间断供电。因此，加强供电可靠性管理，影响重大，意义深远。

本 章 小 结

(1) 三相交流电路就是由三个频率相同、最大值相等、相位上互差 120°电角的正弦电动势组成的电路。

(2) 三相发电机的三个绕组的连接方式有两种，一种叫星形(Y)接法，另一种叫三角形(△)接法。

(3) 三相负载的连接方式也有两种，即星形(Y)接法和三角形(△)接法。

(4) 三相负载的功率等于三个单相负载的功率之和。

习题与思考题

4.1 三相负载为星形连接时，是否一定要有中线?

4.2 三相负载愈接近对称时，中线电流就愈小?

4.3 负载作星形连接时，电源线电压等于相电压的 $\sqrt{3}$ 倍?

4.4 三相对称负载无论作星形连接或作三角形连接，其总的有功功率均为 $P=\sqrt{3}U_1I_1\cos\varphi$?

4.5 已知正弦电压 u 和电流 i_1、i_2 的瞬时值表达式为

$$u = 310\ \sin(\omega t - 45°)\ \text{V}$$
$$i_1 = 14.1\ \sin(\omega t - 30°)\ \text{A}$$
$$i_2 = 28.2\ \sin(\omega t + 45°)\ \text{A}$$

(1) 试以电压 u 为参考量重新写出 u 和 i_1、i_2 的瞬时值表达式;

(2) 试求电压 u 和电流 i_1、i_2 的有效值。

4.6 图 4-6 所示对称三相电路中，$R_{AB}=R_{BC}=R_{CA}=100\ \Omega$，电源线电压为 380 V。求:

(1) 电压表Ⓥ和电流表Ⓐ的读数是多少?

(2) 三相负载消耗的功率 P 是多少?

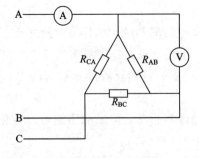

图 4-6 题 4.6 图

第5章 变压器

变压器用于实现变压、变流、变阻抗及电隔离作用，根据应用场合不同又有各种不同类型，工业和民用所需的不同高低的电压都是通过变压器降压后得到的。本章主要介绍变压器的结构、工作原理、特性及应用。

5.1 变压器的基本结构和分类

变压器具有变换电压、变换电流和变换阻抗的功能，在通信、广播、冶金、电气测量及自动控制等方面获得了广泛的应用。

5.1.1 变压器的结构

不同类型的变压器在具体结构、外形、体积和重量上有很大的差异，但其基本结构是相同的，主要由铁芯和绕组两部分构成。如图 5-1 所示，在一个闭合的铁芯上套有两个绕组，绕组与绕组之间以及绕组与铁芯之间都是绝缘的。

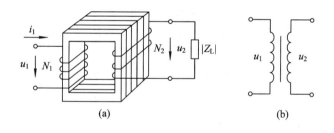

图 5-1 变压器

1. 铁芯

铁芯是变压器的主磁路，一般由 $0.35 \sim 0.5$ mm 的硅钢片叠装而成。铁芯由铁芯柱和铁轭组成，铁芯柱的作用是套装绕组，铁轭的作用是连接铁芯柱，使磁路闭合。按照绕组套入铁芯柱的形式，铁芯可分为心式结构和壳式结构。图 5-2 是心式单相和三相变压器的结构示意图，其绕组环绕着铁芯柱，是应用最多的一种结构形式。图 5-3 是壳式单相变压器的结构示意图，其绕组被铁芯包围，仅用于小功率的单相变压器和特殊用途的变压器。

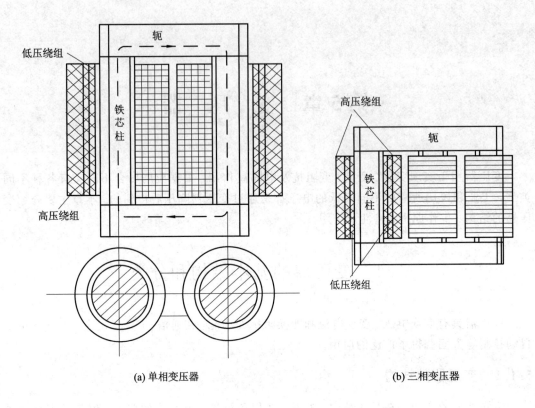

(a) 单相变压器　　　　　　　　(b) 三相变压器

图 5-2　心式变压器

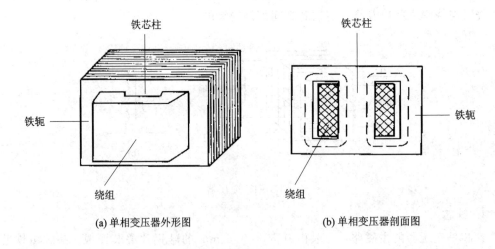

(a) 单相变压器外形图　　　　　　(b) 单相变压器剖面图

图 5-3　壳式单相变压器

2. 绕组

　　绕组是变压器的电路部分，一般由绝缘铜线或铝线绕制而成。把变压器与电源相接的一侧称为原绕组或一次绕组，其电磁量用下标数字"1"表示；而与负载相接的一侧称为副绕组或二次绕组，其电磁量用下标数字"2"表示。通常一次、二次绕组的匝数 N 不相等，匝数多的电压较高，匝数少的电压较低。

在电力系统中，以油浸自冷式双绕组变压器的应用最为广泛，如图5-4所示。其主要部件是由铁芯和绕组构成的器身，另外还有油箱和其他附件。油浸式变压器的器身浸在充满变压器油的油箱里，变压器油既是绝缘介质，又是冷却介质。

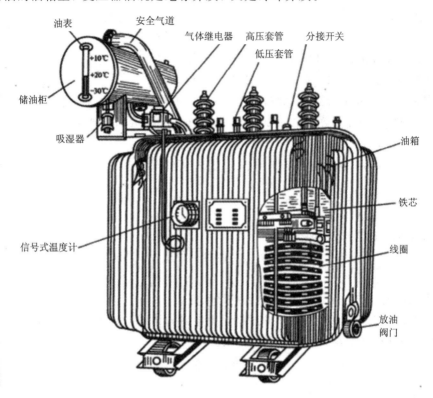

图5-4 油浸式电力变压器结构示意图

5.1.2 变压器的分类

变压器的分类方法有以下几种：
（1）按用途分有电力变压器、仪用互感器和特种变压器。
（2）按绕组数目分有单绕组变压器（自耦变压器）、双绕组变压器、三绕组变压器和多绕组变压器。
（3）按相数分有单相变压器、三相变压器和多相变压器。
（4）按铁芯结构分有心式变压器和壳式变压器。
（5）按冷却介质和冷却方式分有干式变压器、油浸式变压器和充气式变压器。

5.2 变压器的工作原理

变压器利用电磁感应原理，可将一种交流电转变为另一种或几种频率相同、大小不同的交流电。

5.2.1 变压器的空载运行

如图5-5所示，将变压器的原边接在交流电压 u_1 上，副边开路，这种运行状态称为空载运行。此时副绕组中的电流 $i_2 = 0$，电压为开路电压 u_{20}，原绕组通过的电流为空载电流 i_{10}，电压和电流的参考方向如图所示。图中 N_1 为原边绕组的匝数，N_2 为副边绕组的匝数。

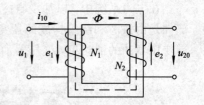

副边开路时，通过原边的空载电流 i_{10} 就是励磁电流。由于变压器的铁芯采用高导磁的硅钢片叠成，所以绝大部分磁通经铁芯闭合，这部分磁通称为主磁通 Φ；

图 5-5　变压器空载运行原理图

有少量磁通经空气闭合，这部分磁通称为漏磁通。主磁通 Φ 既穿过原绕组，又穿过副绕组，于是在原、副绕组中分别感应电动势 e_1 和 e_2，且 e_1 和 e_2 符合右手螺旋定则。由法拉第电磁感应定律可知：

$$e_1 = -N_1 \frac{\mathrm{d}\Phi}{\mathrm{d}t} \tag{5-1}$$

$$e_2 = -N_2 \frac{\mathrm{d}\Phi}{\mathrm{d}t} \tag{5-2}$$

e_1 和 e_2 的有效值分别为：

$$E_1 = 4.44 f N_1 \Phi_{\mathrm{m}} \tag{5-3}$$

$$E_2 = 4.44 f N_2 \Phi_{\mathrm{m}} \tag{5-4}$$

式中 f 为交流电源的频率，Φ_{m} 为主磁通的最大值。

如果忽略漏磁通的影响并且不考虑绕组上电阻的压降，则可认为原、副绕组上电动势的有效值近似等于原、副绕组上电压的有效值，即

$$U_1 \approx E_1 \tag{5-5}$$

$$U_2 \approx E_2 \tag{5-6}$$

因此，

$$\frac{U_1}{U_2} \approx \frac{E_1}{E_2} = \frac{4.44 f N_1 \Phi_{\mathrm{m}}}{4.44 f N_2 \Phi_{\mathrm{m}}} = \frac{N_1}{N_2} = K \tag{5-7}$$

由式(5-7)可见，变压器空载运行时，原、副绕组上电压的比值等于两者的匝数之比，K 称为变压器的变比。若改变变压器原、副绕组的匝数，就能够把某一数值的交流电压变为同频率的另一数值的交流电压，即

$$U_{20} = \frac{N_2}{N_1} U_1 = \frac{1}{K} U_1 \tag{5-8}$$

当原绕组的匝数 N_1 比副绕组的匝数 N_2 多时，$K>1$，这种变压器称为降压变压器；反之，当 N_1 的匝数比 N_2 的匝数少时，$K<1$，这种变压器称为升压变压器。

5.2.2　变压器的负载运行

如图 5-6 所示，变压器的原绕组接交流电压 u_1，副绕组接负载 Z_L，这种运行状态称为负载运行。这时副边电流为 i_2，原边电流由 i_{10} 增大为 i_1，且 u_2 略有下降，这是因为有了负载后，i_1 和 i_2 会增大，原、副绕组本身的内部压降要比空载时增大，使副绕组电压 U_2 比 E_2 低一些。由于变压器内部压降一般小于

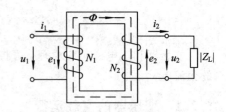

图 5-6　变压器的负载运行原理图

额定电压的 10%，因此变压器有无负载对电压比的影响不大，可以认为负载运行时变压器原、副绕组的电压比仍然基本上等于原、副绕组匝数之比。

变压器负载运行时，由 i_2 形成的磁通对磁路也会产生影响，即铁芯中的主磁通 Φ 是由 $i_1 N_1$ 和 $i_2 N_2$ 共同产生的。由式 $U \approx E \approx 4.44 f N \Phi_m$ 可知，当电源电压和频率不变时，铁芯中的磁通最大值应保持基本不变，故磁动势

$$\dot{I}_1 N_1 + \dot{I}_2 N_2 = \dot{I}_{10} N_1 \qquad (5-9)$$

这是变压器接负载时的磁动势平衡方程式。由于空载电流比较小，与负载时电流相比，可以忽略空载磁动势 $\dot{I}_{10} N_1$，因此

$$\dot{I}_1 N_1 + \dot{I}_2 N_2 = 0 \qquad (5-10)$$

$$\frac{\dot{I}_1}{\dot{I}_2} = -\frac{N_2}{N_1} = -\frac{1}{K} \qquad (5-11)$$

$$\frac{I_1}{I_2} = \frac{N_2}{N_1} = \frac{1}{K} \qquad (5-12)$$

由式 (5-12) 可见，当变压器负载运行时，原、副绕组的电流比等于匝数比的倒数。若改变原、副绕组的匝数，就能够改变原、副绕组电流的比值，这就是变压器的电流变换作用。

5.2.3 变压器的阻抗变换

在电子电路中，为了提高信号的传输功率，常用变压器将负载阻抗变换为适当的数值，使其与放大电路的输出阻抗相匹配，即称为阻抗匹配。

如图 5-7 所示，负载阻抗 Z_L 接在变压器的副边，图 5-7(a) 中虚线框内的部分可以用一个等效的阻抗 Z_L' 来代替，如图 5-7(b) 所示。所谓等效，就是在电源相同的情况下，电源输入图 5-7(a) 和图 5-7(b) 电路的电压、电流和功率保持不变。当忽略变压器的漏磁和损耗时，等效阻抗可由下式求得：

$$|Z_L'| = \frac{U_1}{I_1} = \frac{\left(\dfrac{N_1}{N_2}\right) U_2}{\left(\dfrac{N_2}{N_1}\right) I_2} = \left(\frac{N_1}{N_2}\right)^2 |Z_L| = K^2 |Z_L| \qquad (5-13)$$

式中 $|Z_L| = \dfrac{U_2}{I_2}$ 为变压器副边的负载阻抗。

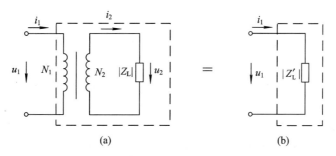

(a)   (b)

图 5-7 变压器的阻抗变换

可见，对于变比为 K 且变压器副边阻抗为 Z_L 的负载，相当于在电源上直接接一个阻抗 $|Z_L'|=K^2|Z_L|$ 的负载。因此，通过选择合适的变比 K，可把实际负载阻抗变换为所需的数值，这就是变压器的阻抗变换作用。

例 5 - 1　如图 5 - 8 所示，某交流信号源的电动势 $E=120$ V，内阻 $R_0=800$ Ω，负载电阻 $R_L=8$ Ω。

(1) 当将负载直接与信号源连接时，信号源输出多大功率？

(2) 要求 R_L 折算到一次侧的等效电阻 $R_L'=R_0$，试求变压器的变比和信号源输出的功率。

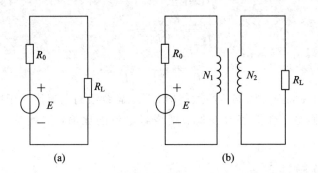

图 5 - 8　例 5 - 1 图

解　(1) 若将负载直接与信号源连接，信号源的输出功率为

$$P=I^2R_L=\left(\frac{E}{R_0+R_L}\right)^2R_L=\left(\frac{120}{800+80}\right)^2\times8=0.176\text{ W}$$

(2) 变压器的变比为

$$K=\frac{N_1}{N_2}=\sqrt{\frac{R_L'}{R_L}}=\sqrt{\frac{800}{8}}=10$$

信号源的输出功率为

$$P=I^2R_L'=\left(\frac{E}{R_0+R_L'}\right)^2R_L'=\left(\frac{120}{800+8}\right)^2\times800=4.5\text{ W}$$

可见，阻抗匹配后输出功率变大。

5.2.4　三相电压的变换

由于目前电力系统都是三相制的，所以三相变压器的应用非常广泛。从运行原理来看，三相变压器在对称负载下运行，各相电压、电流大小相等，相位上彼此相差 $120°$，就某一相来说，和单相变压器没有什么区别。因此，单相变压器的基本方程式及运行特性的分析方法和结论等完全适用于三相变压器。

变换三相电压，既可以用一台心式三相变压器，也可以用三台单相变压器组成的三相变压器组来完成。三相变压器的原理结构如图 5 - 9 所示，原绕组的首末端分别为 U_1、V_1、W_1 和 U_2、V_2、W_2，副边绕组的首末端分别用 u_1、v_1、w_1 和 u_2、v_2、w_2 表示。

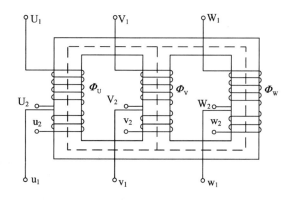

图 5-9　三相变压器

　　三相变压器的原边绕组和副边绕组均可以连成星形或三角形，星形接法用符号"Y"表示，三角形接法用符号"△"表示。采用星形接法，从中性点引出中线时，可用符号"Y₀"表示。因此，三相变压器可能有 Y/Y、Y/△、△/△、△/Y 四种基本接法，符号中的分子表示原边绕组的接法，分母表示副边绕组的接法。当绕组接成星形时，每相绕组的相电流等于线电流，相电压只有线电压的 $1/\sqrt{3}$ 倍。相电压较低有利于降低绕组的绝缘强度要求，因此变压器原边多采用"Y"接法。当绕组接成三角形时，每相绕组的相电压等于线电压，但相电流只有线电流的 $1/\sqrt{3}$ 倍。这样，在输送相同的线电流时，绕组导线的截面积可以减小，故"△"接法多用于变压器副边。目前我国生产的三相电力变压器通常采用 Y/Y、Y/△ 和 Y₀/△ 三种接法。图 5-10 为三相变压器常用的接线方式。三相变压器绕组的接法通常标在它的铭牌上。

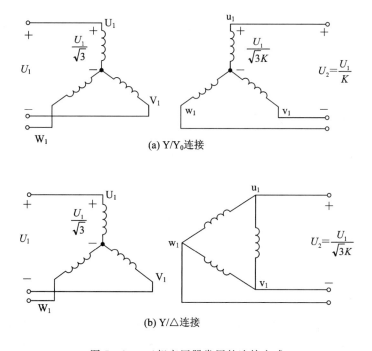

图 5-10　三相变压器常用的连接方式

5.3 变压器的运行特性

5.3.1 变压器的外特性

当电源电压和负载的功率因数等于常数时，副边电压随负载电流变化的规律曲线称为变压器的外特性。

由于变压器绕组具有电阻和漏磁感抗，故当负载电流流过时，变压器内部会产生阻抗压降，使副边电压随电流的变化而变化。如图 5－11 所示，特性曲线表明，变压器副边电压随负载的增加而下降；对于相同的负载电流，感性负载的功率因数愈低，副边电压下降愈多。

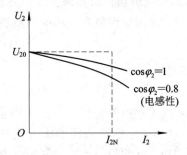

图 5－11 变压器的外特性曲线

变压器带负载后副边电压下降的程度可用电压调整率 ΔU 表示。电压调整率 ΔU 规定如下：

原边为额定电压，负载功率因数为常数时，副边空载电压 U_{20} 与负载时副边电压 U_2 之差相对空载电压 U_{20} 的百分值定义为 ΔU，即

$$\Delta U = \frac{U_{20} - U_2}{U_{20}} \times 100\% \tag{5-14}$$

5.3.2 变压器的损耗、效率和效率特性

变压器的损耗主要包括铁损耗和原、副绕组的铜损耗。

1. 铁损耗

铁损耗包括基本铁损耗和附加铁损耗。基本铁损耗指铁芯中磁滞和涡流损耗，取决于铁芯中的磁通密度大小、磁通交变的频率和硅钢片的质量。附加损耗指由铁芯叠片之间绝缘损耗引起的局部涡流损耗等。

变压器的铁损耗与一次侧外加电源电压的大小有关，而与负载的大小无关。当电源电压一定时，铁损耗就不变，因此铁损耗也称为"不变损耗"。

2. 铜损耗

铜损耗包括基本铜损耗和附加铜损耗。基本铜损耗是电流在原、副边绕组电阻上的损耗，而附加损耗指因集肤效应引起导线等效截面积变小而增加的损耗以及漏磁场在结构部件中引起的涡流损耗等。

变压器铜损耗的大小与负载电流的平方成正比，因此铜损耗也叫"可变损耗"。

3. 效率及效率特性

变压器效率指输出功率 P_2 与输入功率 P_1 之比，通常用百分数表示，即

$$\eta = \frac{P_2}{P_1} \times 100\% \tag{5-15}$$

图 5-12 为变压器的效率曲线 $\eta = f(P_2)$。由图可见，效率随输出功率的变化而变化，并有一最大值。由于电力变压器不可能一直处于满载运行，设计时通常使最大效率出现在 $50\% \sim 60\%$ 额定负载附近。

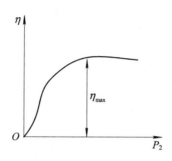

图 5-12 变压器的效率曲线图

5.4 变压器的使用

5.4.1 变压器的额定值

按照国家标准规定，标注在铭牌上的代表变压器在规定使用环境和运行条件下的主要技术数据称为变压器的额定值(或铭牌数据)。

1. 额定电压 U_N

额定电压指变压器长时间运行时所能承受的工作电压，以伏或千伏为单位。变压器的额定电压有一次额定电压 U_{1N} 和二次额定电压 U_{2N}。U_{1N} 指一次侧应加的电源电压，U_{2N} 指一次侧加上 U_{1N} 时二次绕组的空载电压。应该注意，三相变压器一次侧和二次侧的额定电压都是指其线电压。

2. 额定电流 I_N

额定电流指变压器允许长期通过的电流，以安为单位。变压器的额定电流有一次额定电流 I_{1N} 和二次额定电流 I_{2N}。同样应注意，三相变压器中 I_{1N} 和 I_{2N} 都是指其线电流。

3. 额定容量 S_N

变压器额定容量是指其二次侧的额定视在功率，以伏安或千伏安为单位。额定容量反映了变压器传递电功率的能力。

对单相变压器

$$S_N = U_{2N}I_{2N} \approx U_{1N}I_{1N} \tag{5-16}$$

对于三相变压器

$$S_N = \sqrt{3}U_{2N}I_{2N} \approx \sqrt{3}U_{1N}I_{1N} \tag{5-17}$$

4. 额定频率 f_N

我国规定标准工频频率为 50 Hz。

此外，变压器的铭牌上还会标注温升、效率、绝缘等级等。

例 5 - 2 某单相变压器额定容量 $S_N = 5$ kV·A，额定电压 $U_{1N} = 220$ V，$U_{2N} = 36$ V，求原、副边绕组的额定电流。

解 副边额定电流为

$$I_{2N} = \frac{S_{2N}}{U_{2N}} = \frac{5 \times 10^3}{36} = 138.9 \text{ A}$$

由于 $U_{2N} \approx U_{1N}/K$，$I_{2N} \approx KI_{1N}$，所以 $U_{2N}I_{2N} \approx U_{1N}I_{1N}$，变压器额定容量 S_N 也可以近似用 I_{1N} 和 U_{1N} 的乘积表示，即

$$I_{1N} \approx \frac{S_N}{U_{1N}} = \frac{5 \times 10^3}{220} = 22.7 \text{ A}$$

例 5 - 3 三相变压器，其连接组别为 Y/Y₀，额定电压为 10 000/400 V，现向额定电压 $U_2 = 380$ V，功率 $P = 60$ kW，$\cos\varphi_2 = 0.82$ 的负载供电。求原副边的电流，并选择变压器的容量。

解 变压器供给负载的电流为

$$I_2 = \frac{P_2}{\sqrt{3}U_2\cos\varphi_2} = \frac{60 \times 10^3}{\sqrt{3} \times 380 \times 0.82} = 111.2 \text{ A}$$

因为变压器是 Y 形连接，相电流等于线电流，则副边电流也是 111.2 A。

变压器的变比为

$$K = \frac{U_{1N}}{U_{2N}} = \frac{10\ 000}{400} = 25$$

原边电流为

$$I_1 = \frac{I_2}{K} = \frac{111.2}{25} = 4.448 \text{ A（原边相电流也等于线电流）}$$

变压器容量为

$$S = \frac{P_2}{\cos\varphi_2} = \frac{60}{0.82} = 73.17 \text{ kV·A}$$

5.4.2 变压器绕组的极性及测定方法

1. 极性

要正确使用变压器，还必须了解绕组的同名端（或称同极性端）概念。

绕组的极性是指绕组在任意瞬时两端产生的感应电动势的瞬时极性，它总是从绕组的相对瞬时电位的低电位端（用符号"−"表示）指向高电位端（用符号"＋"表示）。两个磁耦合作用联系起来的绕组，例如变压器的原、副绕组，当某一瞬时原绕组某一端点的瞬时电位相对于原绕组的另一端为正时，副绕组必定有一个对应的端点，其瞬时电位相对于副绕组的另一端点为正。这两个具有正极性或另两个具有负极性的端点，称为同极性端，也叫同名端，用符号"·"表示。

如图 5 - 13 所示，把变压器的副绕组 ax 与原绕组 AX 画在同一铁芯柱上，图（a）中，两个绕组在铁芯柱上的绕向是相同的，当磁通 Φ 的变化使绕组中产生感应电动势时，A 与 a

或 X 与 x 端子的相对瞬时电位的极性是相同的，即 A 与 a 或 X 与 x 为同名端，画上标记符号"."表示。图 5-14(a) 为变压器绕组极性的表示方法。

如果副绕组和原绕组在铁芯柱上的绕向相反，如图 5-13(b) 所示，则用同样的方法可判别 A 与 x 或 X 与 a 是同名端，如图 5-14(b) 所示。可见，变压器绕组的同名端与两个绕组在铁芯柱上的绕向有关，已知绕组的绕向是很容易判别绕组的同名端的。

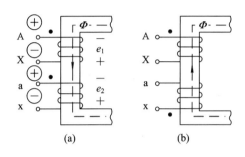
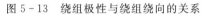
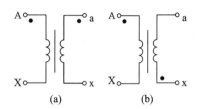

图 5-13　绕组极性与绕组绕向的关系　　　图 5-14　变压器绕组极性的表示

2. 测定方法

对于已制成的变压器，通常都无法从外观上看出绕组的绕向，如果使用时需要知道它的同名端，可通过实验方法测定同名端。

1) 直流法

图 5-15 是采用直流感应法测定变压器绕组极性的电路图。将变压器的 AX 绕组通过开关 S 与电池相连，另一个绕组与直流毫安表相连，图中 a 端接毫安表正端，x 接毫安表负端。开关 S 接通瞬间，如果毫安表指针正向偏转，则 AX 绕组与电池正极相连的端子（图中为 A）和 ax 绕组与毫安表正极相连的端子

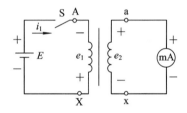

图 5-15　变压器绕组极性的测定 1

（图中为 a）为同名端；如果毫安表指针反偏，则 A 和 x 为同名端。这是因为开关 S 接通瞬间，AX 绕组中将流过一个从 A 流向 X 的正向增长的电流 i_1，根据楞次定律，AX 绕组中将产生由 X 指向 A 的感应电动势 e_1。如果 a 与 A 是同名端，则 ax 绕组中的感应电动势 e_2 的方向应由 x 指向 a，故毫安表指针正向偏转。如果 x 与 A 是同名端，则 e_2 的方向应由 a 指向 x，故毫安表指针反向偏转。

2) 交流法

用交流感应法测定变压器绕组极性的电路如图 5-16 所示。用导线将 AX 和 ax 两个绕组中的任一对端点（图中为 X 和 x）连在一起，在其中一个绕组（图中为 AZ）的两端加一个较低的便于测量的交流电压。用交流电压表分别测量绕组 AX、ax 两端以及 A 与 a 两端的电压值，设分别为 U_1、U_2 和 U_3。如果测量结果为 $U_3 = |U_2 - U_1|$，则用导线连接的一对端点 X 和 x 是同名端。如果测量结果为 $U_3 = -|U_2 - U_1|$，则用导线连接的一对端点 X 与 x 为异名端。测定原理读者可依据同名端概念自行分析。

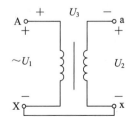

图 5-16　变压器绕组极性的测定 2

5.5 特殊变压器

除了传输能量的电力变压器外，还有多种特殊用途的变压器，它们虽然结构与外形不尽相同，但基本原理是一样的。下面介绍几种特殊用途的变压器。

5.5.1 自耦变压器

1. 自耦变压器的结构

普通双绕组变压器的原、副绕组是相互绝缘的，它们之间只有磁的耦合，没有电的直接联系。如图 5-17 所示，如果原、副边共用一个绕组，副边绕组只是原边绕组的一部分，这样的变压器称为自耦变压器，而且它是一台降压变压器。显然，自耦变压器的原、副绕组既有磁的联系，又有电的联系。

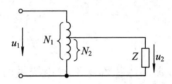

图 5-17 自耦变压器原理图

在实用中为了得到连续可调的交流电压，如图 5-18 所示，常将自耦变压器的铁芯做成圆形，副边抽头做成滑动的触头，可自由滑动。当用手柄转动触头时，就改变了副边的匝数，调节了输出电压的大小。

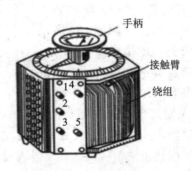

图 5-18 自耦变压器的外形图

2. 自耦变压器使用时的注意事项

（1）原、副边不能对调使用，否则会烧坏绕组，甚至造成电源短路。

（2）接通电源前，应先将滑动触头调到零位，接通电源后再慢慢转动手柄，将输出电压调到所需值。

5.5.2 仪用互感器

在电工测量中，被测量的电量经常是高压或大电流，为了保证测量者的安全，需将待测电压或电流按一定的比例降低。用于测量的变压器称为仪用互感器。仪用互感器按用途可分为电压互感器和电流互感器。

1. 电压互感器

1) 工作原理

电压互感器实际上是一台小容量的降压变压器，如图 5-19 所示。它的原边匝数较多，副边匝数较少。工作时，原边端线并联在被测的高压线路上；副边端线接电压表。其工作原理为

$$U_2 = \frac{N_2}{N_1}U_1 \tag{5-18}$$

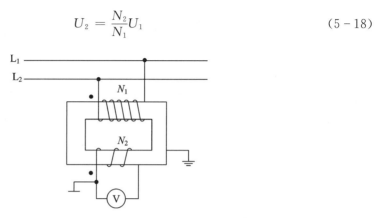

图 5-19 电压互感器原理图

2) 电压互感器使用时的注意事项

(1) 电压互感器在运行时副边绝对不允许短路，否则将产生很大的电流，导致绕组过热而烧坏。

(2) 电压互感器的铁芯和副绕组的一端都必须可靠接地，以防止因绝缘损坏时副边出现高电压，危及人身安全。

2. 电流互感器

1) 工作原理

如图 5-20 所示，电流互感器原边匝数少，副边匝数多。工作时，原边与被测电路的线路串联，副边接电流表。电流互感器是利用电流变换作用，将大电流变为小电流的升压变压器。其工作原理为

$$I_2 = \frac{N_1}{N_2}I_1 \tag{5-19}$$

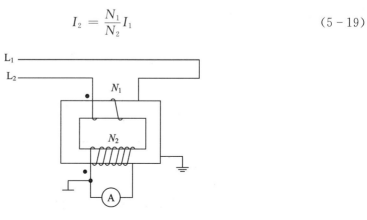

图 5-20 电流互感器原理图

2）电流互感器使用时的注意事项

（1）电流互感器在运行时副边绝对不允许开路，否则铁芯中的磁通将远远超过正常工作时的磁通，铁芯会因发热而损坏。

（2）电流互感器的铁芯和副绕组的一端都必须可靠接地，以防止因绝缘损坏时副边出现高电压，危及人身安全。

本 章 小 结

（1）变压器是一种按照电磁感应原理工作的静止的电器设备。它的基本结构是在一个闭合铁芯上绕着两个匝数不同的线圈（绕组），通过电磁感应关系，传送电能，改变电压的大小。变压器除能变换电压外，还有变换电流和变换阻抗的作用。

（2）变压器的变压原理：

$$\frac{U_1}{U_2} = \frac{N_1}{N_2} = K$$

变压器的变流原理：

$$\frac{I_1}{I_2} = \frac{N_2}{N_1} = \frac{1}{K}$$

变压器的变阻抗原理：

$$\mid Z_L' \mid = K^2 \mid Z_L \mid$$

（3）为了正确选择和使用变压器，必须了解和掌握其额定值（额定电压、额定电流、额定容量、额定频率等），并了解其外特性的意义和作用。变压器在运行时有两种损耗，一种是铁损耗（也叫不变损耗）；一种是铜损耗（也叫可变损耗）。

（4）三相变压器广泛应用于电力系统的输、配电中，原、副边绕组通常采用 Y／Y$_0$、Y／△和 Y$_0$／△三种接法。

（5）常用的特殊互感器有两种：一种是自耦变压器，可以输出平滑的可调电压，常用于实验室中；一种是仪用互感器，包括电压互感器和电流互感器。使用互感器的目的是使测量仪表与大电压或大电流电路隔离，保证测量仪表和人身安全，大大减少测量中的能量损耗，提供测量的准确度。

习题与思考题

5.1 常用变压器有哪些种类？有何结构特点？

5.2 变压器原边绕组若接在直流电源上，副边会有稳定的直流电压吗，为什么？

5.3 变压器的铁芯是起什么作用的，不用铁芯行不行？

5.4 什么是变压器的变比？

5.5 什么是变压器的负载运行？它与空载运行有何不同？

5.6 一台 380 V／220 V 的单相变压器，如不慎将 380 V 接在低压绕组上，会产生什么现象？

5.7 一台变压器容量为 10 kV·A，在满载情况下向功率因数为 0.95（滞后）的负载供电,变压器的效率为 94%,求变压器的损耗。

5.8 有一空载变压器,原边加额定电压 220 V,并测得原边绕组电阻 $R_1=10\ \Omega$,试问原边电流是否等于 22 A?

5.9 有一单相变压器,容量为 1010 kV·A,电压为 220 V,今欲在副边接上 60 W、220 V 的白炽灯,如果要求变压器在额定状态下运行,可接多少个白炽灯?并求原、副绕组的额定电流。

5.10 已知信号源的交流电动势 $E=2.4$ V,内阻 $R_0=600\ \Omega$,通过变压器使信号源与负载完全匹配,若这时负载电阻的电流 $I_2=4$ mA,则负载电阻应为多大?

5.11 单相变压器原边绕组匝数 $N_1=1000$ 匝,副边绕组匝数 $N_2=500$ 匝,现原边加电压 $U_1=220$ V,副边接电阻性负载,测得副边电流 $I_2=4$ A,忽略变压器的内阻抗及损耗,试求:

(1)原边等效阻抗;

(2)负载消耗的功率 P_2。

5.12 使用电压互感器时应注意哪些事项?使用电流互感器时应注意哪些事项?

5.13 简述自耦变压器的工作原理。

第6章 交流电动机

电动机是根据电磁感应原理将电能转换为机械能的电磁设备，它是工农业生产中应用最广泛的动力机械。

电动机分为直流电动机和交流电动机，而交流电动机又可分为同步电动机和异步电动机。除此之外，还有一些特殊用途的控制电机。

6.1 三相异步电动机的基本结构

三相异步电动机具有结构简单、运行可靠、维护方便及成本低等优点。三相异步电动机主要由定子和转子两部分组成，定、转子之间有一个很窄的空气隙。图6-1为三相异步电动机的外形及结构示意图。

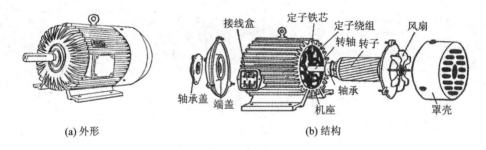

(a) 外形   (b) 结构

图6-1 三相异步电动机的外形及结构

6.1.1 定子部分

三相异步电动机的定子部分由定子铁芯、定子绕组和机座（外壳）组成。

1. 定子铁芯

定子铁芯是三相异步电动机的磁路部分。为了减小涡流和磁滞损耗，定子铁芯由互相绝缘的硅钢片叠成，内圆表面有槽（如图6-2所示），用来放置定子绕组。定子铁芯装在由钢制成的机座上。

图6-2 异步电动机的定子

2. 定子绕组

三相异步电动机的定子绕组是电动机的电路部分，嵌放在定子铁芯冲片的内圆槽内。三相异步电动机有三相绕组，三相绕组的六个出线端都引至接线盒上，首端用 U_1、V_1、W_1 标示，末端用 U_2、V_2、W_2 标示。这六个出线端在接线盒里的排列如图 6-3 所示，可以接成星形，也可以接成三角形。

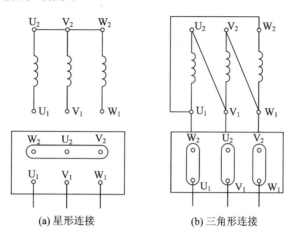

(a) 星形连接　　　　　　(b) 三角形连接

图 6-3　定子绕组的接法

3. 机座

机座的作用是固定和支撑定子铁芯和端盖，它也是电动机磁路的一部分。中、小型异步电动机多采用铸铁机座，大型异步电动机则由钢板焊接而成。

6.1.2　转子部分

转子部分是三相异步电动机的转动部分，由转子铁芯、转子绕组和转轴组成。

1. 转子铁芯

转子铁芯是用 0.5 mm 的硅钢片叠压而成的，套在转轴上，作用和铁芯是相同的，一方面作为电动机的磁路部分，一方面用来安放转子绕组。

2. 转子绕组

三相异步电动机的转子绕组分为绕线式和鼠笼式两种。

1）绕线式转子

绕线式转子的绕组和定子绕组相似，也是由绝缘导线做成绕组元件，放在转子铁芯槽内，如图 6-4(a)所示，然后连接成对称的三相绕组，一般接成星形。星形绕组的三根端线接到装在转轴上的三个铜滑环上，通过一组电刷把转子绕组从三个接线端引出来并与外电路相连接（如图 6-4(b)所示）。一般把外接电阻串入转子绕组回路中，以改善电动机的运行性能。

2）鼠笼式转子

如图 6-5 所示，在转子铁芯的每一个槽中插入一根铜条，在铜条两端各有一个铜环把导条连接成一个整体，形成一个自身闭合的多相短路绕组。如去掉转子铁芯，整个绕组犹如一个"松鼠笼子"，由此得名鼠笼式转子。

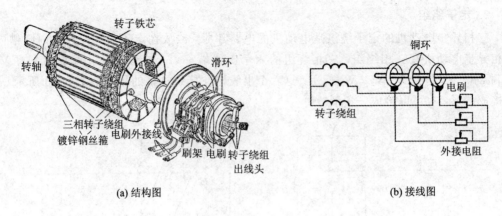

(a) 结构图	(b) 接线图

图 6-4　绕线式转子

图 6-5　鼠笼式转子

6.1.3　其他部分

其他部分包括端盖、风扇等。端盖除了起防护作用外，在其上还装有轴承，用以支撑转子轴。风扇用来通风冷却电动机。三相异步电动机的定子与转子之间的空气隙，一般仅为 0.2 mm～1.5 mm，如果气隙太大，电动机运行时的功率因数将降低；气隙太小，使装配困难，运行不可靠，高次谐波磁场增强，从而使附加损耗增加以及启动性能变差。

6.2　三相异步电动机的工作原理

在三相异步电动机的三相定子绕组中通入三相电流，便会产生旋转磁场并切割转子导体，在转子电路产生感应电流，转子在磁场中受力产生电磁转矩，从而使转子旋转。所以，旋转磁场的产生是转子转动的先决条件。

6.2.1　旋转磁场

1. 旋转磁场的产生

三相异步电动机的定子绕组嵌放在定子铁芯槽内，按一定规律连接成三相对称结构。三相绕组 U_1U_2、V_1V_2、W_1W_2 在空间互成 120°，把它们连接成星形，如图 6-6 所示。当三相绕组接上三相对称电源时，电流的参考方向如图 6-7 所示，则三相绕组中便有三相对称电流，即

$$i_U = I_m \sin\omega t$$
$$i_V = I_m \sin(\omega t - 120°)$$

$$i_{\mathrm{W}} = I_{\mathrm{m}}\sin(\omega t + 120°)$$

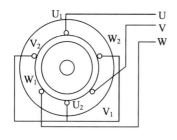

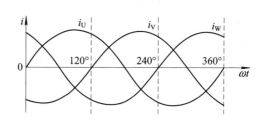

图 6-6　三相绕组连接示意图　　　　图 6-7　三相对称电流波形图

由图 6-7 可知，在 $\omega t = 0$ 时，$i_{\mathrm{U}} = 0$，i_{V} 为负，说明实际电流的方向与 i_{V} 的参考方向相反，即 V_2 端流入，V_1 端流出；i_{W} 为正，说明实际电流方向与 i_{W} 的参考方向一致，即 W_1 端流入，W_2 端流出。合成磁场的方向根据右手螺旋定则判断可知是自上而下，如图 6-8(a) 所示。图中⊗表示电流流入，⊙表示电流流出。

当 $\omega t = 120°$ 时，$i_{\mathrm{V}} = 0$，i_{U} 为正，实际电流方向与 i_{U} 的参考方向一致，即 U_1 端流入，U_2 端流出；i_{W} 为负，实际电流方向与 i_{W} 的参考方向相反，即 W_2 端流入，W_1 端流出。合成磁场的方向在空间顺时针方向转过了 120°，如图 6-8(b) 所示。

当 $\omega t = 240°$ 时，$i_{\mathrm{W}} = 0$，i_{U} 为负，实际电流方向与 i_{U} 的参考方向相反，即 U_2 端流入，U_1 端流出；i_{V} 为正，实际电流方向与 i_{V} 的参考方向一致，即 V_1 端流入，V_2 端流出。合成磁场的方向在空间顺时针方向又转过了 120°，如图 6-8(c) 所示。

当 $\omega t = 360°$ 时，三相电流与 $\omega t = 0$ 时的情况相同，合成磁场的方向在空间顺时针方向又转过 120°，回到 $\omega t = 0$ 时的位置，如图 6-8(d) 所示。

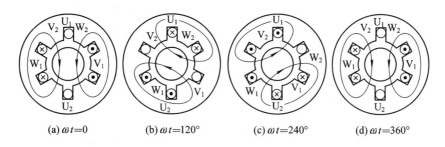

(a) $\omega t = 0$　　　(b) $\omega t = 120°$　　　(c) $\omega t = 240°$　　　(d) $\omega t = 360°$

图 6-8　三相电流产生的旋转磁场

2. 旋转磁场的方向

由图 6-8 可知，三相绕组中的合成磁场的旋转方向是由三相绕组中电流变化的顺序（电流的相序）决定的。若在三相绕组 U、V、W 中通入三相正序电流($i_{\mathrm{U}} \rightarrow i_{\mathrm{V}} \rightarrow i_{\mathrm{W}}$)，则旋转磁场将按顺时针方向旋转，而通入三相逆序电流($i_{\mathrm{U}} \rightarrow i_{\mathrm{W}} \rightarrow i_{\mathrm{V}}$)时，旋转磁场将沿逆时针方向旋转。实际应用中，把电动机与电源相连的三相电源线调换任意两根后，即可改变电动机的旋转方向。

3. 旋转磁场的转速

旋转磁场的转速取决于磁极对数 p。前面的分析过程中，每相有一个绕组，绕组首端之间的相位差为120°，产生的是一对磁极（$p=1$）。当每相有两个绕组串联时，绕组首端之间的相位差为120°/2=60°空间角，产生的旋转磁场具有两对磁极（$p=2$）。以此类推，改变每相绕组的个数，就可改变旋转磁场的磁极对数。

如果磁极对数为1，则当三相电流变化一个周期时，合成磁场在空间旋转一周。设三相电流的频率为f_1，则旋转磁场每分钟的转速为

$$n_0 = 60f_1 \quad (\text{r/min}) \tag{6-1}$$

如果磁极对数不为1，根据分析可知，p对磁极的异步电动机的旋转磁场的转速为

$$n_0 = \frac{60f_1}{p} \quad (\text{r/min}) \tag{6-2}$$

即旋转磁场的转速n_0取决于电源频率和电动机的磁极对数p。旋转磁场的转速亦称同步转速。

我国工业用电频率f_1为50 Hz，由式可见，对应于不同极对数p有不同的旋转磁场转速n_0，见表6-1。

表 6-1　旋转磁场的转速

p	1	2	3	4	5	6
$n_0/(\text{r/min})$	3000	1500	1000	750	600	500

6.2.2　三相异步电动机的工作原理及转差率

1. 转动原理

在三相异步电动机定子的三相绕组中通入对称的三相电流时，就会产生一个以同步转速n_0旋转的圆形旋转磁场。

由于转子是静止的，转子与旋转磁场之间有相对运动，相当于转子导体沿旋转磁场的反方向切割定子绕组产生的磁场，转子导体因切割定子旋转磁场而产生感应电动势，其方向由"右手定则"确定。

异步电动机的工作原理如图6-9所示。因转子绕组自身是闭合的，故转子绕组内便有电流流通。载流的转子导体在磁场中受电磁力F的作用（电磁力的方向可用"左手定则"确定）形成一电磁转矩，在此转矩的作用下，转子便沿旋转磁场的方向转动起来，其转速用n表示。转速n总是要小于旋转磁场的同步转速n_0，否则，两者之间没有相对运动，就不会产生感应电动势及感应电流，电磁转矩也无法形成，电动机就不可能旋转，即$n_0 > n$是异步电动机旋转的必要条件。这也是异步电动机名称的由来。又因转子中的电流是感应产生的，故又称感应电动机。

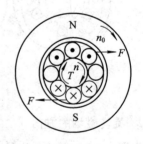

图 6-9　异步电动机的工作原理

2. 转差率

通常，同步转速n_0与转子转速n的差值称为转差，转差与n_0的比值称为异步电动机的转差率，用s表示，即

$$s = \frac{n_0 - n}{n_0} \tag{6-3}$$

转差率 s 是描绘异步电动机运行情况的一个重要物理量。转差率 s 与电动机的转速、电流等有着密切的关系：电动机停转时（$n=0$），转差率 $s=1$ 达到最大值，转子导体中的感应电流也最大；电动机空载运行时，n 接近于 n_0，转差率 s 最小，转子导体中的感应电流也随之变小。显然，电动机的转差率随电动机转速 n 的升高而减小。一般异步电动机的转差率很小，通常用百分数表示。

异步电动机可以做电动机运行，也可以做发电机和电磁制动运行，依据转差率 s 的大小就可以判断电动机的运行状态。

(1) 当 $0<s<1$ 时，为电动机运行状态；

(2) 当 $-\infty<s<0$ 时，为发电机运行状态；

(3) 当 $1<s<+\infty$ 时，为电磁制动运行状态。

例 6-1 某台异步电动机的额定转速 $n_N=1430$ r/min，电源的频率 $f_1=50$ Hz，试求该电机的同步转速、磁极对数和额定转差率。

解 由于异步电动机的额定转速略低于并接近于同步转速，由表 6-1 可知，该电动机的同步转速取 $n_0=1500$ r/min，磁极对数为

$$p = \frac{60f_1}{n_0} = \frac{60 \times 50}{1500} = 2$$

额定转差率为

$$s_N = \frac{n_0 - n_N}{n_0} = \frac{1500 - 1430}{1500} = 4.7\%$$

6.3 三相异步电动机的运行方式

6.3.1 三相异步电动机的功率和转矩

1. 三相异步电动机的功率

三相异步电动机运行时，输入的是从电源获取的电功率，输出的是机械功率。电源输入给电动机的电功率 P_1 按三相电路电功率的计算方法，即

$$P_1 = \sqrt{3} U_N I_N \cos\varphi \tag{6-4}$$

三相异步电动机工作时也有损耗，在定子方面有铁损耗和铜损耗。从输入的电功率 P_1 中减去这两项损耗，就是传到转轴上的电磁功率 P。转子在转动过程中有铜损耗和由于各种摩擦引起的机械损耗。电磁功率去掉这些损耗才是转轴输出的机械功率 P_2，

$$P_2 = P - \Delta P \tag{6-5}$$

输出功率 P_2 与输入功率 P_1 之比，称为异步电动机的效率，通常用百分数表示，即

$$\eta = \frac{P_2}{P_1} \times 100\% = \frac{P_1 - \Delta P}{P_1} \times 100\% \tag{6-6}$$

例 6-2 某三相异步电动机的额定功率 $P_2=75$ kW，额定电压 $U_N=380$ V，额定电流 $I_N=139.7$ A，功率因数 $\cos\varphi=0.9$，求输入功率 P_1 及电动机的效率。

解 输入功率

$$P_1 = \sqrt{3}U_N I_N \cos\varphi = \sqrt{3} \times 380 \times 139.7 \times 0.9 = 82.7 \text{ kW}$$

电动机的效率

$$\eta = \frac{P_2}{P_1} \times 100\% = \frac{75}{82.7} \times 100\% = 92\%$$

2. 功率和转矩的关系

异步电动机功率和转矩的关系是

$$T_2 = 9.55 \frac{P_2}{n} \tag{6-7}$$

当电动机在额定状态下运行时，有

$$T_N = 9.55 \frac{P_N}{n_N} \tag{6-8}$$

式中：T_N——电动机输出的额定转矩($\text{N} \cdot \text{m}$)；

P_N——电动机的额定功率(W)；

n_N——电动机的额定转速(r/min)。

例 6-3 某三相异步电动机，额定功率为 11 kW，额定转速为 730 r/min，求电动机的额定输出转矩。

解
$$T_N = 9.55 \frac{P_N}{n_N} = 9.55 \times \frac{11 \times 10^3}{730} = 143.9 \ (\text{N} \cdot \text{m})$$

6.3.2 三相异步电动机的机械特性

机械特性是指在一定条件下，电动机的转速与转矩之间的关系，即 $n = f(T)$。因为异步电动机的转速 n 与转差率 s 之间存在一定的关系，所以异步电动机的机械特性常用 $T = f(s)$ 的形式表示，称为 T—s 曲线。

三相异步电动机的固有机械特性是指在额定频率下，定子绕组按规定的接线方式连接，定、转子外接电阻为零时 T 与 s 的关系，如图 6-10 所示。下面介绍曲线上的几个特殊点。

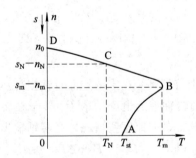

图 6-10 异步电动机的机械特性曲线图

1）启动点 A

电动机接通电源，开始启动瞬间，其工作点位于 A 点，此时 $n = 0$，$s = 1$。电动机尚未转动的瞬间轴上产生的转矩称为电动机的启动转矩，用 T_{st} 表示。定子电流叫启动电流，用

I_{st} 表示，一般是额定电流的 4~7 倍。

2）临界点 B

B 点是机械特性曲线中线性段（D~B）与非线性段（B~A）的分界点。电动机在线性段上工作是稳定的，而在非线性段上工作是不稳定的。B 点时电动机产生的电磁转矩最大。

3）稳定工作点 C

电动机稳定运行时，工作点位于 C 点，此时 $n_1 = n_N$，$s = s_N$，$T = T_N$。T_N 表示电动机的额定转矩，即电动机带额定负载时的电磁转矩，此时的电流为额定电流。

4）同步转速点 D

在 D 点，转子转速达到同步转速。此时 $n = n_0$，电流、转差率、电磁转矩均为 0。

6.3.3 三相异步电动机的启动

异步电动机从接通电源开始，转速从零增加到对应负载下稳定转速的过程称为启动过程，简称启动。电动机启动性能的好坏，是衡量电动机运行性能的一个重要指标。

在电动机启动的瞬间，其转速 $n = 0$，转差率 $s = 1$，转子电流达到最大值，这时定子电流也达到最大值。启动电流一般为电动机额定电流的 4~7 倍，这样大的启动电流在短时间内会使线路上产生较大的电压降，而使负载的端电压降低，影响邻近负载的正常工作。因此，电动机启动的主要缺点是启动电流过大。为此，常采用降低定子电压、转子串适当的电阻等方法来改变异步电动机启动性能。

1. 直接启动

直接启动就是利用闸刀开关或接触器将电动机定子绕组直接接到电源上，也叫全压启动，如图 6-11 所示。

直接启动的优点是设备简单，操作方便，启动过程短。对于一般小型的鼠笼式异步电动机，如果电源容量足够大，应尽量采用直接启动的方法。

判断一台电动机能否直接启动，还得遵照下面的经验公式来确定：

$$\frac{I_{st}}{I_N} \leqslant \frac{3}{4} + \frac{\text{电源变压器容量（kV·A）}}{4 \times \text{电动机功率（kW）}} \qquad (6-9)$$

式中：I_{st}——异步电动机的启动电流；

I_N——异步电动机的额定电流。

如果电动机的容量较大，不满足直接启动条件，则必须采用降压启动。

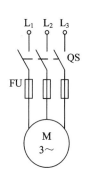

图 6-11 直接启动

2. 降压启动

降压启动是指电动机在启动时降低加在定子绕组上的电压，启动结束时加额定电压运行的启动方式。

1）Y-△降压启动

Y-△降压启动指启动时将定子绕组接成 Y 形，启动结束稳定运行时将定子绕组接成△形的启动方法。如图 6-12 所示，启动时，将 QS_2 扳向下方，定子绕组为 Y 形接法；待转速上升到接近额定转速时，将 SQ_2 扳向上方，定子绕组转换为△形接法。对于运行时定子绕组为 Y 形接法的异步电动机,则不能用 Y-△降压启动。

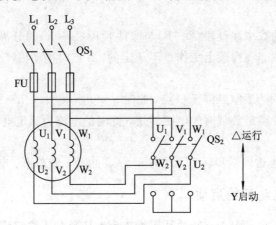

图 6-12　Y-△降压启动

由前面所学知识可知,对于 Y-△降压启动,Y 形启动时的电流只有△形启动的 1/3,限制了启动电流。另外,由于电磁转矩与定子绕组电压的平方成正比,使得启动转矩减小为直接启动的 1/3,启动过程较长。

2)自耦降压启动

自耦降压启动指利用自耦变压器将电压降低后加到电动机定子绕组上,当电动机转速接近额定转速时,切除自耦变压器,再加额定电压的启动方法。

如图 6-13 所示,启动时把 QS_2 扳到启动位置,使三相交流电源经自耦变压器降压后,接在电动机的定子绕组上,这时电动机定子绕组得到的电压低于电源电压,因而减小了启动电流,待电动机转速接近额定转速时,再把 QS_2 从启动位置迅速扳到运行位置,此时定子绕组得到的是额定电压。

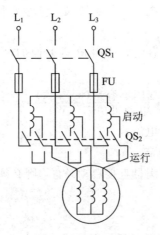

图 6-13　自耦变压器降压启动

自耦降压启动时,电动机定子绕组电压为直接启动时的 $1/K$(K 为变压比),定子电流也为直接启动时的 $1/K$,而电磁转矩与外加电压的平方成正比,故启动转矩为直接启动转矩的 $1/K^2$。

自耦变压器通常有几个抽头,可输出不同的电压,如电源电压的 80%、60%、40% 等,可供用户选用。自耦变压器一般适用于大功率的电动机启动,且运行时采用星形连接的鼠笼式异步电动机。

　　3）转子串电阻的降压启动

　　绕线式异步电动机启动时，只要在转子电路串入适当的启动电阻，如图 6-14 所示，就可以达到减小启动电流增大启动转矩的目的。启动过程中应逐步切除启动电阻，启动完毕后将启动电阻全部短接，电动机正常运行。除在转子回路中串电阻启动外，目前用得多的是在转子回路串接频敏变阻器启动，该变阻器在启动过程中能自动减小阻值，以代替人工切除启动电阻。

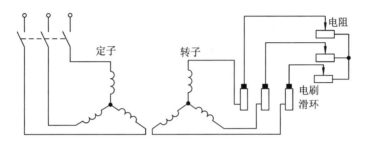

图 6-14　绕线式异步电动机串电阻降压启动

6.3.4　三相异步电动机的制动

　　由于电动机的转动部分有惯性，当电源切断后，电动机还会继续转动一定时间后才停止转动。为了提高生产机械的生产率，并为了安全起见，往往要求电动机能够迅速停车和反转，这就需要对电动机制动。对电动机的制动也就是在电动机停电后施加与其旋转方向相反的制动转矩。三相异步电动机常用的制动方法有能耗制动、反接制动和再生发电制动。

1. 能耗制动

　　能耗制动是在切断三相电源的同时，在电动机三相定子绕组的任意两相中通以一定电压的直流电，直流电流将产生固定磁场，而转子由于惯性继续按原方向转动，根据右手定则和左手定则不难确定，这时转子电流与固定磁场相互作用产生的电磁转矩与电动机转动的方向相反，因而可起制动的作用，如图 6-15 所示。制动转矩的大小与通入定子绕组的直流电流的大小有关，一般为电动机额定电流的 0.5 倍，可通过调节电位器 R_P 来控制。因为这种制动方法是利用消耗转子的动能（转换为电能）来进行制动控制，所以称为能耗制动。

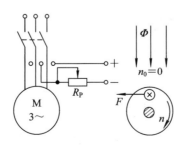

图 6-15　能耗制动

能耗制动的优点是制动平稳、消耗电能少，但需要直流电源。一些金属切削机床常采用这种制动方法。

2. 反接制动

反接制动是利用电动机的反向转矩进行制动的。如图 6 - 16 所示，当电动机停车时，在切断电源后将接在电动机上的三相电源中的任意两相对调位置，再合上电源，使同步旋转磁场方向反向，产生一个与转子旋转方向相反的电磁转矩（制动转矩），使电动机迅速减速。当转速接近零时，利用控制电气迅速切断电源，否则电动机将反转。

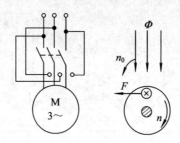

图 6 - 16 反接制动

在反接制动时，由于旋转磁场转速 n_0 与转子转速 n 之间的转速差很大，转差率 $s>1$，因此电流很大。为了限制电流及调整制动转矩的大小，常在定子电路（鼠笼式）或转子电路（绕线式）中串入适当电阻。

反接制动不需要另备直流电源，结构简单，且制动力矩较大、停止迅速，但机械冲击和能耗较大，一般在中、小型车床和铣床等机床中使用这种制动方法。

3. 再生发电制动

当转子的转速 n 超过旋转磁场的同步转速 n_0 时，也会产生制动转矩。如多速电动机从高速调到低速的过程中，极对数增加时旋转磁场的转速 n_0 立即随之减小，但由于惯性，电动机的转速 n 只能逐渐下降，这时出现了 $n>n_0$ 的情况；起重机快速下放重物时，重物拖动转子也会出现 $n>n_0$ 的情况。当 $n>n_0$ 时，电动机转子绕组切割定子旋转磁场方向与原电动状态相反，转子绕组中的感应电流方向也相反，从而使得电磁转矩的方向相反，即电动机的转速 n 与同步转速 n_0 的方向相反，变成了制动转矩，如图 6 - 17 所示。此时电动机已转入发电机运行，将重物的位能转换为电能回馈到电网。

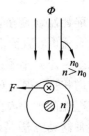

图 6 - 17 再生发电制动

6.3.5　三相异步电动机的调速

所谓调速是指负载不变时，根据需要人为地改变电动机的转速。
根据式（6 - 2）、式（6 - 3）可得

$$n = (1-s)n_0 = (1-s)\frac{60 f_1}{p} \tag{6-10}$$

由式（6 - 10）可看出，异步电动机可通过改变电源频率、极对数或转差率实现调速。三相异步电动机常用的调速方法有变极调速、变频调速和变转差率调速。

1．变极调速

对于三相异步电动机来说，可通过改变其定子绕组的接法实现改变旋转磁场的极对数，从而达到改变电动机转速的目的，这种方法称为变极调速。由于磁极对数只能成倍改变，所以这种调速方法是有级调速，不能平滑调速。目前生产的 YD 系列多速电动机，通过改变定子绕组的接法可实现双速、三速、四速等。

变极调速时需要一个较为复杂的转换开关，但整个设备相对比较简单，常用于需要调速又要求不高的场合。

2．变频调速

变频调速就是利用变频装置改变交流电源的频率来实现调速。变频装置主要由整流器和逆变器两大部分组成，如图 6-18 所示。整流器先将 50 Hz 的三相交流电变换成直流电，再由逆变器将直流电逆变为频率和电压连续可调的三相交流电，供给电动机。当改变频率时，即可改变电动机的转速。这种方法可以使电动机实现无级调速，并具有较硬的机械特性。

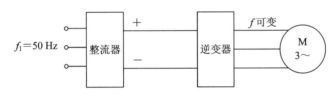

图 6-18　变频装置

3．变转差率调速

变转差率调速是指在不改变同步转速 n_0 的条件下，通过在转子电路串入调速电阻（和串入启动电阻相同）来实现调速。这种调速只适用于绕线式电动机。这种调速方法的优点是有一定的调速范围，设备简单，但能耗较大，效率较低，广泛用于短时工作制且对效率要求不高的起重设备中。

6.4　单相异步电动机

在单相电源作用下运行的异步电动机称为单相异步电动机。单相异步电动机与功率相同的三相异步电动机相比，体积较大，运行性能较差。但单相异步电动机的供电电源方便，因此被广泛应用于洗衣机、电冰箱、电风扇等家用电器。

6.4.1　单相异步电动机的结构及工作原理

单相异步电动机主要由定子和转子组成。定子上一般有两套绕组，一套是主绕组，又称工作绕组；一套是副绕组，又称启动绕组。主、副绕组在空间上相隔 90°电角度。转子绕组大多是鼠笼式的。

定子上的主绕组是一个单相绕组，当单相正弦电流通过定子主绕组时，会产生一个空间位置固定不变，而大小和方向随时间作正弦交变的脉动磁场，与三相异步电动机不同的是该脉动磁场不是旋转磁场，如图 6-19 所示。由于脉动磁场不能旋转，转子导条不会切割磁力线，故不能产生启动转矩，因此单相异步电动机不能自行启动。

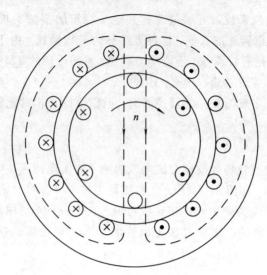

图 6-19　单相异步电动机脉动磁场

6.4.2　单相异步电动机的启动

因为单相异步电动机有两套绕组，而且两套绕组接同一个电源，为使流入两套绕组中的电流相位不同，需要人为地使它们的阻抗不同，这种方法称为分相。分相的结果是使电动机气隙中出现了椭圆形旋转磁场，从而使电动机能自行启动。

1. 电容分相的单相异步电动机

在启动绕组回路中串接启动电容 C 和离心开关 S，电容 C 的接入使两相电流分相，如图 6-20 所示。启动时，S 处于闭合状态，电动机两相启动。当转速达到一定数值时，离心开关 S 因机械离心作用而断开，使电动机进入单相运行。

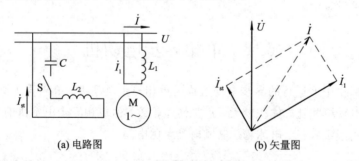

(a) 电路图　　　　　　　　　　(b) 矢量图

图 6-20　电容分相的单相异步电动机

2. 电阻分相的单相异步电动机

电阻分相的单相异步电动机的启动绕组不串联电容而采用串联电阻的方法来对绕组的电流分相，但由于此时工作电流与启动电流之间的相位差较小，因此其启动转矩较小，只适用于空载或轻载启动的场合。

3. 罩极式单相异步电动机

如图 6-21 所示，罩极式单相异步电动机的定子一般都采用凸极式的，工作绕组套在凸极的极身上。每个极的极靴上开有一个槽，槽内放置有短路铜环，铜环罩住整个极面的三分之一，故称罩极电动机。短路铜环起了启动绕组的作用。

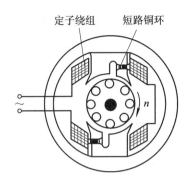

图 6-21　罩极式单相异步电动机结构示意图

当工作绕组接入单相交流电源后，磁极内即产生一脉振磁场。脉振磁场的交变使短路环产生感应电动势和感应电流，根据楞次定律可知，环内将出现一个阻碍原来磁场变化的新磁场，从而使短路环内的合成磁场变化总是在相位上落后于环外脉振磁场的变化。可以把环内、外的磁场设想为由两相有相位差的电流所形成，这样分相的结果是使气隙中出现椭圆形旋转磁场。由于这种分相方法的相位差并不大，因此启动转矩也不大。所以，罩极式单相异步电动机只适用于负载不大的场所，如电唱机、电风扇等。

6.5　安全用电知识

在使用电能的过程中，如果不注意安全用电，就有可能造成人身触电伤亡事故或电气设备的损坏，甚至影响到电力系统的安全运行。因此，在使用电能的同时，要了解安全用电常识、触电形式及急救方法，正确使用各种电气设备。

6.5.1　电流对人体的作用

1. 电流对人体的伤害

人体接触或接近带电体所引起的人体局部受伤或死亡的现象称为触电。根据人体受到伤害的程度不同，触电分为电伤和电击两种。

1）电伤

电伤是指电流的热效应、化学效应和机械效应对人体外表造成的伤害，如电弧灼伤，熔化的金属飞溅到皮肤上造成烧伤等。

2）电击

电击是指电流通过人体内部而造成的伤害。根据大量触电事故资料的分析和实验证明，电击伤人的程度，由通过人体的电流强度、电流频率、通过人体的途径、作用于人体的电压、持续时间长短及触电者本人的健康状况来决定。

若电流通过大脑，会对大脑造成严重损伤；电流通过脊髓，会造成瘫痪；电流通过心脏，会引起心室颤动甚至心脏停止跳动。总之，以电流通过或接近心脏和脑部最为危险。通电时间越长，触电的伤害程度就越严重。

2. 安全电流及有关因素

实践证明，常见的 50 Hz～60 Hz 工频交流电的危险性最大，高频电流的危害性较小。

通过人体的电流虽小但时间过长时也有危险。其危害程度取决于通过人体的电流大小与通电时间。如果通过人体的交流电超过 20 mA 或直流电流超过 80 mA，就会使人感觉麻痛或剧痛，呼吸困难，自己不能摆脱电源，会有生命危险。随着电流的增大，危险性增大，当有 100 mA 以上的工频电流通过人体时，人在很短的时间里就会窒息，心脏停止跳动，失去知觉，出现生命危险。

3. 安全电压和人体电阻

人体电阻主要集中在皮肤，一般在 40～80 kΩ，皮肤干燥时电阻较大，而皮肤潮湿、有汗或皮肤破损时人体电阻可下降到几十到几百欧姆。根据触电危险电流和人体电阻，可计算出安全电压为 36 V。但电气设备环境越潮湿，使用安全电压越低。

GB 3805—1983 标准规定安全电压等级为 42 V、36 V、6 V，可供不同条件下使用的电气设备选用。一般 36 V 以下的电压不会造成人员伤亡，故称 36 V 为安全电压。通常机床上照明用电为 36 V，船舶、坦克、汽车电源用电为 24 V 或 12 V。

6.5.2 触电形式与急救措施

1. 触电形式

人体触电形式有单相触电、两相触电和电气设备外壳漏电等多种形式。

1）单相触电

单相触电可分为三相四线制单相触电和三相三线制单相触电。

三相四线制单相触电如图 6-22(a)所示，人体的某一部位接触一根火线，另一部位接触大地。这样，人体、大地、中线、一相电源绕组形成闭合回路。人体承受相电压，构成三相四线制单相触电。

三相三线制单相触电如图 6-22(b)所示，由于输电线路与大地均属导体，二者间存在电容，当人体某部位接触火线时，人体、大地、输电线路对地电容构成闭合回路，引起触电事故。这种触电形式与回路电流和输电线路对地电容的大小有关，输电线路越长，则对地电容越大，对人体的危害也就越大。

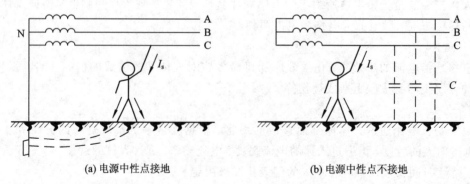

图 6-22　单相触电

2）两相触电

如图 6-23 所示，当人的双手或人体的某部位分别接触三相电中的两根火线时，不管中性点接地与否，人体承受线电压，这时，就会有一个较大电流通过人体。这种触电形式是最危险的。

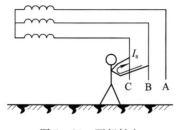

图 6-23　两相触电

3）发生触电的一般原因

（1）人们在工作场合没有遵守安全操作规程，直接接触或过分靠近电气设备的带电部分。

（2）不懂电气技术或对电气技术一知半解的人，到处乱拉电线和电灯而造成的触电。

（3）人体接触到因绝缘损坏而带电的电气设备外壳或与之相连接的金属构架。

（4）电气设备安装不符合规程的要求。

2．触电急救

当发现有人触电时，应当及时抢救。方法是：首先迅速切断电源，或采用绝缘品如干木棒等迅速使电源线断开，使触电者脱离电源。

当触电者脱离电源被救下以后，如果处于昏迷状态，但未失去知觉，应使触电者在空气流通的地方静卧休息；同时请医生前来或送医院诊治。如果触电者有心跳但呼吸停止，需用人工呼吸的方法进行抢救。触电者既无心跳又无呼吸时，应采用胸外挤压法与人工呼吸法同时进行抢救。

6.5.3　保护接地和保护接零

电气设备由于绝缘老化、磨损或被过电压击穿，致使电气设备的金属外壳带电，就有可能引起电气设备损坏或人身触电事故。为了防止这类事故的发生，最常用的保护措施是接地与接零。

1．保护接地

1）工作接地

为了保证用电安全，电力系统通常将中性点经一定方式接地，称之为工作接地，如图6-24所示。

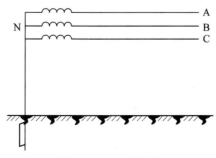

图 6-24　工作接地

2）保护接地

将电动机、变压器等电气设备的金属外壳及与外壳相连的金属构架，通过接地装置与大地连接起来，称为保护接地，如图 6 - 25 所示。保护接地适用于中性点不接地的低压电网。

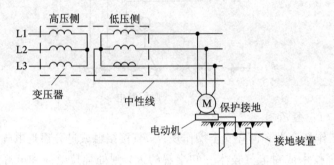

图 6 - 25　保护接地

2. 保护接零

在有工作接地的供电系统中将电气设备的金属外壳及其构架部分与零线相连接，就叫保护接零，如图 6 - 26 所示。

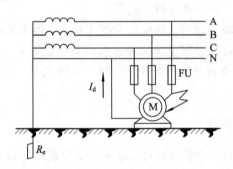

图 6 - 26　保护接零

当图 6 - 26 所示的设备的某相绕组与机壳相碰短路时，因有接零保护使该相电源短接，电流很大，从而使电源开关跳闸或将该相保险丝熔断而断电。

必须强调指出，对于中性点接地的三相四线制供电系统，电气设备宜采用保护接零。

在采用保护接地和保护接零时，必须注意以下几点：

（1）在同一供电系统中，不允许电气设备一部分采用接零保护，另一部分采用接地保护。

因为当采取保护接地的设备中一相与外壳接触时，会使电源中性线出现对地电压，使接零的设备产生对地电压，造成更多的触电机会。

（2）在采用保护接零时，接零的导线必须接牢固，以防脱线。在零线上不允许装熔断器和开关。

（3）为使火线碰壳时保护可靠地动作，要求接零、接地保护的导线要粗，阻抗不能太大，接地电阻一般规定不超过 4 Ω。因此，接地装置的安装要严格按照有关规定。在安装完毕后，必须定期严格检查接地电阻值，判断其是否合乎要求。

3. 重复接地

在中性点接地系统中，除了变压器中性点接地外，为防止零线断线或线路电阻过大，还应在零线的多处再接地，这就叫做重复接地，如图6-27所示。

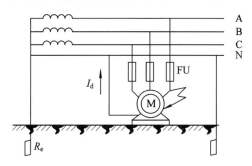

图6-27　重复接地

本 章 小 结

（1）三相异步电动机的结构主要分为定子和转子。定子绕组中通以三相交流电源，产生旋转磁场，转子绕组在旋转磁场的作用下产生感应电流，这个感应电流受旋转磁场作用而产生电磁力，由电磁力产生电磁转矩使转子转动起来。改变三相电源的相序可以改变旋转磁场的转动方向，继而改变电动机的转动方向。

（2）定子所产生的旋转磁场的转速称为同步转速 n_0，即

$$n_0 = \frac{60 f_1}{p} \quad (\text{r/min})$$

电动机的转速 n 接近同步转速但始终小于同步转速，两者的差异用转差率 s 表示，$s = (n_0 - n)/n_0$。转差率是异步电动机的一个重要物理量。s 的大小可决定交流电机的运行状态。

（3）异步电动机的机械特性包括最大电磁转矩、额定电磁转矩、启动转矩，在最大转矩时其转差率为临界转差率。

（4）异步电动机的启动、调速和制动。

启动方法：轻载小容量电动机采用直接启动；轻载大中容量电动机采用 Y/△降压启动、自耦变压器降压启动；重载大容量绕线式电动机采用转子串电阻降压启动、转子串频敏变阻器降压启动。

调速方法：变极调速、变频调速、改变转差率调速。

制动方法：反接制动、能耗制动、再生发电制动。

（5）在单相异步电动机的单相绕组中通入单相正弦交流电后，可产生脉动磁场，脉动磁场本身没有启动转矩，故单相异步电动机的关键是解决启动转矩。常用的启动方法有分相启动和罩极启动。分相启动的实质是两相绕组通两相电流产生旋转磁场。分相电动机是靠启动回路的阻抗参数进行分相的。

（6）为了防止人身触电事故，要对工作人员加强安全用电常识教育，并在电源中性点不接地的设备上采用保护接地，在中性点接地的设备上采用保护接零。应特别注意，在保

护接零的电网中不允许再有设备采用保护接地。

习题与思考题

6.1　三相异步电动机在一定负载下运行时，如电源电压降低，电动机的转矩、电流及转速有何变化？

6.2　在电源电压不变的情况下，如果将三角形接法的电动机误接成星形，或者将星形接法的电动机误接成三角形，后果如何？

6.3　三相异步电动机采用降压启动的目的是什么？何时采用降压启动？

6.4　如何改变单相异步电动机的旋转方向？

6.5　三相异步电动机在正常运行时，如果转子突然被卡住，试问这时电动机的电流有何变化？对电动机有何影响？

6.6　已知某电动机的额定功率 $P_2 = 15$ kW，额定转差率 $s_N = 0.03$，电源频率 $f_1 = 50$ Hz。求同步转速 n_0、额定转速 n_N、额定转矩 T_N。

6.7　已知某电动机，$P_N = 15$ kW，$U_N = 380$ V，$n_N = 1440$ r/min，$\cos\varphi = 0.82$，$\eta_N = 84.5\%$，设电源频率 $f_1 = 50$ Hz，采用△形接法。试计算额定电流 I_N，额定转矩 T_N，额定转差率 s_N。

6.8　如何实现三相异步电动机的反转？

6.9　比较三相异步电动机的三种电气制动的特点及适用场合。

6.10　电源频率 $f_1 = 50$ Hz，额定转差率 $s_N = 0.04$，分别求 2 极、4 极和 6 极三相异步电动机的额定转速。

6.11　有一台异步电动机，电源频率 $f_1 = 50$ Hz，额定转速 $n_N = 960$ r/min，试求电动机的极数，额定转差率 s_N。

6.12　将单相异步电动机的两根电源线进行对调，其转子能否反转？为什么？

6.13　什么情况下采用保护接地？什么情况下采用保护接零？同一配电系统是否可以同时采用这两种保护措施？为什么？

6.14　单相异步电动机为何不能自行启动？一般采用哪些启动方法，考虑的原则是什么？如何使它反转。

6.15　试述异步电动机旋转磁场产生的条件。旋转磁场的转速、方向取决于什么？

6.16　绕线式异步电动机在转子回路串电阻启动时，所串电阻越大，其启动转矩是否也越大，为什么？

6.17　区别电伤与电击。触电有哪几种形式，触电的原因是什么？

第7章 常用低压电器与电气控制

电器是根据外界特定的信号和要求，自动或手动接通和断开电路，断续或连续地改变电路参数，实现对电路或非电对象的切换、控制、保护、检测、变换和调节的电气设备。

电器的种类繁多，构造各异，根据工作电压高低，它可分为高压电器和低压电器。工作在交流额定电压 1200 V 及以下、直流额定电压 1500 V 及以下的电器称为低压电器。本章主要介绍常用的低压电器，以及由低压电器构成的电气控制线路。

7.1 常用低压电器

根据低压电器与使用系统之间的关系，习惯上把它分为以下几类：低压配电电器、低压控制电器、低压主令电器、低压保护电器和低压执行电器。

7.1.1 低压配电电器

低压配电电器包括刀开关、组合开关、熔断器和低压断路器。其主要用于低压配电系统中，要求在系统发生故障的情况下动作准确、工作可靠。

1. 刀开关

刀开关属于非自动切换的开关电器，一般用于主电路电源的控制。

刀开关是一种手动电器，主要用来手动接通与断开交、直流电路，通常只作隔离开关使用，也可用于不频繁地接通与分断额定电流以下的负载，如小型电动机、电炉等。

刀开关按极数划分为单极、双极与三极。其结构主要由操作手柄、触刀、触点座和底板组成，依靠手动来实现触刀插入触点座与脱离触点座的控制，如图 7-1 所示。

刀开关的文字符号为 QS，图形符号如图 7-2 所示。

为了使用方便和减小体积，在刀开关上再安装上熔丝或熔断器，可组成兼有通、断电路和保护作用的开关电器，如胶盖闸刀开关、熔断器式刀开关等。

1）胶盖闸刀开关（HK）

胶盖闸刀开关主要用于频率为 50 Hz，电压小于 380 V，电流小于 60 A 的电力线路中，作为一般照明、

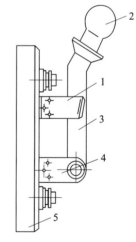

1—静插座；2—手柄；3—触刀；
4—铰链支座；5—绝缘底板

图 7-1 刀开关的基本结构

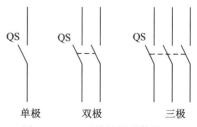

图 7-2 刀开关的图形符号

电热等回路的控制开关；也可用作分支线路的配电开关。三极的胶盖闸刀开关适当降低容量时可以直接用于不频繁启动和停止的小型电动机控制，并借助于熔丝起过载保护作用。常用的胶盖闸刀开关有开启式闸刀开关（HK1）、封闭式闸刀开关（HK2），如图7-3所示。

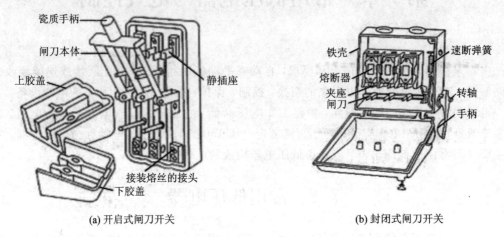

(a) 开启式闸刀开关   (b) 封闭式闸刀开关

图7-3　胶盖闸刀开关的外形图

胶盖闸刀开关在安装和使用时应注意以下事项：

（1）手柄要向上，不得倒装或平装，以防止闸刀松动落下时误合闸。

（2）接线时，电源线接上端，负载线接下端。

（3）合闸顺序一般是：先合上刀开关，再合上其他用于控制负载的开关，分闸顺序则相反。

（4）尽量缩短刀开关合闸与分闸的时间。

2）熔断器式刀开关

熔断器式刀开关以具有高分断能力的有填料熔断器（例如RT型熔断器）作为触刀，并由两个灭弧室和操作机构组成。熔断器式刀开关可作为不频繁地接通和分断电路用，其熔断器还可分断短路电流。图7-4为熔断器式刀开关结构图。

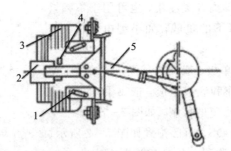

1—插座；2—熔断器；3—灭弧室；4—导轨；5—杠杆操作机构

图7-4　熔断器式刀开关结构图

2. 组合开关

组合开关（俗称转换开关）在机床电气和其它电气设备中使用广泛。其体积小、接线方式多，使用非常方便，常用于交流50 Hz、380 V及以下、直流220 V及以下的电气线路中，供手动不频繁地接通或分断电路、换接电源、测量三相电压、改变负载的连接方式，控制小容量交、直流电动机的正反转、Y/△启动和变速换向等。

组合开关也是一种闸刀开关，不过它的刀片（动触片）是转动式的，比刀开关轻巧而且组合性强，能组成几十种接线方式。图 7-5 为组合开关的外形及电气图形符号。

(a) HZ10系列   (b) 3LB和3ST系列   (c) 电气图形符号

图 7-5　组合开关的外形及电气图形符号

组合开关分为单极、双极和多极三类。其主要参数有额定电压、额定电流、允许操作频率、极数、可控制电动机最大功率等。其中，额定电流具有 10、20、40 和 60 A 等几个等级。全国统一设计的新型组合开关有 HZ15 系列，其他常用的组合开关有 HZ10、HZ5 和 HZ2 型。近年引进生产的德国西门子公司的 3ST、3LB 系列组合开关也有应用。

3. 熔断器

熔断器是一种最简单的保护电器，可以实现过载和短路保护。由于其结构简单、体积小、重量轻、维护方便、价格低廉，所以在强电和弱电系统中都获得了广泛的应用。

熔断器主要由熔断体（简称熔体，有的熔体装在具有灭弧作用的绝缘管中）、触头插座和绝缘底板组成。熔体是核心部分，常做成丝状或片状。制造熔体的金属材料有两类：一类是低熔点材料，如铅锡合金、锌等；一类是高熔点材料，如银、铜、铝等。

熔断器接入电路时，熔体串联在电路中，负载电流流过熔体，由于电流热效应而使温度上升。当电路发生过载或短路时，电流大于熔体允许的正常发热电流，使熔体温度急剧上升，超过其熔点而熔断，从而分断电路，保护了电路和设备。

常用的熔断器有瓷插式、螺旋式及管式熔断器三种。

1）瓷插式熔断器

图 7-6 所示是瓷插式熔断器的外形结构图。它由瓷座、瓷盖、动/静触点及熔丝等几

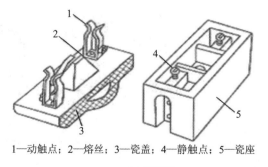

1—动触点；2—熔丝；3—瓷盖；4—静触点；5—瓷座

(a) 结构图   (b) 电气图形符号

图 7-6　瓷插式熔断器

部分组成。常用的瓷插式熔断器有 RC1A 系列。熔断器结构简单，使用方便，广泛应用于照明和小容量电动机的短路保护。

2）螺旋式熔断器

螺旋式熔断器如图 7-7 所示。它主要由瓷帽、瓷套、上/下接线端、底座和熔断管等组成。

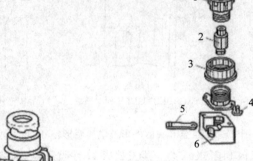

1—瓷帽；2—熔断管；3—瓷套；
4—上接线端；5—下接线端；6—底座

(a) 外形   (b) 结构

图 7-7　螺旋式熔断器

螺旋式熔断器的底座、瓷帽和熔断管均由陶瓷制成。熔断管内装有一组熔丝或熔片，还装有灭弧用的石英砂。熔断管上盖有一个熔断指示器，当熔断管中的熔丝或熔片熔断时，带颜色点指示器自动跳出，表示熔丝熔断。使用时，先将熔断管带颜色点的一端插入瓷帽，然后将瓷帽拧入瓷座，熔断管便可接通电路。在安装螺旋式熔断器时，电气设备接线应接在连接金属螺纹壳上的上接线端，电源线应接在底座上的下接线端，这样连接可保证在更换熔断管时，螺纹金属壳不带电，保证人身安全。

螺旋式熔断器断流能力大，体积小，更换熔丝容易，使用安全可靠，并带有熔断显示装置，常用在电压为 500 V、电流为 200 A 的交流线路及电动机控制电路中做过载或短路保护。

3）管式熔断器

管式熔断器如图 7-8 所示。常用的管式熔断器有无填料闭管式熔断器和有填料闭管式熔断器。

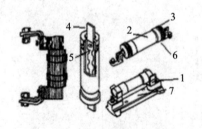

1—弹簧夹；2—钢纸纤维管；3—黄铜帽；
4—插刀；5—熔片；6—特种热圈；7—刀座

(a) 无填料闭管式熔断器

1—弹簧夹；2—瓷底座；3—熔断体；
4—熔体；5—管体

(b) 有填料闭管式熔断器

图 7-8　管式熔断器

（1）无填料闭管式熔断器是一种可拆卸的低压熔断器。当熔断器已起到保护作用，熔体熔断之后，用户可以自行拆开，重装新的熔体，所以检修方便，恢复供电也较快。因此，凡属故障经常发生的场合，采用这种熔断器作为低压电力网络和成套配电装置的短路保护及连续过载保护是很适合的。

（2）有填料闭管式熔断器在结构方面的最大特征，就是在其熔断管内充满了填料，借此增强熔断器熄灭电弧的能力。填料之所以有助于灭弧，是因为作为填料的介质材料具有较高的导热和绝缘性能，并且由于它的颗粒外形而具有很大的同电弧接触的表面积。

一般情况下，在选择熔断器时，应根据负载情况选择和计算熔体额定电流，对于电炉、照明等阻性负载电路的短路保护，熔体的额定电流应稍大于或等于负载的额定电流；对于一台电动机负载的短路保护，熔体的额定电流应等于 1.5～2.5 倍电动机的额定电流；对于多台电动机负载的短路保护，熔体的额定电流应等于 1.5～2.5 倍最大一台电动机的额定电流与其他电动机额定电流之和；在电动机功率较大，而实际负载较小时，熔体额定电流可适当选小些，小到以电动机启动时熔丝不断为准。

4. 低压断路器

低压断路器又称空气自动开关，相当于刀开关、熔断器和各种继电器的组合。它的特点是：在正常工作时，可以人工操作，接通或切断电源与负载的联系；当出现故障时，如短路、过载、欠压等，又能自动切断故障电路，起到保护电路的作用，因此得到了广泛的应用。

低压断路器主要由触点、操作机构、脱扣器和灭弧装置等组成。操作机构分为直接手柄操作、杠杆操作、电磁铁操作和电动机驱动 4 种。脱扣器有电磁脱扣器、热脱扣器、复式脱扣器、欠压脱扣器、分励脱扣器等类型，如图 7-9 所示。

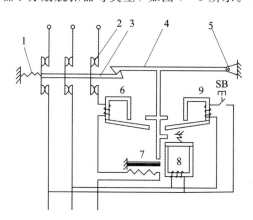

1—分闸弹簧；2—主触点；3—传动杆；4—锁扣；5—轴；
6—过电流脱扣器；7—热脱扣器；8—欠压失压脱扣器；9—分励脱扣器

图 7-9 低压断路器内部结构图

图中，低压断路器的三个主触点串接于三相电路中，正常工作时，经操作机构将其闭合，此时传动杆 3 由锁扣 4 钩住，保持主触点的闭合状态，同时分闸弹簧 1 已被拉伸。当主电路出现过电流故障且达到过电流脱扣器的动作电流时，过电流脱扣器 6 的衔铁吸合，顶杆上移将锁扣 4 顶开，在分闸弹簧 1 的作用下使主触点断开。当主电路出现欠压、失压或过载时，欠压、失压脱扣器和热脱扣器分别将锁扣顶开，使主触点断开。分励脱扣器可由主电路或其他控制电源供电，由操作人员发出指令或继电保护信号使分励线圈通电，其衔铁吸合，将锁扣顶开，在分闸弹簧的作用下使主触头断开，同时也使分励线圈断电。

7.1.2 低压控制电器

低压控制电器包括接触器、继电器、控制器等，主要用于电气传动系统中，要求寿命长、体积小、重量轻、工作可靠。

1. 接触器

接触器是一种自动的电磁式电器，适用于远距离频繁接通或断开交直流主电路及大容量控制电路。其主要控制对象是电动机、变压器等电力负载。它具有低压释放保护功能，可进行远距离控制，是电力拖动自动控制线路中使用最广泛的电器元件，控制容量大，操作频率高，使用寿命长。常用的接触器分为交流接触器和直流接触器。

1）交流接触器

交流接触器主要由电磁系统、触点系统和灭弧装置等组成，如图 7-10 所示。

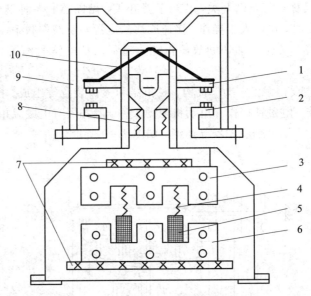

1—动触点；2—静触点；3—衔铁；4—弹簧；5—线圈；6—铁芯；
7—垫毡；8—触点弹簧；9—灭弧罩；10—触点压力弹簧

图 7-10 交流接触器结构示意图

（1）电磁系统。电磁机构的作用是将电磁能转换成机械能并带动触点闭合或断开，完成通断电路的控制作用。

电磁机构通常采用电磁铁的形式，由吸引线圈、铁芯（亦称静铁芯）和衔铁（也称动铁芯）三部分组成。其中动铁芯与动触点支架相连，电磁线圈通电时产生磁场，使动、静铁芯磁化互相吸引，当动铁芯被吸引向静铁芯时，与动铁芯相连的动触点也被拉向静触点，令其闭合接通电路。电磁线圈断电后，磁场消失，动铁芯在复位弹簧的作用下回到原位。

（2）触点系统。触点是接触器的执行元件，用来接通或断开被控制电路。触点按功能不同可分为主触点和辅助触点。主触点用于接通或断开主电路，允许通过较大的电流，一般由三对常开触点组成；辅助触点用于接通或断开控制电路，允许流过较小的电流，有常开和常闭触点。

常开触点(动合触点)是指电磁线圈未通电时断开，通电后闭合的触点；常闭触点(动断触点)是指电磁线圈未通电时闭合，通电后断开的触点。线圈断电后所有触点复位。交流接触器的电气图形符号如图 7-11 所示。

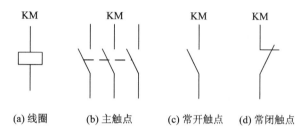

(a)线圈　　(b)主触点　　(c)常开触点　　(d)常闭触点

图 7-11　交流接触器电气图形符号

（3）灭弧装置。触点分断电路时，由于热电子发射和强磁场的作用，使气体游离，从而在分断瞬间产生电弧。触点间的电压越高，电弧就越大；负载的电感越大，断开时的火花也越大。电弧的高温会烧损触点，缩短电器的使用寿命，同时延长了电路的分断时间。因此，要采取适当的措施来灭弧。

交流接触器常用的灭弧方法有电动力灭弧、磁吹灭弧和栅片灭弧。

2）直流接触器

直流接触器主要用于远距离接通和分断额定电压 440 V、额定电流 600 A 的直流电路或频繁地操作和控制直流电动机的一种控制电器。其结构和工作原理与交流接触器基本相同，但也有区别，主要表现如下。

（1）电磁系统。直流接触器的电磁系统由铁芯、线圈和衔铁等组成。因线圈中通过的是直流电，故铁芯中不会产生涡流，铁芯不发热，也没有铁损耗。线圈匝数较多，电阻大，电流流过时发热，为使线圈散热良好，通常将线圈制成长而薄的圆筒状。

（2）触点系统。直流接触器的触点系统多为单极的，只有小电流才制成双极的，触点也有主、辅触点之分。由于主触点的通断电流较大，故多采用滚动接触的指形触点；辅助触点的通断电流较小，常采用点接触的桥式触点。

（3）灭弧装置。直流接触器一般采用磁吹式灭弧装置。

2. 继电器

继电器是一种根据某种输入信号的变化而接通或断开控制电路，实现控制目的的电器。继电器的输入信号可以是电流、电压等电量，也可以是温度、速度、时间、压力等非电量，而输出通常是触点的动作。

1）电流继电器

根据线圈中电流的大小而接通或断开电路的继电器称为电流继电器，使用时线圈串在线路中。电流线圈阻抗小，导线粗，匝数少，能通过大电流。电流继电器分欠(零)电流继电器和过电流继电器。

欠电流继电器是当线圈电流降到低于某一整定值时释放的继电器，而在线圈电流正常时衔铁是吸合的。这种继电器常用于直流电动机和电磁吸盘的失磁保护。

过电流继电器在正常工作时电磁吸力不足以克服弹簧的反作用力，衔铁处于释放状态。当线圈电流超过某一整定值时，衔铁动作，常开触点闭合，常闭触点断开。

电流继电器的电气图形符号如图 7-12 所示。

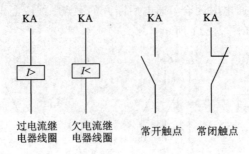

图 7-12 电流继电器电气图形符号

2）电压继电器

根据线圈两端电压的大小而接通或断开电路的继电器称为电压继电器，使用时线圈并联在线路中。为减少分流，电压线圈导线细、匝数多、电阻大。电压继电器分欠（零）电压及过电压继电器。

欠（零）电压继电器在正常电压时动作，而当电压过低或消失时，触头复位。

过电压继电器则是在正常电压时不动作，只有当其线圈两端电压超过其整定值后触头才动作，以实现过电压保护。

欠（失）电压继电器是在电压为 $40\% \sim 70\%$ 额定电压时才动作，对电路实现欠压保护；零电压继电器是当电压降至 $0\% \sim 25\%$ 额定电压时动作，进行零压保护；过电压继电器是在电压为 $110\% \sim 150\%$ 额定电压时动作，具体调整根据需要决定。

电压继电器的电气图形符号如图 7-13 所示。

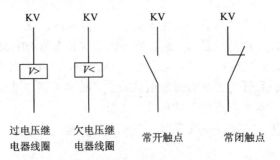

图 7-13 电压继电器电气图形符号

3）中间继电器

中间继电器是将一个输入信号变成一个或多个输出信号的继电器。它的输入信号为线圈的通电或断电，它的输出是触点的动作，将信号同时传给几个控制元件或回路。中间继电器的特点是触点数目多（6 对以上），可实现对多回路的控制；触点电流较大（5 A 以上）；动作灵敏（动作时间不大于 0.05 s）。中间继电器的结构与工作原理同于接触器，与接触器不同的是触点无主、辅之分，当电动机功率较小时，也可用它代替接触器使用，可以认为中间继电器就是小容量的接触器。

4) 时间继电器

时间继电器在电路中起着控制动作时间的作用。当它的感测机构接受输入信号以后，需经过一定的时间，执行系统才会动作并输出信号，进而操纵控制电路。所以说时间继电器具有延时功能。它被广泛用于控制生产过程中按时间原则制定的工艺程序，如鼠笼式异步电动机的几种降压启动均可由时间继电器发出自动转换信号。

时间继电器的种类很多，按动作原理可分为电磁式、空气阻尼式、电动机式、电子式；按延时方式可分为通电延时型与断电延时型两种。常见的时间继电器的外形如图 7-14 所示。

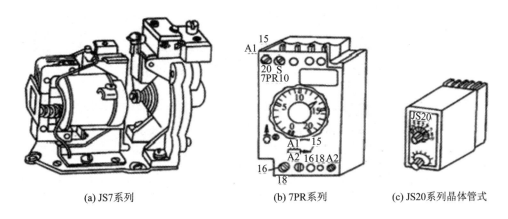

(a) JS7 系列　　　　　(b) 7PR 系列　　　　　(c) JS20 系列晶体管式

图 7-14　时间继电器

空气阻尼式继电器是利用空气阻尼作用而达到延时目的，它是应用最广泛的一种时间继电器。下面以 JS7-A 系列时间继电器通电延时型为例来分析其工作原理。其结构原理图如图 7-15 所示。

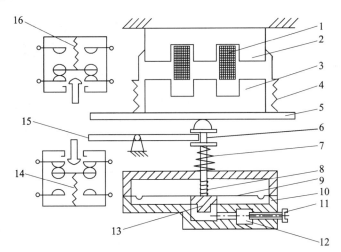

1—线圈；2—铁芯；3—衔铁；4—反力弹簧；5—推板；6—活塞杆；
7—塔型弹簧；8—弱弹簧；9—橡皮膜；10—空气室壁；11—调节螺钉；
12—进气孔；13—活塞；14、16—微动开关；15—杠杆

图 7-15　JS7-A 系列空气阻尼式时间继电器结构原理图

当线圈 1 通电后，衔铁 3 吸合，活塞杆 6 在塔型弹簧 7 的作用下带动活塞 13 及橡皮膜 9 向上移动，橡皮膜下方空气室的空气变得稀薄，形成负压，活塞杆通过杠杆 15 压动微动开关 14，使其触点动作，起到通电延时作用。

当线圈断电后，衔铁释放，橡皮膜下方空气室的空气通过活塞肩部所形成的单向阀迅速排出，使活塞杆、杠杆、微动开关迅速复位。由线圈通电至触头动作的一段时间即为时间继电器的延时时间，延时长短可通过调节螺钉 11 调节进气孔气隙大小来改变。

微动开关 16 在线圈通电或断电时，在推板 5 的作用下都能瞬时动作，其触头为时间继电器的瞬时触头。

时间继电器的电气图形符号如图 7 - 16 所示。

图 7 - 16 时间继电器的电气图形符号

空气式时间继电器结构简单，易构成通电延时型和断电延时型，调整简便，价格较低，使用较为广泛，但延时精度较低，一般使用在精度要求不高的场合。

5）热继电器

热继电器是利用电流热效应原理来动作的，主要用于电动机的过载保护和断相保护，如图 7 - 17 所示。

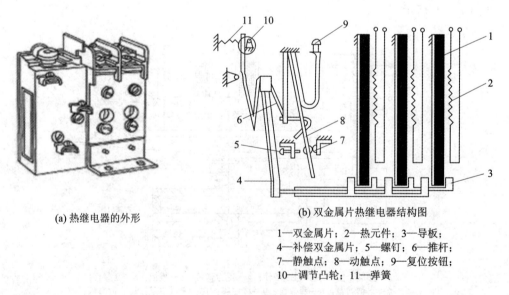

(a) 热继电器的外形   (b) 双金属片热继电器结构图

1—双金属片；2—热元件；3—导板；
4—补偿双金属片；5—螺钉；6—推杆；
7—静触点；8—动触点；9—复位按钮；
10—调节凸轮；11—弹簧

图 7 - 17 热继电器的外形及原理结构图

热继电器主要由热元件、双金属片、动作机构、触点、调整装置及手动复位等部分组成。

双金属片作为测量元件，由两种线膨胀系数不同的金属片压焊而成，线膨胀系数大的称为主动片，线膨胀系数小的称为被动片。

热元件串接在电动机定子绕组中，一对常闭触点串接在电动机的控制电路中。当电动机正常运行时，热元件中流过的电流小，热元件产生的热量虽能使金属片弯曲，但不能使触点动作。当电动机过载时，流过热元件的电流加大，产生的热量增加，使双金属片产生弯曲位移增大，经过一定时间后，通过导板推动热继电器的触点动作，使常闭触点断开，切断电动机控制电路，使电动机主电路失电，电动机得到保护。

电源切断后，电流消失，双金属片逐渐冷却，经过一段时间后回复原状，动触点在失去作用力的情况下，靠自身弹簧的弹性自动复位与静触点闭合。

这种热继电器也可采用手动复位，将螺钉5向外调到一定位置，使动触点弹簧的转动超过一定角度而失去反弹性，在此情况下，即使主双金属片冷却复原，动触头也不能自动复位，需按下复位按钮9才能使常闭触点闭合。

由于热继电器双金属片受热膨胀的热惯性及动作机构传递信号的惰性原因，热继电器从电动机过载到触点动作需要一定时间，也就是说，即使电动机严重过载甚至短路，热继电器也不会瞬时动作，因此热继电器不能用于短路保护。但也正是这个热惯性和机械惰性，保证了热继电器在电动机启动或短时过载时不会动作，从而满足了电动机的运行要求。

热继电器的电气图形符号如图7-18所示。

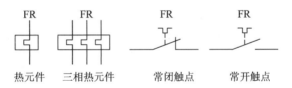

图7-18　热继电器的电气图形符号

7.1.3　低压主令电器

低压主令电器有控制按钮、主令开关、行程开关和万能转换开关等。它们主要用于发送控制指令，要求操作频率高、抗冲击，电器和机械寿命要长。

1. 控制按钮

控制按钮是一种手动且可自动复位的主令电器，在控制电路中用于手动发出控制信号以控制接触器、继电器等。

控制按钮通常所选用的规格为交流额定电压500 V，允许持续电流为5 A。其结构形式有多种，常见的有：紧急式——装有突出的蘑菇形钮帽，以便紧急时操作；旋钮式——用手旋转进行操作；指示灯式——在透明的按钮内装入信号灯，以作信号显示；钥匙式——为使用安全起见，须用钥匙插入方可旋转操作。控制按钮的颜色有红、绿、黑、白、黄、蓝等几种，供不同场合选用。

控制按钮由按钮帽、复位弹簧、桥式触点和外壳等组成，其结构如图7-19所示，电气图形符号如图7-20所示。

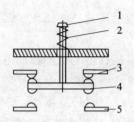 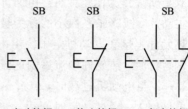

1—按钮帽；2—复位弹簧；3—常闭触点；4—动触点；5—常开触点

图 7 - 19　控制按钮结构示意图　　　　图 7 - 20　控制按钮的电气图形符号

控制按钮按用途和结构不同，分为启动按钮、停止按钮和复合按钮等。

启动按钮带有常开触点，手指按下按钮帽，常开触点闭合；手指松开，常开触点复位。启动按钮的按钮帽一般采用绿色。停止按钮带有常闭触点，手指按下按钮帽，常闭触点断开；手指松开，常闭触点复位。停止按钮的按钮帽一般采用红色。复合按钮带有常开触点和常闭触点，手指按下按钮帽，常闭触点先断开，常开触点后闭合；手指松开时，常开触点先复位，常闭触点后复位。

2. 万能转换开关

万能转换开关如图 7 - 21 所示，它由手柄、带号码牌的触点盒等构成，有的还带有信号灯。它具有多个挡位，多对触点，可供机床控制电路中进行换接之用，在操作不太频繁时可用于小容量电机的启动、改变转向，也可用于测量仪表等。

万能转换开关的结构示意图如图 7 - 22 所示，图中间带口的圆为可转动部分，每对触头在凹口对着时导通。实际中的万能开关不止图中一层，而是由多层相同的部分组成的；触点不一定正好是三对，转轮也不一定只有一个口。

 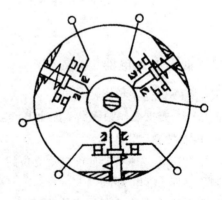

图 7 - 21　万能转换开关的外形图　　　图 7 - 22　万能转换开关结构图

转换开关的触点在电路中的图形符号如图 7 - 23 所示。图形符号中的"每一横线"代表一对触点，而用三条竖线分别代表手柄位置。哪一对触点接通就在代表该位置虚线上的触点下面用黑点"·"表示。触点的通断也可用接通表来表示，表中的"×"表示触点闭合，空白表示触点断开。

万能转换开关主要用于电气控制电路的转换。在操作不太频繁的情况下，也可用于小容量电动机的起动、停止或反向的控制。

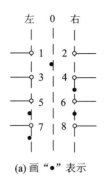

触　点	位　置		
...	左	0	右
1-2 3-4		×	×
5-6	×		×
7-8	×		

(a) 画"●"表示　　　　　(b) 接通表表示

图7-23　转换开关图形符号

3. 行程开关

行程开关又称位置开关或限位开关，是一种很重要的小电流主令电器。它是利用生产设备的某些运动部件的机械位移而碰撞位置开关，使其触点动作，将机械信号变为电信号，接通或断开某些控制电路的指令，借以实现对机械设备的电气控制要求。这类开关常被用来限制机械运动的位置或行程，使运动机械按一定位置或行程自动停止、反向运动或自动往返运动等。

如图7-24所示，行程开关的种类很多，按结构可分为直动式（如LX1、JLXK1系列）、滚动式（如LX2、JLXK2系列）和微动式（如LXW-11、JLXK1-11系列）；按触点性质可分为有触点式和无触点式。

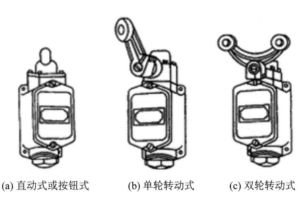

(a) 直动式或按钮式　　(b) 单轮转动式　　(c) 双轮转动式

图7-24 行程开关的外形图

其图形及文字符号如图7-25所示。

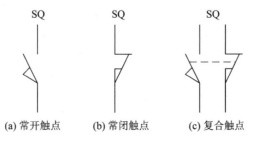

(a) 常开触点　　(b) 常闭触点　　(c) 复合触点

图7-25　行程开关的图形符号

4. 接近开关

为了克服有触点行程开关可靠性较差、使用寿命短和操作频率低的缺点，可采用无触点式行程开关，也叫接近开关。接近开关不是靠挡块碰压开关发出信号，而是在移动部件装上一金属片，当运动的金属与开关接近到一定距离时发出接近信号，以不直接接触方式进行控制。接近开关工作稳定可靠、使用寿命长，在自动控制系统中已获得广泛应用。其图形及文字符号如图 7 - 26 所示。

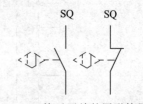

图 7 - 26　接近开关的图形符号

7.1.4　低压执行电器

低压执行电器有电磁铁、电磁离合器等，主要用于执行某种动作或实现传动功能。

7.2　基本电气控制线路

在各行各业广泛使用的电气设备和生产机械中，其自动控制线路大多以各类电动机或其他执行电器为被控对象，以继电器、接触器、按钮、行程开关、保护元件等器件组成的自动控制线路，通常称为电气控制线路。

7.2.1　电气控制线路图的绘制

电气控制系统是由许多电气元件和电气设备按照一定的控制要求连接而成的。为了说明生产机械电气控制系统的组成、结构、工作原理，方便电气控制设备安装、调试、维修、维护等技术要求，需采用电气图表示出来。电气图有三种：电气原理图、电气接线图、电气位置图。电气图应根据国家电气制图标准，用规定的图形和文字符号及规定的画法绘制。

1. 图形符号

电气图的图形符号应遵循国家标准 GB4728.1—GB4728.13《电气图用图形符号》。该标准规定了符号要素、限定符号、一般符号和常用其他符号等。有些符号规定了几种形式，在绘图时可根据要求选用，在规定的规则下作某些变化，使电气图看上去清晰。

2. 文字符号

电气图的文字符号应遵循国家标准 GB7159—87《电气技术中的文字符号制定通则》。文字符号用来标明电气图上的电气设备、装置和元器件的名称、功能、状态和特征，标示在电气设备、元器件图形的旁边。文字符号分为基本文字符号和辅助文字符号。

基本文字符号有单字母符号和双字母符号。单字母符号一般用来表示电气设备、电气元件的类别，例如开关类用 Q 表示。当用单字母符号不能满足该类电气元件的要求，需要将该类别电器进一步划分时，才采用双字母符号，如位置开关用 SQ 表示。

辅助文字用来进一步表示电气设备、电气元件的功能、特征和状态。

7.2.2　电气控制线路系统图

1. 电气原理图

电气原理图也称电路图。电路图用规定的图形和文字符号按控制系统要求详细地表示了生产机械上所有电控设备之间的连接关系，是电气技术中应用最广的电气图。

电路图用来理解控制系统中的设备及组成原理，为将来设备的安装、维修和维护提供信息；为绘制电气接线图提供依据。电路图的绘制应遵循国家标准 GB6988—86《电气制图》。图 7-27 给出了某车床电路图的实例。电路图表示控制线路的工作原理，各电气元件的作用和相互关系，但并不表示电气元件的实际位置和实际连线。

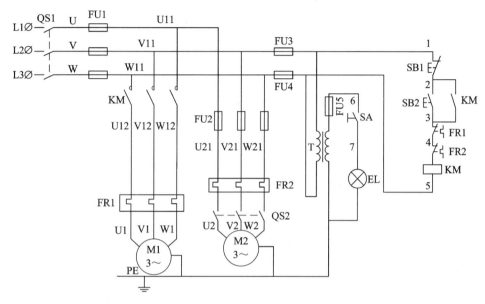

图 7-27　某车床电路图

绘制电路图时应遵循如下原则：

（1）电路图一般分为主电路和控制电路两部分。

主电路与控制电路应分开画，主电路画在左侧，控制电路画在右侧。主电路为设备的驱动电路，在控制电路的控制下，向用电设备供电。控制电路要实现控制系统所需要的逻辑控制功能，一般由主令电器、各继电器、接触器的线圈、各电器辅助触点、照明、信号电路及各种保护电路等构成。

（2）电路图中的电路可以水平布置或者垂直布置。

水平布置时电源线垂直画，其它电路水平画。各分支电路基本上按控制动作的顺序由上而下排列。

垂直布置时，电源线水平画，其它电路垂直画。各分支电路按控制动作的顺序从左向右排列。

两根以上导线的电气连接处要画圆点。

（3）电路图中各电气元器件，一律采用国家标准规定的图形符号绘出，用国家标准文字符号标记。

各种电气元件及其部件在电路中的位置，根据便于阅读的原则应按先后顺序来安排。同一电气元件的各个部分可以不画在一起，但必须用同一文字符号来标明。如图 7-27 中接触器 KM 的线圈和触点都用 KM 表示。

电路图中的全部电气元件触点的开、闭情况，均以线圈失电、开关不动作时的原始位置绘出。

2. 电气接线图

电气接线图表示电气控制系统设备中电机、各种电气元件的实际安装位置及实际接线情况。它们是根据设备的结构和工作要求决定的，是在电路图的基础上编制的。图 7 - 28 为某车床的电气接线图。绘制时应遵循国家标准 GB6988.5—86《电气制图、接线图和接线表》。接线图的编制规则主要有：

（1）同一电气元件的各部件要画在一起，接线图中的文字符号、元件连接顺序、接线端子的编写应与电路图一致，以便检查对照。

（2）在接线图中，应标出电控设备的位置、设备代号、端子号、导线号、导线类型和截面积等。

（3）同一控制板上的电气元件可以直接连接，而和控制板外的电气元件的连接一定要用接线端子引进、引出。

3. 电气位置图

在成套的生产装置、设备上可利用电气位置图将电控设备在装置上的相对位置绘制出来。图 7 - 28 中的各电控设备、电气元件和电路图中的符号应相同，以便于电气元件之间的接线安排和电气元件的维修、维护与更换。

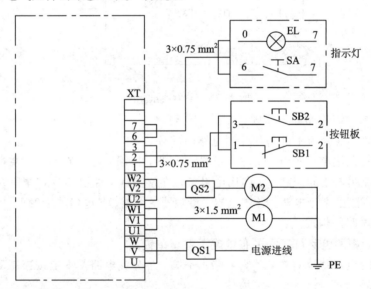

图 7 - 28　某车床的电气接线图

7.2.3　常见电气控制线路

异步电动机控制线路由各种电气元件组成，使用最广泛和最基本的控制电路是各种有触点电器，如主令电器、继电器、接触器等。使用各种有触点电器组成的控制线路称为继电接触控制线路。

1. 异步电动机的点动控制线路

点动控制线路是由按钮、接触器来控制电动机的最简单控制线路，其原理如图 7 - 29 所示。其中，L1、L2、L3 为接线端子，QS 为闸刀开关，FU1 为主电路保护熔断器，FU2 为控制电路熔断器，SB 为启动按钮，KM 为接触器。

所谓点动控制就是按下启动按钮，电动机就运转；松开按钮，电动机就停转。这种控制方法常用于金属加工机床某一机械部分的快速移动和电动葫芦的升、降及移动控制。

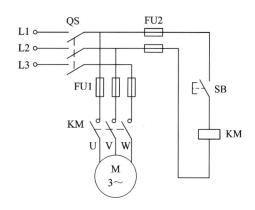

图 7 - 29　异步电动机点动控制线路

当电动机需要点动时，先合上闸刀开关 QS，此时电动机尚未接通电源。按下启动按钮 SB，接触器 KM 线圈得电，使衔铁吸合，同时带动触点动作。KM 主触点闭合，接通电源电动机启动运转，当电动机需要停转时，松开启动按钮，KM 线圈失电，触点复位，KM 主触点断开，电机失电停转。

在分析各种控制线路的原理时，为了简单明了，常用电器文字符号和箭头配以少量文字说明来表达线路的工作原理。如点动控制线路的工作原理叙述如下：

先合上电源开关 QS。

启动：按下 SB→KM 线圈得电→KM 主触点闭合→电动机 M 启动运转。

停止：松开 SB→KM 线圈失电→KM 主触点断开→电动机 M 停止运转。

断开电源开关，系统停止工作。

2. 异步电动机连续运转控制线路

有些机床或生产机械需要电动机连续运转，图 7 - 30 为接触器控制的异步电动机连续运转控制线路。与上面控制线路不同的是，增加了一个停止按钮 SB1，一个热继电器 FR。停止按钮 SB1 的作用主要是实现控制电路的停止操作。热继电器主要起过载保护，串在主电路中的元件称为热继电器的热元件，常闭触点串接在控制电路中。

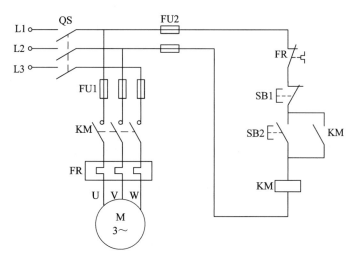

图 7 - 30　异步电动机连续运转控制线路

其工作原理如下：

(1) 合上电源开关 QS。

（2）电动机启动及连续运行：

注意：当松开 SB2 时，接触器 KM 的辅助触点仍然闭合，KM 线圈继续保持通电，保证了电动机连续运转。接触器 KM 通过自身的常开辅助触点而使线圈保持通电的作用称为自锁，起自锁作用的辅助触点称为自锁触点。

（3）电动机停止：

3. 异步电动机正反转控制线路

生产实践中，许多生产机械要求电动机能正、反转，即要求电机可逆运转。如机床主轴的正向和反向运动，工作台的前、后运动，起重机吊钩的上升和下降等。由电动机原理可知，将三相异步电动机的三相电源进线中的任意两相连线对调，电动机就能反向运转。实际运用中，通过两个接触器改变定子绕组相序来实现正反转。如图 7 - 31(a)所示，SB1 为停止按钮，SB2 为正转启动按钮，SB3 为反转启动按钮，接触器 KM1 控制电动机正转，接触器 KM2 控制电动机反转。

其工作原理如下：

（1）合上电源开关 QS。

（2）电动机正转控制：

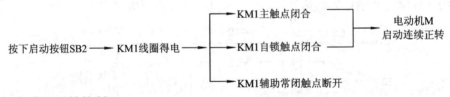

（3）电动机反转控制：

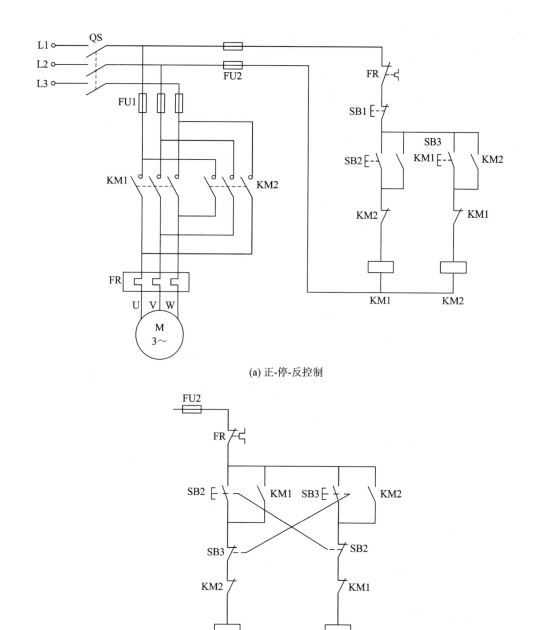

(a) 正-停-反控制

(b) 正-反-停控制

图 7-31 异步电动机正反转控制线路

　　注意，接触器 KM1 和 KM2 的主触点不能同时闭合，否则将造成两相电源短路故障。为了避免两个接触器同时得电动作，可在正、反转控制电路中分别串接对方的常闭辅助触点，这样，当一个接触器得电动作时，通过其常闭辅助触点使另一个接触器不能得电。接触器间这种互相制约的作用叫接触器互锁，实现互锁作用的常闭辅助触点称为互锁触点。

　　通过上述电路分析，电动机要由正转变成反转，必须操作停止按钮 SB1 后，再去操作反转按钮 SB3，因此需对控制电路进一步完善，如图 7 - 31(b)所示的线路就不需要操作停止按钮 SB1，只要直接操作反转按钮 SB3 即可。

4. 异步电动机 Y/△降压启动控制线路

Y/△降压启动电路用于在正常运行时绕组接为三角形的鼠笼式电动机，通过采用 Y/△ 的降压启动方法来达到限制启动电流的目的。启动时定子绕组首先连接成星形，启动即将完成时再恢复为三角形接法。图 7 - 32 为 Y/△降压启动控制线路。

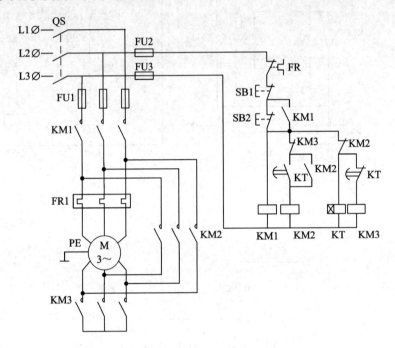

图 7 - 32 异步电动机 Y/△降压启动控制线路

电动机启动时，合上电源开关 QS，按下启动按钮 SB2，接触器 KM1、KM3 和时间继电器 KT 的线圈同时得电，KM1、KM3 的主触点闭合，电动机采用星形降压启动；当 KT 延时时间到，KM3 线圈失电，KM2 线圈得电，电动机主电路接成三角形。电动机需要停止时，按 SB1 即可。

5. 其他常用控制线路

（1）点动与连续切换。

图 7 - 33 所示电路既能实现点动，又能实现连续运转。

（2）顺序控制。

在机床的控制线路中，经常要求多台电动机按顺序启动。图 7 - 34 为两台电动机的顺序启动控制电路，当电动机 M1 启动之后，电动机 M2 才能启动。

（3）多地控制。

在大型生产机械中，为了操作方便，需要多地进行控制，图 7 - 35 为两地控制线路。

要在多地控制，需要多组按钮。在使用这些多组按钮时一定要注意：常开触点要并联，常闭触点要串联。

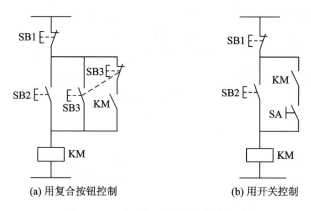

(a) 用复合按钮控制　　　　　(b) 用开关控制

图 7-33　点动与连续切换控制线路

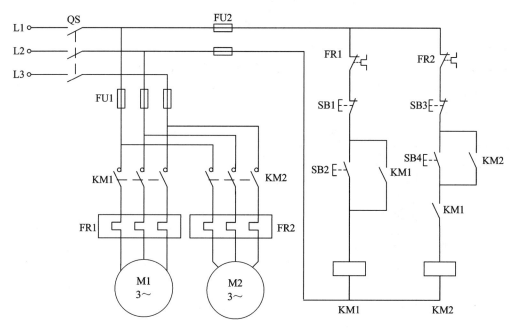

图 7-34　两台电动机顺序控制线路

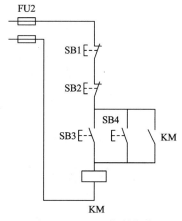

图 7-35　两地控制线路

（4）自动循环控制线路。

许多机床的工作台要求正反转运动自动循环。图 7 - 36 为工作台自动循环示意图，这时可在正反转控制电路的基础上，加上行程开关 SQ1、SQ2 实现正反向切换，加上行程开关 SQ3、SQ4 实现两端限位即可。图 7 - 37 为工作台自动循环控制电路。

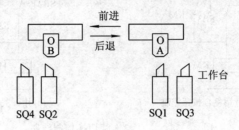

图 7 - 36　工作台自动循环示意图

图 7 - 37 中，当按下启动按钮 SB2 时，接触器 KM1 线圈得电，其主触点闭合，电动机正转拖动工作台前进，当前进到位时，撞块 B 压下行程开关 SQ2，KM1 线圈失电，其触点复位，同时 KM2 线圈得电，其主触点闭合，电动机反转拖动工作台后退。当后退到位时，撞块 A 压下行程开关 SQ1，KM2 线圈失电，同时 KM1 线圈得电，电动机由反转切换成正转，如此周而复始地自动往返循环工作。

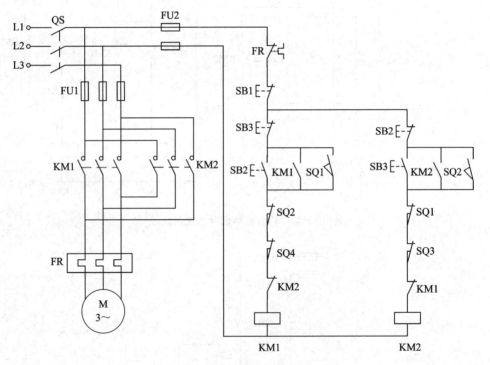

图 7 - 37　工作台自动循环控制电路

本 章 小 结

本章主要分为两部分，一部分是常用低压电器，一部分是基本的电气控制线路。

常用低压电器部分主要介绍了各种常见低压电器的外形、结构、电气图形符号及应用等。这些低压电器包括低压配电电器(刀开关、转换开关、熔断器和自动开关)、低压控制电器(接触器、继电器、控制器)、低压主令电器(按钮、主令开关、行程开关和万能转换开关)、低压执行电器。

基本电气控制线路部分包括线路图、常见控制电路的应用场合、控制线路原理图、工作原理等。主要的电路包括异步电动机的点动控制线路、异步电动机的连续运转控制线路、异步电动机的正反转控制线路、异步电动机的 Y/△ 启动控制线路以及自动循环控制线路等。

习题与思考题

7.1 继电器与接触器有什么区别？中间继电器在什么情况下可以代替接触器？

7.2 如何调整空气阻尼式时间继电器的延时整定时间？

7.3 能否用熔断器作为过载保护？为什么？

7.4 已知交流接触器吸引线圈的额定电压为 220 V，如果给线圈通以 380 V 的交流电行吗？为什么？如果使线圈通以 127 V 的交流电又如何？

7.5 热继电器和过电流继电器有何区别？各有什么用途？

7.6 在电动机的控制中，为什么有了热继电器还用熔断器？

7.7 在某自动控制电路中，电动机由于过载而自动停止后，有人立即按启动按钮，但启动不起来，为什么？

7.8 简述自动空气开关的功能、工作原理和使用场合。与采用刀开关和熔断器组合的控制方式相比，自动空气开关有何优点？

7.9 一台 DZ 系列低压断路器，不能复位再扣，试从结构上分析原因。

7.10 什么是联锁？什么是自锁？试举例说明各自的作用。

7.11 有两台电动机 M1 和 M2，要求：

(1) M1 启动后，M2 才能启动；

(2) M2 能实现正反转连续控制，并能单独停车；

(3) 有短路、过载、欠压保护。

设计其控制电路。

7.12 有两台电动机 M1 和 M2，要求：

(1) M1 启动后，延时一段时间后 M2 自行启动；

(2) M2 启动后，M1 立即停止。

设计其控制电路。

7.13 设计一小车运行的控制电路，要求：

(1) 小车由原点开始前进，到终端后自动停止；

(2) 在终端停留 2 分钟后，自动返回原位停止；

(3) 要求在前进或后退中的任意位置都能停止或启动。

第8章　常见半导体器件

各种电子线路最重要的组成部分是半导体器件，如半导体二极管、三极管、场效应管和集成电路。本章先讨论构成各种半导体器件基础的 PN 结，然后分别介绍半导体二极管和三极管的结构、工作原理、特性曲线、主要参数和等效电路。

8.1　半导体基础知识

物质按其导电能力可分为导体、绝缘体和半导体三种。通常人们把容易导电的物质称为导体，如金、银、铜等；把在正常情况下很难导电的物质称为绝缘体，如陶瓷、云母、塑料、橡胶等；把导电能力介于导体和绝缘体之间的物质称为半导体，如硅和锗。导体、半导体和绝缘体的划分，严格地说是以物质的电阻率 P 的大小来确定的。电阻率小于 10^{-4} $\Omega \cdot cm$ 的物质称为导体；电阻率大于 10^{12} $\Omega \cdot cm$ 的物质称为绝缘体；电阻率介于导体和绝缘体之间的物质称为半导体。

半导体之所以受到人们的高度重视，并获得广泛的应用，不是因为它的电阻率介于导体和绝缘体之间，而是它具有不同于导体和绝缘体的独特性质。这些独特的性质集中体现在它的电阻率可以因某些外界因素的改变而明显地变化，具体表现在以下三个方面：

（1）热敏性：一些半导体对温度的反应很灵敏，其电阻率将随着温度的上升而明显地下降，利用这种特性很容易制成各种热敏元件，如热敏电阻、温度传感器等。

（2）光敏性：有些半导体的电阻率随着光照的增强而明显地下降，利用这种特性可以做成各种光敏元件，如光敏电阻和光电管等。

（3）掺杂性：半导体的电阻率受掺入的"杂质"影响极大，在半导体中即使掺入少量的杂质，也能使其电阻率大大地下降，利用这种独特的性质可以制成各种各样的晶体管器件。

半导体为什么会具有上述特性呢？要回答这个问题，必须研究半导体的内部结构。

8.1.1　本征半导体

本征半导体是指纯净的、不含杂质的半导体。在近代电子学中，用得最多的半导体是硅和锗，它们的简化原子结构示意图如图 8-1 所示。由图可知，硅和锗的外层电子都是 4 个，外层电子受原子核的束缚力最小，称为价电子，物质的导电性与价电子数有很大关系。有几个价电子就称为几价元素，硅和锗都是四价元素。把硅和锗材料拉制成单晶体时，相邻两个原子的一对最外层电子（价电子）成共有电子，它们一方面围绕自身的原子核运动，另一方面又出现在

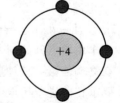

图 8-1　硅和锗简化原子结构模型

相邻原子所属的轨道上。即价电子不仅受到自身原子核的作用，同时还受到相邻原子核的吸引。于是，两个相邻的原子共用一对价电子，组成共价键结构。故晶体中，每个原子核周围的 4 个原子用共价键的形式互相紧密地联系起来，如图 8-2 所示。

共价键中的价电子由于热运动而获得一定的能量，其中少数能够摆脱共价键的束缚而成为自由电子，同时必然在共价键中留下空位，成为空穴，空穴带正电，如图 8-3 所示。

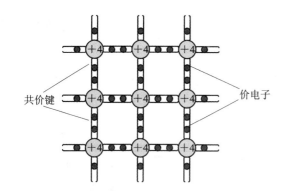

图 8-2　本征半导体共价键晶体结构示意图

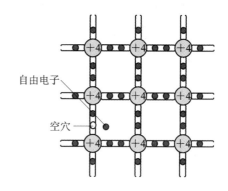

图 8-3　本征半导体中的自由电子和空穴

在外电场作用下，一方面自由电子产生定向移动，形成电子电流；另一方面，价电子也按一定方向依次填补空穴，即空穴产生定向移动，形成所谓的空穴电流。

由此可见，半导体中存在着两种载流子：带负电的自由电子和带正电的空穴。本征半导体中，自由电子与空穴是同时成对产生的，因此，它们的浓度是相等的。我们用 n 和 p 分别表示电子和空穴的浓度，即 $n_i = p_i$，下标 i 表示本征半导体。

价电子在热运动中获得能量而产生了电子-空穴对；同时，自由电子在运动过程中失去能量，与空穴相遇，使电子、空穴对消失，这种现象称为复合。在一定温度下，载流子的产生过程和复合过程是相对平衡的，载流子的浓度是一定的。本征半导体中载流子的浓度除了与半导体材料本身的性质有关以外，还与温度有关，而且随着温度的升高，基本上按指数规律增加。因此，半导体载流子浓度对温度十分敏感。对于硅材料，大约温度每升高 8℃，本征载流子浓度 n_i 增加一倍；对于锗材料，大约温度每升高 12℃，n_i 增加一倍。除此之外，半导体载流子浓度还与光照有关，人们正是利用此特性制成了光敏器件。

8.1.2　杂质半导体

杂质半导体是指在本征半导体中掺入了微量其它元素（称为杂质）的半导体。杂质的掺入可以使半导体的导电性能发生显著的变化。根据掺入的杂质不同，杂质半导体可分为 N 型（电子）半导体和 P 型（空穴）半导体两大类。

1. N 型半导体

在本征半导体中掺入少量五价元素磷（砷、锑等），由于磷原子数目比硅原子要少得多，因此整个晶体结构基本不变，只是某些位置上的硅原子将被磷原子所代替，磷原子有 5 个价电子，其中 4 个价电子与邻近的硅原子的价电子形成共价键。剩下的一个价电子虽然还受到磷原子的束缚，但是这种束缚作用终究要比共价键的束缚作用微弱得多，只要给这个价电子较小的能量，它就能挣脱磷原子的束缚而成为自由电子。磷原子释放出多余的价电子后，因失去电子而成为正离子，如图 8-4 所示。我们把这类能释放电子的杂质称为施主杂质，这一释放过程称为施主杂质电离。可见，每掺入一个施主杂质原子，电离后就产生一个电子和一个正离子，它们是成对产生的。电子是能自由运动的，而正离子是不能运动的。此外，杂质半导体中同样存在热激发，可产生少量的电子-空穴对。因此，自由电子数远大于空穴数，这种使电子浓度大大增加的杂质半导体称为 N 型半导体。我们称自由电子为多数载流子（简称多子），而称空穴为少数载流子（简称少子）。

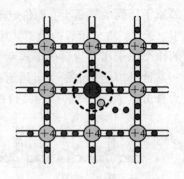

图 8-4　N 型半导体共价键结构

2. P 型半导体

在本征半导体中掺入少量三价元素硼（铝等），由于硼原子数量比硅原子要少得多，因此整个晶体结构基本不变，只是某些位置上的硅原子被硼原子所代替。硼原子只有 3 个价电子，它与周围的硅原子组成共价键时，因缺少一个电子，在晶体中便产生一个空位，周围共价键中的电子很容易运动到这里来，于是形成一个空穴，而硼原子由于多了一个电子而成为不能运动的负离子，如图 8-5 所示。我们把这类能接受电子的杂质称为受主杂质，这个接受过程称为主杂质电离。可

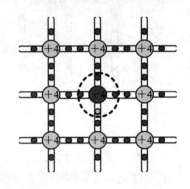

图 8-5　P 型半导体共价键结构

见，每掺入一个受主杂质，原子电离后就产生一个空穴和一个负离子，它们是成对产生的。此外，杂质半导体中同样存在热激发，可产生少量的电子-空穴对。因此，空穴数远大于自由电子数，使空穴浓度大大增加，故称为 P 型半导体。显然，在 P 型半导体中，空穴是多数载流子，而自由电子是少数载流子。

综上所述，本征半导体中掺入微量杂质元素构成杂质半导体后，在常温下杂质原子均已电离，载流子浓度大大增加，使半导体的导电能力显著提高。因此，掺杂是提高半导体导电能力的最有效方法。还需指出，无论是 N 型半导体还是 P 型半导体，其正负电荷量是相等的，呈电中性。

8.1.3　PN 结

在一块本征半导体上，用工艺的办法使其一边形成 N 型半导体，另一边形成 P 型半导体，则会在两种半导体的交界处形成 PN 结。PN 结是构成其它半导体器件的基础。

1. 异型半导体接触现象

在 P 型和 N 型半导体的交界面两侧，由于电子和空穴的浓度相差悬殊，因而将产生扩散运动。电子由 N 区向 P 区扩散；空穴由 P 区向 N 区扩散。由于它们均是带电粒子（离子），因而电子由 N 区向 P 区扩散的同时，在交界面 N 区剩下不能移动（不参与导电）的带正电的杂质离子；空穴由 P 区向 N 区扩散的同时，在交界面 P 区剩下不能移动（不参与导电）的带负电的杂质离子，于是形成了空间电荷区。在 P 区和 N 区的交界处形成了电场（称为自建场）。在此电场作用下，载流子将作漂移运动，其运动方向正好与扩散运动方向相

反，阻止扩散运动。电荷扩散的越多，电场越强，因而漂移运动越强，对扩散的阻力越大。当达到平衡时，扩散运动的作用与漂移运动的作用相等，通过界面的载流子总数为 0，即 PN 结的电流为 0。此时在 PN 区交界处形成一个缺少载流子的高阻区，我们称为阻挡层（又称耗尽层）。PN 结的形成过程如图 8-6(a)、(b)所示。

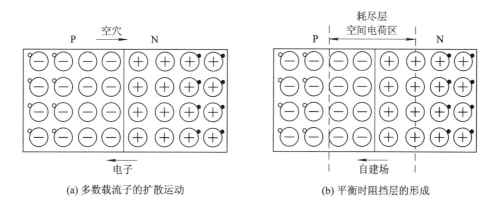

(a) 多数载流子的扩散运动　　　　　　　　(b) 平衡时阻挡层的形成

图 8-6　PN 结的形成

2. PN 结的单向导电性

在 PN 结两端外加不同方向的电压，就可以破坏原来的平衡，从而呈现出单向导电特性。

1）PN 结外加正向电压

若将电源的正极接 P 区，负极接 N 区，则称此为正向接法或正向偏置。此时外加电压在阻挡层内形成的电场与自建场方向相反，削弱了自建场，使阻挡层变窄，如图 8-7(a)所示。显然，扩散作用大于漂移作用，在电源作用下，多数载流子向对方区域扩散形成正向电流，其方向由电源正极通过 P 区、N 区到达电源负极。

此时，PN 结处于导通状态，它所呈现出的电阻为正向电阻，其阻值很小。正向电压越大，正向电流越大，其关系是指数关系：

$$I_{\mathrm{D}} = I_{\mathrm{S}}\mathrm{e}^{\frac{U}{U_{\mathrm{T}}}}$$

式中：I_{D} 为流过 PN 结的电流；U 为 PN 结两端的电压；$U_{\mathrm{T}} = \dfrac{kT}{q}$，为温度电压当量，其中 k 为波耳兹曼参数，T 为绝对温度，q 为电子的电量，在室温下即 $T = 300$ K 时，$U_{\mathrm{T}} = 26$ mV；I_{S} 为反向饱和电流。电路中的电阻 R 是为了限制正向电流的大小而接入的限流电阻。

2）PN 结外加反向电压

若将电源的正极接 N 区，负极接 P 区，则称此为反向接法或反向偏置。此时外加电压在阻挡层内形成的电场与自建场方向相同，增强了自建场，使阻挡层变宽，如图 8-7(b)所示。此时漂移作用大于扩散作用，少数载流子在电场作用下作漂移运动，由于其电流方向与正向电压时相反，故称反向电流。由于反向电流是由少数载流子所形成的，故反向电流很小，而且当外加反向电压超过零点几伏时，少数载流子基本全被电场拉过去形成漂移电流，此时反向电压再增加，载流子数也不会增加，因此反向电流也不会增加，故称其为反向饱和电流，即 $I_{\mathrm{D}} = -I_{\mathrm{S}}$。

此时，PN 结处于截止状态，呈现的电阻称为反向电阻，其阻值很大，高达几百千欧以上。

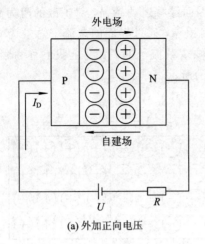
(a) 外加正向电压

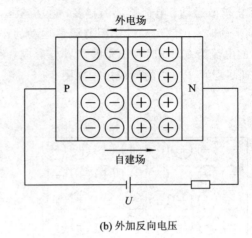
(b) 外加反向电压

图 8-7 PN 结单向导电特性

综上所述：PN 结外加正向电压，处于导通状态；加反向电压，处于截止状态，即 PN 结具有单向导电特性。

将上述电流与电压的关系写成如下通式：

$$I_D = I_S(e^{\frac{U}{U_T}} - 1) \qquad (8-1)$$

此方程称为伏安特性方程，如图 8-8 所示，该曲线称为伏安特性曲线。

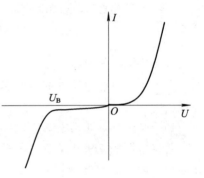

图 8-8　PN 结伏安特性

3. PN 结的击穿

PN 结处于反向偏置时，在一定电压范围内，流过 PN 结的电流是很小的反向饱和电流。但是当反向电压超过某一数值(U_B)后，反向电流急剧增加，这种现象称为反向击穿，如图 8-8 所示。U_B 称为击穿电压。

PN 结的击穿分为雪崩击穿和齐纳击穿。

当反向电压足够高时，阻挡层内电场很强，少数载流子在结区内受强烈的电场的加速作用较高，获得很大的能量，在运动中与其它原子发生碰撞时，有可能将价电子"打"出共价键，形成新的电子-空穴对。这些新的载流子与原先的载流子一道，在强电场作用下碰撞其它原子而打出更多的电子-空穴对，如此连锁反应，使反向电流迅速增大。这种击穿称为雪崩击穿。

所谓"齐纳击穿"，是指当 PN 结两边掺入高浓度的杂质时，其阻挡层宽度很小，即使外加反向电压不太高(一般为几伏)，在 PN 结内就可形成很强的电场(可达 2×10^6 V/cm)，将共价键的价电子直接拉出来，产生电子-空穴对，使反向电流急剧增加，出现击穿现象。

对硅材料的 PN 结，击穿电压 U_B 大于 7 V 时通常是雪崩击穿，小于 4 V 时通常是齐纳击穿；U_B 在 4 V 和 7 V 之间时两种击穿均有。由于击穿破坏了 PN 结的单向导电特性，因而在使用时应避免出现击穿现象。

需要指出的是，发生击穿并不一定意味着 PN 结被损坏。当 PN 结反向击穿时，只要注意控制反向电流的数值(一般通过串接电阻 R 实现)，不使其过大，以免因过热而烧坏 PN

结，当反向电压(绝对值)降低时，PN 结的性能就可以恢复正常。稳压二极管正是利用 PN 结的反向击穿特性来实现稳压的，当流过 PN 结的电流变化时，PN 结保持电压 U_B 基本不变。

4. PN 结的电容效应

按电容的定义

$$C = \frac{Q}{U} \quad \text{或} \quad C = \frac{dQ}{dU}$$

即电压变化将引起电荷变化，从而反映出电容效应。在 PN 结两端加上电压，PN 结内就有电荷的变化，说明 PN 结具有电容效应。PN 结具有两种电容：势垒电容和扩散电容。

1）势垒电容 C_T

势垒电容是由阻挡层内的空间电荷引起的。空间电荷区是由不能够移动的正、负杂质离子所形成的，均具有一定的电荷量，所以在 PN 结储存了一定的电荷，当外加电压使阻挡层变宽时，电荷量增加，如图 8-9 所示；反之，当外加电压使阻挡层变窄时，电荷量减少。即阻挡层中的电荷量随外加电压变化而变化，形成了电容效应，称为势垒电容，用 C_T 表示。理论推导如下：

$$C_T = \frac{dQ}{dU} = \varepsilon \frac{S}{W}$$

式中：ε 为半导体材料的介电系数；S 为结面积；W 为阻挡层宽度。对于同一 PN 结，由于 W 随电压变化，不是一个常数，因而势垒电容 C_T 不是一个常数，一般为几皮法到 200 pF。C_T 与外加电压的关系如图 8-10 所示。我们可以利用电容效应做成变容二极管，作为压控可变电容器。

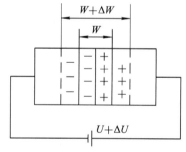

图 8-9　阻挡层电荷量随外加电压变化

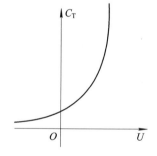

图 8-10　势垒电容和外加电压的关系

2）扩散电容 C_D

扩散电容是 PN 结在加正向电压时，多数载流子在扩散过程中引起电荷积累而产生的。当 PN 结加正向电压时，N 区的电子扩散到 P 区，同时 P 区的空穴也向 N 区扩散。显然，在 PN 区交界处（$x=0$）载流子的浓度最高。由于扩散运动，离交界处越远，载流子浓度越低，这些扩散的载流子在扩散区积累了电荷，电荷量相当于图 8-11 中曲线 1 以下的部分（图 8-11 表示了 P 区电子 n_p 的分布）。若 PN 结正向电压加大，则多数载流子扩散加强，电荷积累由曲

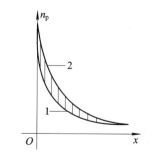

图 8-11　P 区中电子浓度的分布
曲线及电荷的积累

线 1 变为曲线 2，电荷增加量为 ΔQ；反之，若正向电压减小，则积累的电荷将减少。这就是扩散电容效应，扩散电容正比于正向电流，即 $C_D \propto I$。所以，PN 结的结电容 C_j 包括两部分，即 $C_j = C_T + C_D$。一般说来，当 PN 结正偏时，扩散电容起主要作用，$C_j \approx C_D$；当 PN 结反偏时，势垒电容起主要作用，即 $C_j \approx C_T$。

8.2 二 极 管

二极管又称晶体二极管，是只往一个方向传送电流的电子零件。它是一个具有 PN 结的两个端子器件，具有按照外加电压的方向，使电流流动或不流动的性质。晶体二极管为一个由 P 型半导体和 N 型半导体形成的 PN 结，在其界面处两侧形成空间电荷层，并建有自建电场。当不存在外加电压时，由于 PN 结两边载流子浓度差引起的扩散电流和自建电场引起的漂移电流相等而处于电平衡状态。

一个 PN 结加上相应的电极引线并用管壳封装起来（集成电路则不单独封装），便构成了半导体二极管，简称二极管。

1. 二极管的类型与结构

图 8-12 列出了几种类型的二极管内部结构及电路符号。

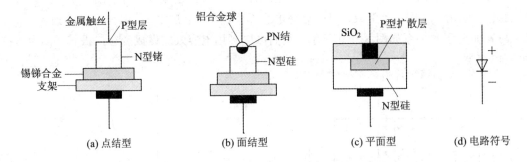

(a) 点结型　　　　(b) 面结型　　　　(c) 平面型　　　　(d) 电路符号

图 8-12　半导体二极管的类型和符号

图 8-12(a) 是点结型二极管，它是由管芯引线和玻璃管壳组成的。管芯是用一根细金属丝压在硅（或锗）的晶片上，利用电形成工艺获得 PN 结。其特点是结面积小，因而结电容小，一般在 1 pF 以下，可以工作在高频，但不允许通过较大的电流。

图 8-12(b) 是面结型二极管，它是用合金法将一合金小球高温熔化在晶体上形成 PN 结的。由于其结面积较大，因而允许较大电流通过，也能承受较高的反向电压，但由于结电容较大，不能用于高频，可用于低频整流。

图 8-12(c) 是平面型二极管，这是 20 世纪 60 年代后期随着平面工艺的发展而出现的一种类型。它的制造工艺过程大致是：先在 N 型硅片上生成一层氧化膜，再用光刻技术开一窗口，进行高浓度硼扩散，形成 P 区，这样在 P 型区与 N 型区之间便形成了 PN 结。这种工艺广泛地应用在分立元件和集成电路中。平面管的主要优点是，PN 结位于 SiO₂ 保护膜下面，不受污染，因而性能稳定。由于采用光刻技术，可以在一块硅片上制造数千只管子，因此管子参数一致性较好。PN 结的面积也可大可小，适用面较宽。

半导体二极管的电路符号如图 8-12(d) 所示。箭头的方向表示正向电流的方向，所以标"＋"的一极接的是 P 区，标"－"的一极接的是 N 区。沿袭电子管的习惯，正极也称为阳极，负极也称为阴极。

2. 二极管的伏安特性

二极管是由 PN 结构成的，一般来说，可以认为 PN 结的特性也就是二极管的特性，在很多理论计算中也是这样做的。但是，严格观察可以发现，实际二极管的特性与 PN 结的特性还是有区别的，硅二极管和锗二极管的特性也是不同的。

1) 二极管特性与 PN 结特性的区别

图 8-13 所示为理想 PN 结的特性（虚线）和实际二极管的特性（实线），为了消除 I_S 值不同所带来的影响，纵坐标采用 I/I_S 的相对值。由图可见，正向特性实际曲线比理想曲线低，即对应同一电压值，实际二极管的电流比理想 PN 结的电流小。这是因为我们在分析 PN 结特性时，认为外加电压全部降在 PN 结上。事实上，PN 结以外的半导体中性区是存在着体电阻的，作为二极管，其金属电极引线与半导体之间存在着接触电阻。所以，当给二极管加上电压 U 时，实际降落在 PN 结上的电压小于 U，因而电流就比理想特性低。我们还发现，当电流较大时，实际二极管的特性曲线接近直线，而不再是指数曲线。这是因为当电流较大时，PN 结的直

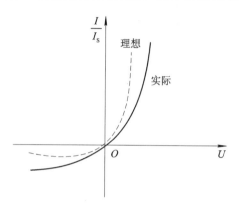

图 8-13 实际二极管与理想 PN 结
U—I 特性的差别

流电阻更小，中性区体电阻和引线的接触电阻占到更大比例，当 PN 结的直流电阻小到可以忽略时，当然电流和电压也就成为直线关系了。

至于反向特性，由图 8-12 可见，实际二极管的反向电流比 PN 结的大，且随反向电压的增大而略有增加。这是因为实际二极管由于工艺上的原因，会引起 PN 结表面存在漏电流，即相当于 PN 结上并联有较大的电阻。

尽管如此，由 8-12 可以看到，理想曲线还是基本反映了二极管的特性。因此，在定量计算中，二极管方程还是有效的。

2) 硅二极管与锗二极管特性的差异

图 8-14 所示为硅和锗两种二极管的特性曲线。可以看出，二者有以下几点明显差异：

（1）硅二极管的反向电流比锗二极管小得多，锗管为 μA 级，硅管只有 nA 级。这是因为在相同温度下锗的 n_i 比硅的 n_i 要高出约三个数量级，所以在同样掺杂浓度下硅的少子浓度比锗的少子浓度低得多，故硅管 I_S 很小。

（2）在正向电压较小时，不论硅管还是锗

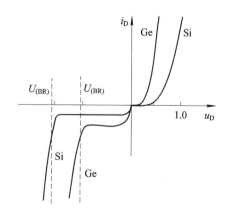

图 8-14 硅和锗二极管特性比较

管，导通都不明显，只有电压达到某一值后，电流才明显增长。我们把电流开始明显增长时的电压称为二极管的门限电压（也称为死区电压或阈值电压）。锗二极管的门限电压约为

$0.1\sim0.2$ V，硅二极管的门限电压约为 $0.5\sim0.6$ V。硅管门限电压高的一个重要原因是它的 I_S 小。

（3）硅管的正向特性比锗管的更陡直些。这是因为锗管多为点结型，体电阻和引线电阻的影响要大一些，因而正向特性不如硅管陡直。硅管正向特性曲线较为陡直的特点，在电路中常被用作精度要求不高的稳压元件，有时将几个硅二极管串联起来以获得所要求的稳定电压值。

3）温度对二极管特性的影响

温度的变化对二极管的特性是有影响的，概括起来说就是：当温度升高时，二极管的正向特性曲线左移，反向特性曲线下移，如图 8-15 所示。这一现象是不难理解的。因为 I_S 是由少子的漂移形成的，而少子浓度是与 n_i^2 成正比的，所以 I_S 对温度很敏感。理论上，I_S 随温度的变化对硅管而言是 $8\%/℃$，对锗管是 $11\%/℃$。实际二极管稍有偏离，根据实验数据，温度每上升 $1℃$，硅和锗的 I_S 都增加约 7%。由于 $(1.07)^{10}\approx2$，所以可以认为，不论硅管还是锗管，温度每上升 $10℃$，反向饱和电流大约增加一倍，即

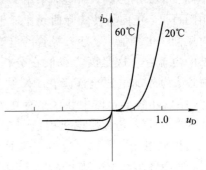

图 8-15　温度对二极管特性的影响
性的影响

$$I_S(T_2) = I_S(T_1)2^{\frac{T_2-T_1}{10}} \qquad (8-2)$$

当外加正向电压一定时，虽然 $\exp\left(\dfrac{U}{U_T}\right)=\exp\left(\dfrac{Uq}{kT}\right)$，结电压随温度升高而略有下降，但远没有 I_S 随温度升高的程度大，所以，二极管正向电流要增大。若维持电流不变，则电压必然要降低。

分析指出，在电流一定时，电压的温度系数为

$$\frac{dU}{dT}\bigg|_{I一定} = -2.5 \text{ mV}/℃ \qquad (8-3)$$

即当电流保持不变时，温度每上升 $1℃$，结电压下降 2.5 mV。

3. 二极管的主要参数

器件的参数是其外特性的定量描述，是正确使用和合理选择器件的重要依据。半导体二极管的参数很多，这里简要介绍几个最常用到的参数。

1）最大正向平均电流 I_F

最大正向平均电流指的是二极管长期工作时所允许通过的最大正向平均电流，也称为最大整流电流。它是由 PN 结的面积和外部散热条件决定的。使用时，其平均电流不超过此值，并要满足所规定的散热条件，否则，将导致温度过高，性能变坏，甚至会烧毁二极管。

2）反向峰值电压 U_{RM}

反向峰值电压简称反峰压，指的是二极管在使用时所允许加的最大反向电压。虽然此值尚未达到反向击穿电压（通常是击穿电压的一半），但使用时应使反向电压不超过此值，以免发生击穿或反向电流过大。

3）反向电流 I_R

反向电流指二极管未击穿时的反向电流值。此值越小，二极管单向导电性能越好。前已述及，它是由 I_S 和漏电流组成的，对温度很敏感，高温下使用时尤其应注意。

4）最高工作频率 f_M

最高工作频率决定于 PN 结电容，使用频率超过此值，二极管伏安特性将受到破坏，不能体现二极管的特性。

在器件手册和二极管的产品说明书中，对二极管的参数都有详细说明。但应注意，所给的数据只是同一型号管子在一定测试条件下的平均数值。由于生产条件的差异，同一型号的器件，参数分散性很大，且测试条件也可能与使用条件有差别。必要时，要在规定条件下对参数进行实测。

4．二极管的模型

在分析和设计含有二极管的电路时，我们所感兴趣的是二极管的外部电特性。迄今为止，我们所掌握的二极管的特性有二：一是二极管方程式（8－1），另一个便是二极管的特性曲线。通过下面的例子将会看到，作为分析的手段，这二者都存在一些困难。图 8－16（a）是一个最简单的二极管电路，如果 U_{DD} 和 R 已经给定，如何确定二极管的管压降 U_D 和流过它的电流 I_0 呢？如果二极管用式（8－1）来描述，则应解以下的联立方程：

$$\begin{cases} I_D = I_S\left[\exp\left(\dfrac{U_D}{U_T}\right)-1\right] & (1) \\[2mm] U_D = U_{DD} - I_D R & (2) \end{cases}$$

即使 I_S 已知，也将遇到解超越方程的困难，手工计算几乎是不可能的。而且二极管方程是理想 PN 结的方程，与二极管的特性还有一定的误差。可见，直接用二极管方程来分析电路是不可行的。

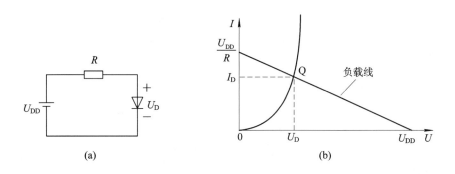

图 8－16　用图解法解二极管电路

由数学知识我们知道，二元联立方程的解，可以通过在平面上作出两方程的曲线，二曲线的交点便是解。这种方法称为图解法。的确，上述电路通过图解来求解是可以实现的。为此，在 $U-I$ 平面上作两条曲线，显然代替二极管方程的是二极管的特性曲线，它可以是实测曲线，使得到的解更精确。另一方程 $U_D = U_{DD} - I_D R$ 对二极管来说是外电路的方程。显然 I 与 U 是直线关系，或者说该方程是 $U-I$ 平面上的一条直线。对于一条直线来说，只要知道线上两点便可作图。令 $I=0$，得 $U=U_{DD}$，这是直线与 U 轴的交点；令 $U=0$，则

$I = U_{DD}/R$，这是 I 轴上的交点。过此二点作一直线，其即外电路方程对应的直线，通常称为负载线。负载线与特性曲线在 Q 点相交，Q 点称为工作点。该点对应的坐标 U_D、I_D 便是电路的解，如图 8-16(b)所示。

由以上分析可见，只要作图精确其解便是精确的，不失为一种有效的分析方法。当然，作一个精确的图是比较麻烦的。图 8-16(b)只是一个示意图，实际上二极管特性曲线只分布在 $U_D = 0.7$ V 左右，而 U_{DD} 的值往往是几伏，要精确作图，势必要横向拉得很长，否则很难精确。图解法最大的局限性是对复杂一些的电路无能为力。

为了简化分析，人们根据所要求精度不同，对二极管进行了电路模拟，即用若干电路元件来代替实际的二极管。这些元件所组成的网络就是二极管的电路模型，简称二极管模型。在这一小节里，我们将介绍几种模型，请读者注意它们各自的适用场合。

1）理想二极管模型

实际二极管的正向压降很小，我们已经知道硅管的门限电压为 0.5~0.6 V，锗管的门限电压为 0.1~0.2 V，它们的工作电压分别在 0.7 V(Si) 和 0.3 V(Ge) 附近。在很多场合，如此微小的正向压降是可以忽略不计的。二极管的反向电流通常也是可以忽略不计的。简言之，如果认为二极管正偏时压降为零，反偏时电流为零，则这样的二极管就称为理想二极管，其特性曲线如图 8-17(a)中粗实线所示，它是两段直线，反偏特性与横轴(U 轴)重合，正向特性与纵轴(I 轴)重合。为与实际二极管相区别，其电路符号如图 8-17(b)所示。由图可见，理想特性与实际特性(图中虚线所示)虽有差别，但当二极管正向压降比与它串联的元件上的电压小得多时，二极管反向电流比同它并联电路的电流小得多时，应用理想模型分析不会带来多大的误差，却使分析大为简化。

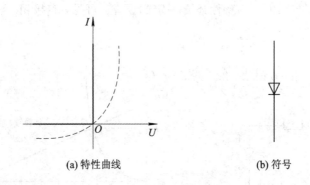

(a) 特性曲线　　　　　　　　(b) 符号

图 8-17　理想二极管

2）定压降模型

定压降模型与理想二极管模型的区别，仅在于它的正向压降不再认为是零，而是接近实际工作电压的某一定值。对于硅管来说，习惯上取其压降为 0.7 V。这种模型的特性和符号如图 8-18 所示。

由图可见，对于图示的实际曲线而言，这种模型在电流从 1 mA 到 10 mA 的范围内，电压的误差只有 0.1 V。如果取 $U_D = 0.75$ V，则误差可小到 0.05 V。其模型的符号是一理想二极管与一电压源相串联，故这种模型也称为理想二极管串联电压源模型。不难想象，用这一模型分析二极管电路将比理想二极管模型精确。

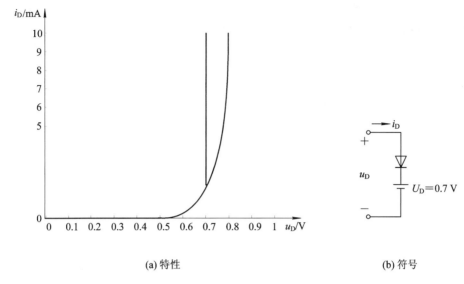

(a) 特性   (b) 符号

图 8-18　定压降模型

3）分段线性模型

分段线性模型也称为折线模型，其特性和符号分别示于图 8-19(a)、(b)。它的特性也是由两段直线组成的，在 $u_D \leqslant U_{D0}$ 时，是一段与横轴重合的直线段；在 $u_D \geqslant U_{D0}$ 时，是段斜线，其斜率为 $1/r_D$，r_D 是工作范围内电压与电流的增量比。以图中曲线为例，当 u_D 从 $U_{D0} = 0.65$ V 变至 0.85 V 时，电流由 0 增至 10 mA，所以 $r_D = (0.85 - 0.65)/10 = 0.02$ kΩ $= 20$ Ω。折线特性可由式(8-4)来描述：

$$\begin{cases} i_D = 0, & \text{当 } u_D \leqslant U_{D0} \text{ 时} & (8-4(a)) \\ i_D = \dfrac{u_D - U_{D0}}{r_D}, & \text{当 } u_D \geqslant U_{D0} \text{ 时} & (8-4(b)) \end{cases}$$

U_{D0} 和 r_D 的值如何选取，应视具体情况和对计算精度的要求而定，同时也要兼顾计算方便。

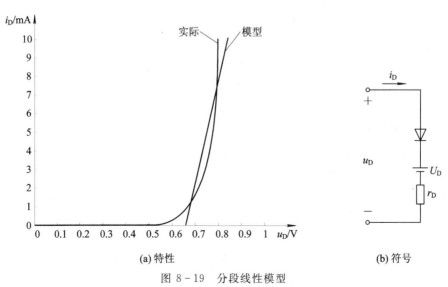

(a) 特性   (b) 符号

图 8-19　分段线性模型

例 8 - 1 试用不同模型计算图 8 - 16 所示电路的 U_D 和 I_D。设 $U_{DD} = 5$ V, $R = 1$ kΩ。

解 (1) 用图 8 - 17 所示的理想模型可算得

$$I_D = \frac{U_{DD}}{R} = \frac{5}{1} = 5 \text{ mA}$$

$$U_D = 0$$

(2) 用图 8 - 18 所示的定压降模型可得

$$I_D = \frac{U_{DD} - U_D}{R} = \frac{5 - 0.7}{1} = 4.3 \text{ mA}$$

$$U_D = 0.7 \text{ V}$$

(3) 用图 8 - 19 所示的折线模型($U_{DD} = 0.65$ V, $r_D = 20$ Ω)得

$$I_D = \frac{U_{DD} - U_D}{R + r_D} = \frac{5 - 0.65}{1 + 0.02} = 4.26 \text{ mA}$$

$$U_D = U_{DD} + I_D r_D = 0.65 + 4.26 \times 0.02 = 0.735 \text{ V}$$

4) 小信号模型

上面给出的三种模型,是兼顾了二极管在较大的电压、电流范围内尽可能接近实际情况而建立的。从图 8 - 19(a)可以看到,只有在 7 mA 附近,直线段偏离特性曲线较小,其他位置偏离较大。如果我们要考虑比如说 3 mA 附近电流、电压变化的规律,显然用这种模型是不恰当的。因此,我们说,以上三种模型适用于研究较大范围的电流、电压关系,包括确定二极管的工作点,称为大信号模型。

在实际应用中,常常会遇到这样的情况,即对一个正偏的二极管,在它的直流量上叠加了一个幅度很小的信号,我们所感兴趣的是信号的电压和电流的关系。为此,我们就要建立适于这种场合的模型即小信号模型。在建立模型之前,让我们先对所使用的电参量的符号作一规范,这一规范将贯穿本书始终。

我们用大写字母加大写下标来代表直流量,如我们前面用过的:U_{DD} 表示电源的直流电压,U_D 表示二极管的直流压降,I_D 表示二极管的直流电流等。从现在起,我们将用小写字母加小写下标来表示信号的瞬时值(它是时变量但不一定是正弦量),如 $u_s(t)$ 表示信号源电压,$u_d(t)$ 表示二极管上的信号压降,$i_d(t)$ 表示通过二极管的信号电流等。信号的瞬时值有时简单地称之为交流量或增量。信号量与直流量叠加在一起时,用小写字母加大写下标来表示,如 $u_D = U_D + u_d$, $i_D = I_D + i_d$, 称为总瞬时值。我们在前面已经开始使用它们,特别是在坐标系中,现在已逐渐把它们扩展到表达式中。以后还会用到,正弦量的有效值将用大写字母加小写下标表示。

5. 二极管的应用

二极管的应用基础就是二极管的单向导电特性。因此,在应用电路中,关键是判断二极管的导通或截止。二极管导通时一般用电压源 $U_D = 0.7$ V(硅管,如是锗管则用 0.3 V)代替,或近似用短路线代替。截止时,一般将二极管断开,即认为二极管的反向电阻为无穷大。

1) 限幅电路

当输入信号电压在一定范围内变化时,输出电压随输入电压相应变化;而当输入电压超出该范围时,输出电压保持不变,这就是限幅电路。通常将输出电压 $u_。$ 开始不变的电压

值称为限幅电平，当输入电压高于限幅电平时，输出电压保持不变的限幅称为上限幅；当输入电压低于限幅电平时，输出电压保持不变的限幅称为下限幅。

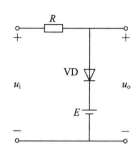

图 8-20 所示。改变 E 值就可改变限幅电平。

如果 $E=0$ V，则限幅电平为 0 V。$u_i>0$ V 时，二极管导通，$u_o=0$ V；$u_i<0$ V 时，二极管截止，$u_i=u_o$，波形如图 8-21(a)所示。

图 8-20　并联二极管上限幅电路

如果 $0<E<U_m$，则限幅电平为 $+E$。当 $u_i<E$ 时，二极管截止，$u_i=u_o$；当 $u_i>E$ 时，二极管导通，$u_i=E$，波形如图 8-21(b)所示。

如果 $-U_m<E<0$，则限幅电平为 $-E$，波形如图 8-21(c)所示。

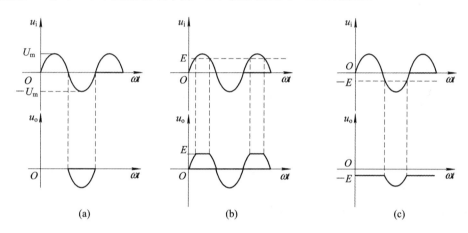

(a)　　　　　　　　　(b)　　　　　　　　　(c)

图 8-21　二极管并联上限幅电路波形关系

图 8-20 所示电路中，二极管与输出端并联，故称为并联限幅电路。由于该电路限去了 $u_i>E$ 的部分，故称为上限幅电路。如将二极管极性反过来接，如图 8-22 所示，则组成下限幅电路。

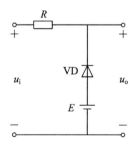

图 8-22　并联下限幅电路

二极管 VD 与输出端串联时，可组成串联限幅电路，如图 8-23 所示。

将上、下限幅电路合起来，则组成双向限幅电路，如图 8-24 所示。其原理请读者自己分析。

限幅电路可应用于波形变换、输入信号的幅度选择、极性选择和波形整形。

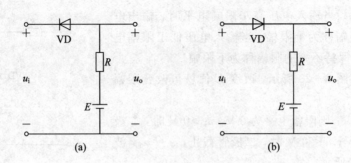

图 8 - 23　串联限幅电路

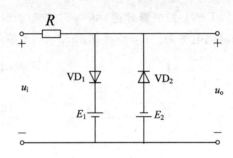

图 8 - 24　双限幅电路

2）二极管门电路

二极管组成的门电路，可实现一定的逻辑运算。如图 8 - 25 所示，该电路中只要有一路输入信号为低电平，输出即为低电平；仅当全部输入为高电平时，输出才为高电平。这在逻辑运算中称为"与"运算。

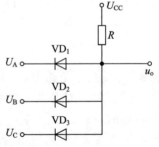

图 8 - 25　二极管"与"门电路

6. 其它二极管

1）发光二极管

发光二极管简称 LED，它是一种用于将电能转换为光能的半导体器件，其符号如图 8 - 26 所示。它由一个 PN 结组成，当加正向电压时，P 区和 N 区的多数载流子扩散至对方与少数载流子复合，复合的过程中，有一部分以光子的形式放出，使二极管发光。发出的光波可以是红外光或可见光。

发光二极管常用作显示器件，如指示灯、七段数码管和矩阵显示器等。工作时加正向电压，并接入限流电阻，工作电流一般为几毫安至几十毫安。电流愈大，发出的光愈强，但是会出现亮度衰退的老化现象，使用寿命将缩短。发光二极管导通时的管压降为 $1.8 \sim 2.2$ V。

2）光电二极管

光电二极管是将光能转换为电能的半导体器件。光电二极管的符号如图 8 - 27 所示。其结构与普通二极管相似，只是在管壳上留有一个能使光线照入的窗口。光电二极管被光照时，将产生大量的电子和空穴，从而提高了少子的浓度，在反向偏置下，产生漂流电流，从而使反向电流增加。这时外电路的电流随光照的强弱而改变，此外还与入射光的波长有关。

图 8-26　发光二极管符号　　　　　　　　　图 8-27　光电二极管符号

3）光电耦合器件

将光电二极管和发光二极管组合起来可组成二极管型的光电耦合器，如图 8-28 所示，它以光为媒介，可实现电信号的传递。在输入端加入电信号，则发光二极管的光随信号而变，它照在光电二极管上，则在输出端产生了与信号变化一致的电信号。由于发光器件和光电器件分别接在输入和输出回路中，相互隔离，因而常用于信号的传输，但需要输入输出电路间电隔离的场合。通常光电耦合器用在计算机控制系统的接口电路中。

4）变容二极管

利用 PN 结的势垒电容随外加反向电压的变化特性可制成变容二极管，其符号如图 8-29 所示。变容二极管主要用于高频电子线路，如电子调谐、频率调制等。

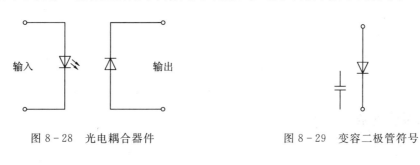

图 8-28　光电耦合器件　　　　　　　　　图 8-29　变容二极管符号

8.3　三　极　管

半导体三极管又称为晶体管、双极性三极管，是组成各种电子电路的核心器件。

8.3.1　三极管的结构及类型

若将两个 PN 结"背靠背"地（同极区相对）连接起来（用工艺的办法制成），则可组成三极管。按 PN 结的组合方式，三极管有 PNP 和 NPN 两种类型，其结构示意图和符号如图 8-30 所示。

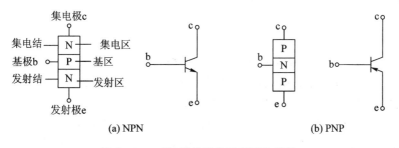

(a) NPN　　　　　　　　　　　　　(b) PNP

图 8-30　三极管的结构示意图和符号

无论是 NPN 型或 PNP 型三极管，它们均包含三个区：发射区、基区和集电区，并相应地引出三个电极：发射极(e)、基极(b)和集电极(c)。同时，在三个区的两两交界处，形成两个 PN 结，分别称为发射结和集电结。常用的半导体材料有硅和锗，因此共有四种三极管类型，它们对应的型号分别为 3A(锗 PNP)、3B(锗 NPN)、3C(硅 PNP)、3D(硅 NPN)系列。由于硅 NPN 三极管用的最广，故在无特殊说明时，下面均以硅 NPN 三极管为例来讲述。

8.3.2　三极管的三种连接方式

因为放大器一般是四端网络，而三极管只有三个电极，所以组成放大电路时，势必要有一个电极作为输入与输出的公共端。根据所选择的公共端电极的不同，三极管有共发射极、共基极和共集电极三种不同的连接方式(指对交流信号而言)，如图 8-31 所示。

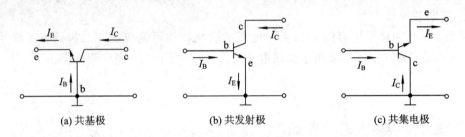

(a) 共基极　　　　　　(b) 共发射极　　　　　　(c) 共集电极

图 8-31　三极管的三种连接方式

8.3.3　三极管的放大作用

三极管尽管从结构上看，相当于两个二极管背靠背地串联在一起。但是，当我们用单独的两个二极管按上述关系串联起来时将会发现，它们并不具有放大作用。其原因是，为了使三极管实现放大，必须由三极管的内部结构和外部条件来保证。

从三极管的内部结构来看，应具有以下三点：

(1) 发射区进行重掺杂，因而多数载流子电子浓度大于基区多数载流子空穴浓度。

(2) 基区做得很薄，通常只有几微米到几十微米，而且是低掺杂。

(3) 集电极面积大，以保证尽可能收集到发射区发射的电子。

从外部条件来看，外加电源的极性应保证发射结处于正向偏置状态，集电结应处于反向偏置状态。

在满足上述条件下，我们来分析放大过程。(由于共发射极应用广泛，故下面以共发射极为例。)

1. 载流子的传输过程

我们分三个过程讨论三极管内部载流子的传输过程。

(1) 发射。由于发射结正向偏置，则发射区的电子大量地扩散注入到基区，与此同时，基区的空穴也向发射区扩散。由于发射区是重掺杂，因而注入到基区的电子浓度远大于基区向发射区扩散的空穴数。在下面的分析中，将这部分空穴的作用忽略不计。

(2) 扩散和复合。由于电子的注入，使基区靠近发射结处的电子浓度很高；集电结反向运用，使靠近集电结处的电子浓度很低(近似为 0)。因此在基区形成电子浓度差，从而电子靠扩散作用向集电区运动。电子扩散的同时，在基区将与空穴相遇产生复合。由于基区空穴浓度比较低，且基区做得很薄，因此，复合的电子是极少数，绝大多数电子均能扩散到集电结处，被集电极收集。

（3）收集。由于集电结反向运用，在结电场作用下，通过扩散到达集电结的电子将做漂移运动，到达集电区。因为集电结的面积大，所以基区扩散过来的电子基本上全部被集电区收集。

此外，因为集电结反向偏置，所以集电区中的空穴和基区中的电子（均为少数载流子）在结电场的作用下做漂移运动。

上述载流子的传输过程如图8-32所示。

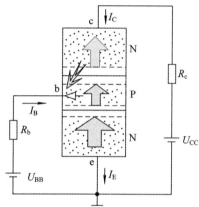
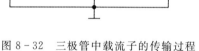
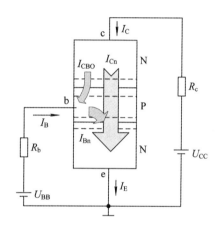

图8-32 三极管中载流子的传输过程   图8-33 三极管电流分配

2. 电流分配

载流子的运动可形成相应的电流，其电流关系如图8-33所示。

集电极电流 I_C 由两部分组成：I_{Cn} 和 I_{CBO}。前者是由发射区发射的电子被集电极收集后形成的，后者是由集电区和基的少数载流子漂移运动形成的，称为反向饱和电流。于是有

$$I_C = I_{Cn} + I_{CBO} \tag{8-5}$$

发射极电流 I_E 也由两部分组成：I_{En} 和 I_{Ep}。I_{En} 为发射区发射的电子所形成的电流，I_{Ep} 是由基区向发射区扩散的空穴所形成的电流。因为发射区是重掺杂，所以 I_{Ep} 可忽略不计，即 $I_E \approx I_{En}$。I_{En} 又分成两部分，主要部分是 I_{Cn}，极少部分是 I_{Bn}。I_{Bn} 是电子在基区与空穴复合时所形成的电流，基区空穴是由电源 U_{BB} 提供的，故它是基极电流的一部分。即

$$I_E \approx I_{En} = I_{Cn} + I_{Bn} \tag{8-6}$$

基极电流 I_B 是 I_{Bn} 与 I_{CBO} 之差：

$$I_B = I_{Bn} - I_{CBO} \tag{8-7}$$

我们希望发射区注入的电子绝大多数能够到达集电极，形成集电极电流，即要求 $I_{Cn} \gg I_{Bn}$。

通常用共基极直流放大系数衡量上述关系，用 $\bar{\alpha}$ 来表示，其定义为

$$\bar{\alpha} = \frac{I_{Cn}}{I_{En}} = \frac{I_{Cn}}{I_E} \tag{8-8}$$

一般三极管的 $\bar{\alpha}$ 值为 0.97～0.99。将(8-9)式代入(8-5)式，可得

$$I_C = I_{Cn} + I_{CBO} = \bar{\alpha} I_E + I_{CBO} \tag{8-9}$$

通常 $I_C \gg I_{CBO}$，可将 I_{CBO} 忽略，由上式可得出

$$\bar{\alpha} \approx \frac{I_C}{I_E} \tag{8-10}$$

如将基极作为输入，集电极作为输出，我们希望知道 I_C 与 I_B 的关系式，推导如下：

三极管的三个极的电流满足节点电流定律，即

$$I_E = I_C + I_B \tag{8-11}$$

将此式代入(8-9)式得

$$I_C = \bar{\alpha}(I_C + I_B) + I_{CBO}$$

经过整理后得

$$I_C = \frac{\bar{\alpha}}{1-\bar{\alpha}} I_B + \frac{1}{1-\bar{\alpha}} I_{CBO}$$

令

$$\bar{\beta} = \frac{\bar{\alpha}}{1-\bar{\alpha}} \tag{8-12}$$

$\bar{\beta}$ 称为共发射极直流电流放大系数。当 $I_C \gg I_{CBO}$ 时，$\bar{\beta}$ 又可写成

$$\bar{\beta} = \frac{I_C}{I_B} \tag{8-13}$$

则

$$I_C = \bar{\beta} I_B + (1+\bar{\beta}) I_{CBO} = \bar{\beta} I_B + I_{CEO} \tag{8-14}$$

其中 I_{CEO} 称为穿透电流，即

$$I_{CEO} = (1+\bar{\beta}) I_{CBO} \tag{8-15}$$

一般三极管的 $\bar{\beta}$ 约为几十到几百。$\bar{\beta}$ 太小，管子的放大能力就差，而 $\bar{\beta}$ 过大，则管子不够稳定。

为了对三极管的电流关系增加一些感性认识，我们将某个实际的晶体管的电流关系列成表 8-1。

表 8-1　三极管电流关系的一组典型数据

I_B/mA	-0.001	0	0.01	0.02	0.03	0.04	0.05
I_C/mA	0.001	0.01	0.56	1.14	1.74	2.33	2.91
I_E/mA	0	0.01	0.57	1.16	1.77	2.37	2.96

从表可看出，任一列三个电流之间的关系均符合公式 $I_E = I_C + I_B$，而且除一、二列外均符合以下关系：

$$I_B < I_C < I_E, \quad I_C \approx I_E$$

我们还可看出，当三极管的基极电流 I_B 有一个微小的变化时，例如由 0.02 mA 变为 0.04 mA($\Delta I_B = 0.02$ mA)，相应的集电极电流则产生了较大的变化，由 1.14 mA 变化为 2.33 mA($\Delta I_C = 1.19$ mA)，这就说明了三极管的电流放大作用。我们定义这两个变化电流之比为共发射极交流放大系数，即

$$\beta = \frac{\Delta I_C}{\Delta I_B}\bigg|_{U_{CE}=常数} \qquad (8-16)$$

相应地，将集电极电流与发射极电流的变化量之比定义为共基极交流电流放大系数，即

$$\alpha = \frac{\Delta I_C}{\Delta I_E}\bigg|_{U_{CB}=常数} \qquad (8-17)$$

故

$$\beta = \frac{\Delta I_C}{\Delta I_B} = \frac{\Delta I_C}{\Delta I_E - \Delta I_C} = \frac{\alpha}{1-\alpha} \qquad (8-18)$$

虽然 β 与 $\bar{\beta}$、α 与 $\bar{\alpha}$ 的意义是不同的，但是在多数情况下 $\beta \approx \bar{\beta}$、$\alpha \approx \bar{\alpha}$。

8.3.4　三极管的特性曲线

　　三极管外部各极电压电流的相互关系，当用图形描述时称为三极管的特性曲线。它既简单又直观，全面反映了各极电流与电压之间的关系。特性曲线与参数是选用三极管的主要依据。特性曲线通常用晶体管特性图示仪显示出来。其测试电路如图 8-34 所示。三极管的不同连接方式，有不同的特性曲线，因共发射极用得最多，为此，我们只讨论共发射极特性曲线。下面讨论 NPN 三极管的共射输入特性和输出特性。

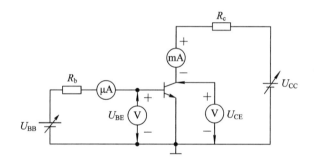

图 8-34　三极管共发射极特性曲线测试电路

1. 输入特性

　　当 U_{CE} 不变时，输入回路中的电流 I_B 与电压 U_{BE} 之间的关系曲线称为输入特性，即

$$I_B = f(U_{BE})\big|_{U_{CE}=常数}$$

输入特性如图 8-35 所示。

　　$U_{CE}=0$ V 时，从三极管的输入回路看，相当于两个 PN 结（发射结和集电结）并联。当 b、e 间加上正电压时，三极管的输入特性就是两个正向二极管的伏安特性。

　　$U_{CE} \geqslant 1$ V，b、e 间加正向电压，此时集电极的电位比基极高，集电结为反向偏置，阻挡层变宽，基区变窄，基区电子复合减少，故基极电流 I_B 下降。与 $U_{CE}=0$ V 时相比，在相同的条件下，I_B 要小得多。其结果是输入特性右移。

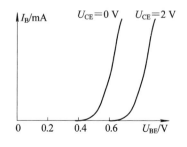

图 8-35　三极管的输入特性

　　当 U_{CE} 继续增大时，严格地讲，输入特性应该继续右移。但是，当 U_{CE} 大于某一数值以

后(如 1 V),在一定的 U_{BE} 之下,集电结的反向偏置电压已足以将注入基区的电子基本上都收集到集电极,此时 U_{CE} 再增大,I_B 变化不大。因此 $U_{CE}>1$ V 以后,不同 U_{CE} 值的各条输入特性几乎重叠在一起。所以常用 $U_{CE}>1$ V(例如 2 V)的一条输入特性曲线来代表 U_{CE} 更高的情况。

在实际的放大电路中,三极管的 U_{CE} 一半都大于零,因而 $U_{CE}>1$ V 的特性更具有实用意义。

2. 输出特性

当 I_B 不变时,输出回路中的电流 I_C 与电压 U_{CE} 之间的关系曲线称为输出特性,即

$$I_C = f(U_{CE})\,|_{I_B=常数}$$

固定一个 I_B 值,得一条输出特性曲线,改变 I_B 值后可得一簇输出特性曲线,如图 8-36 所示。在输出特性上可以划分出三个区域:截止区、放大区和饱和区。

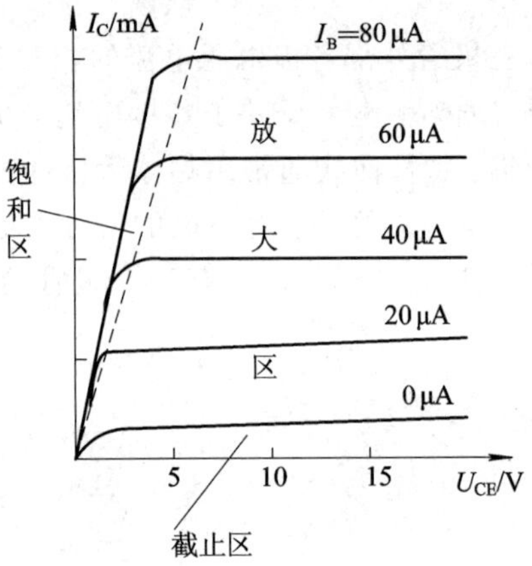

(1)截止区。一般将 $I_B\leqslant0$ 的区域称为截止区,在图中 $I_B=0$ 所示曲线的以下部分,此时 I_C 也近似为零。由于各极电流基本上都等于零,因而此时三极管没有放大作用。

其实 $I_B=0$,I_C 并不等于零,而是等于穿透电流 I_{CEO}。一般硅三极管的穿透电流小于 1 μA,在特性曲线上无法表示出来。锗三极管的穿透电流约为几十至几百微安。

当发射结反向偏置时,发射区不再向基区

图 8-36 三极管的输出特性

注入电子,则三极管处于截止状态。所以在截止区,三极管的两个结均处于反向偏置状态。对 NPN 三极管,$U_{BE}<0$,$U_{BC}<0$。

(2)放大区。此时发射结正向运用,集电结反向运用,在曲线上是比较平坦的部分,表示当 I_B 一定时,I_C 的值基本上不随 U_{CE} 而变化。在这个区域内,当基极电流发生微小的变化量 ΔI_B 时,相应的集电极电流将产生较大的变化量 ΔI_C,此时二者关系为

$$\Delta I_C = \beta\Delta I_B$$

该式体现了三极管的电流放大作用。

对于 NPN 三极管,工作在放大区时 $U_{BE}\geqslant0.7$ V,而 $U_{BC}<0$。

(3)饱和区。曲线靠近纵轴附近,各条输出特性曲线的上升部分属于饱和区。在这个区域,不同的 I_B 值的各条特性曲线几乎重叠在一起,即当 U_{CE} 较小时,管子的集电极电流 I_C 基本上不随基极电流 I_B 而变化,这种现象称为饱和。此时三极管失去了放大作用,$I_C=\bar{\beta}I_B$ 或 $\Delta I_C=\bar{\beta}\Delta I_B$ 关系不成立。

一般认为 $U_{CE}=U_{BE}$,即 $U_{CB}=0$ 时,三极管处于临界饱和状态,当 $U_{CE}<U_{BE}$ 时称为过饱和。三极管饱和时的管压降用 U_{CES} 表示。在深度饱和时,小功率管管压降通常小于 0.3 V。

三极管工作在饱和区时,发射结和集电结都处于正向偏置状态。对 NPN 三极管,$U_{BE}>0$,$U_{BC}>0$。

8.3.5 三极管的主要参数

三极管参数描述了三极管的性能，是评价三极管质量以及选择三极管的依据。

1. 电流放大系数

三极管的电流放大系数是表征管子放大作用的参数。按前面讨论，有如下几种：

(1) 共发射极交流电流放大系数 β。β 体现共射极接法之下的电流放大作用，

$$\beta = \frac{\Delta I_C}{\Delta I_B}\bigg|_{U_{CE}=常数}$$

(2) 共发射极直流电流放大系数 $\bar{\beta}$。由式(8-14)得

$$\bar{\beta} = \frac{I_C - I_{CEO}}{I_B}$$

当 $I_C \gg I_{CEO}$ 时，$\bar{\beta} \approx \dfrac{I_C}{I_B}$。

(3) 共基极交流电流放大系数 α。α 体现共基极接法下的电流放大作用，

$$\alpha = \frac{\Delta I_C}{\Delta I_E}$$

(4) 共基极直流电流放大系数 $\bar{\alpha}$。在忽略反向饱和电流 I_{CBO} 时，

$$\bar{\alpha} \approx \frac{I_C}{I_E}$$

2. 极间反向电流

(1) 集电极-基极反向饱和电流 I_{CBO}。它表示当 e 极开路时，c、b 之间的反向电流，测量电路如图 8-37(a)所示。

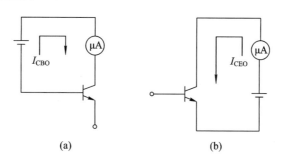

(a)   (b)

图 8-37 三极管极间反向电流的测量

(2) 集电极-发射极穿透电流 I_{CEO}。它表示当 b 极开路时，c、e 之间的电流，测量电路如图 8-37(b)所示。

实际工作中使用三极管时，要求所选用管子的 I_{CBO} 和 I_{CEO} 尽可能得小。它们越小，则表明三极管的质量越高。

3. 极限参数

三极管的极限参数是指使用时不得超过的极限值，以保证三极管安全工作或工作性能正常。

(1) 集电极最大允许电流 I_{CM}。由于三极管电流放大系数 β 与工作电流有关，其关系曲

线如图 8-38 所示。从曲线可看出，工作电流太大将使 β 下降太多，使三极管性能下降，使放大的信号产生严重失真。一般定义当 β 值下降为正常值的 $1/3 \sim 2/3$ 时的 I_C 值为 I_{CM}。

（2）集电极最大允许功率损耗 P_{CM}。当三极管工作时，管子两端的电压为 U_{CE}，集电极电流为 I_C，因此集电极损耗的功率为

$$P_C = I_C U_{CE}$$

集电极消耗的电能将转化为热能，使管子的温度升高，这将使三极管的性能恶化，甚至被损坏，因而应加以限制。将 I_C 与 U_{CE} 的乘积等于 P_{CM} 值的各点连接起来，可得一条双曲线，如图 8-39 所示。双曲线下方区域 $P_C < P_{CM}$ 为安全区；上方区域 $P_C > P_{CM}$ 为过耗区，易烧坏管子。

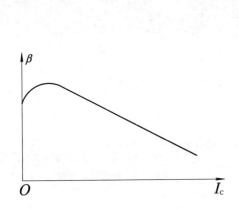

图 8-38　β 与 I_C 关系曲线　　　　　图 8-39　三极管的安全工作区

需要指出的是，P_{CM} 与工作环境温度有关，如工作环境温度高或散热条件差，则 P_{CM} 值下降。

4. 反向击穿电压

反向击穿电压表示使用三极管时外加在各电极之间的最大允许反向电压，如果超过这个限度，则管子的反向电流急剧增大，可能损坏三极管。反向击穿电压有以下几项：

BU_{CBO}——发射极开路时，集电极－基极间的反向击穿电压。

BU_{CEO}——基极开路时，集电极－发射极间的反向击穿电压。

BU_{CER}——基射极间接有电阻 R 时，集电极－发射极间的反向击穿电压。

BU_{CES}——基射极间短路时，集电极－发射极间的反向击穿电压。

BU_{EBO}——集电极开路时，发射极－基极间的反向击穿电压，此电压一般较小，仅有几伏左右。

上述电压一般存在如下关系：

$$BU_{CES} > BU_{CER} > BU_{CEO}$$

由于 BU_{CEO} 最小，因此使用时使 $U_{CE} < BU_{CEO}$ 即可安全工作。

由上可见，三极管应工作在安全工作区，而安全工作区受 I_{CM}、P_{CM}、BU_{CEO} 的限制。图 8-39 表示了三极管的安全工作区。

8.3.6　温度对三极管参数的影响

由于半导体的载流子浓度受温度影响，因而，三极管的参数也会受温度影响。这将严

重影响到三极管电路的热稳定性。通常，半导体三极管的如下参数受温度影响比较明显。

1. 温度对 U_{BE} 的影响

输入特性曲线随温度的升高将向左移，即 I_B 不变时，U_{BE} 将下降，其变化规律是温度每升高 $1℃$，U_{CE} 减小 $2 \sim 2.5 \text{ mV}$，即

$$\frac{\Delta U_{BE}}{\Delta T} = -2.5 \text{ mV/℃}$$

2. 温度对 I_{CBO} 的影响

I_{CBO} 是由少数载流子形成的，当温度上升时，少数载流子增加，故 I_{CBO} 也上升。其变化规律是，温度每升高 $10℃$，I_{CBO} 约上升 1 倍。I_{CEO} 随温度变化的规律大致与 I_{CBO} 相同。在输出特性曲线上，温度上升，曲线上移。

3. 温度对 β 的影响

β 随温度升高而增大，变化规律是：温度每升高 $1℃$，β 值增大 $0.5\% \sim 1\%$。在输出特性曲线图上，曲线间的距离随温度升高而增大。

综上所述：温度对 U_{BE}、I_{CBO}、β 的影响，均将使 I_C 随温度上升而增加，这将严重影响三极管的工作状态。

8.4 场 效 应 管

由于半导体三极管工作在放大状态时，必须保证发射结正向运用，故输入端始终存在输入电流。改变输入电流就可改变输出电流，所以三极管是电流控制器件。因而由三极管组成的放大器，其输入电阻不高。

场效应管是通过改变输入电压（即利用电场效应）来控制输出电流的，属于电压控制器件。它不吸收信号源电流，不消耗信号源功率，因此其输入电阻十分高，可高达上百兆欧。除此之外，场效应管还具有温度稳定性好、抗辐射能力强、噪声低、制造工艺简单、便于集成等优点，得到广泛应用。

场效应管分为结型场效应管（JFET）和绝缘栅场效应管（IGFET），目前最常用的是 MOS 管。

由于半导体三极管参与导电的是两种极性的载流子：电子和空穴，所以又称半导体三极管为双极性三极管。场效应管仅依靠一种极性的载流子导电，所以又称为单极性三极管。

8.4.1 结型场效应管

1. 结构

结型场效应管有两种结构形式：图 8-40(a)为 N 型沟道结型场效应管；图 8-40(b)为 P 型沟道结型场效应管。其电路符号如图 8-40(c)、(d)所示。

以 N 沟道为例。在一块 N 型硅半导体材料的两边，利用合金法、扩散法或其它工艺做成高浓度的 P$^+$ 型区，使之形成两个 PN 结，然后将两边的 P$^+$ 型区连在一起，引出一个电极，称为栅极 G。在 N 型半导体两端各引出一个电极，分别作为源极 S 和漏极 D。夹在两

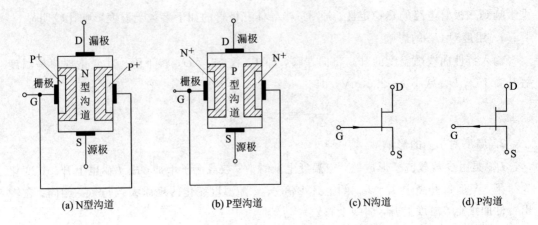

| (a) N型沟道 | (b) P型沟道 | (c) N沟道 | (d) P沟道 |

图 8-40　结型场效应管的结构示意图和符号

个 PN 结中间的 N 型区是源极和漏极之间的电流通道,称为导电沟道。由于 N 型半导体多数载流子是电子,故称此沟道为 N 型沟道。同理,P 型沟道结型场效应管中,沟道是 P 型区,称为 P 型沟道,栅极与 N^+ 型区相连。电路符号中栅极的箭头方向可理解为两个 PN 结的正向导电方向。

2. 工作原理

从结构图 8-40 可看出,我们在 D、S 间加上电压 U_{DS},则在源极和漏极之间可形成电流 I_D。通过改变栅极和源极的反向电压 U_{GS},可以改变两个 PN 结阻挡层(耗尽层)的宽度。由于栅极区是高掺杂区,所以阻挡层主要降在沟道区。故 $|U_{GS}|$ 的改变会引起沟道宽度的变化,其沟道电阻也会随之而变,从而改变了漏极电流 I_D。如 $|U_{GS}|$ 上升,则沟道变窄,电阻增加,I_D 下降,反之亦然。所以,改变 U_{GS} 的大小可以控制漏极电流。这是场效应管工作的核心部分。

1) U_{GS} 对导电沟道的影响

为便于讨论,先假设 $U_{DS}=0$。当 U_{GS} 由零向负值增大时,PN 结的阻挡层加厚,沟道变窄,电阻增大,如图 8-41(a)、(b)所示。

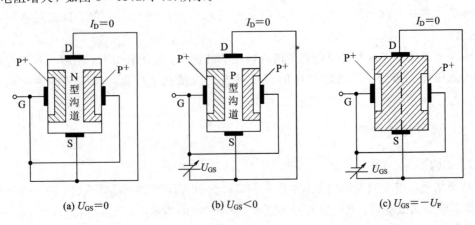

| (a) $U_{GS}=0$ | (b) $U_{GS}<0$ | (c) $U_{GS}=-U_P$ |

图 8-41　当 $U_{DS}=0$ 时 U_{GS} 对导电沟道的影响示意图

若 U_{GS} 的负值再进一步增大,当 $U_{GS}=U_P$ 时,两个 PN 结的阻挡层相遇,沟道消失,我们称之为沟道被"夹断"了，U_P 称为夹断电压，此时 $I_D = 0$，如图 8-41(c)所示。

2）I_D 与 U_{DS}、U_{GS} 之间的关系

假定栅、源电压$|U_{GS}| < |U_P|$，如 $U_{GS} = -1$ V，而 $U_P = -4$ V，当漏、源之间加上电压 $U_{DS} = 2$ V 时，沟道中将有电流 I_D 通过。此电流将沿着沟道的方向产生一个电压降，这样沟道上各点的电位就不同，因而沟道内各点与栅极之间的电位差也就不相等。漏极端与栅极之间的反向电压最高，如 $U_{DG} = U_{DS} - U_{GS} = 2 - (-1) = 3$ V，沿着沟道向下逐渐降低，使源极端为最低，如 $U_{SG} = -U_{GS} = 1$ V，两个 PN 结的阻挡层将出现楔形，使得靠近源极端的沟道较宽，而靠近漏极端的沟道较窄，如图 8-42(a)所示。此时，若增大 U_{DS}，由于沟道电阻增长较慢，所以 I_D 随之增加。当 U_{DS} 进一步增加到使栅、漏间电压 U_{GD} 等于 U_P 时，即

$$U_{GD} = U_{GS} - U_{DS} = U_P$$

则在 D 极附近，两个 PN 结的阻挡层相遇，如图 8-42(b)所示，我们称此为预夹断。如果继续升高 U_{DS}，就会使夹断区向源极端方向发展，沟道电阻增加。由于沟道电阻的增长率与 U_{DS} 的增长率基本相同，故这一期间 I_D 趋于一恒定值，不随 U_{DS} 的增大而增大，此时，漏极电流的大小仅取决于 U_{GS} 的大小。U_{GS} 越负，沟道电阻越大，I_D 便越小，直到$U_{GS} = U_P$，沟道被全部夹断，$I_D = 0$，如图 8-42(c)所示。

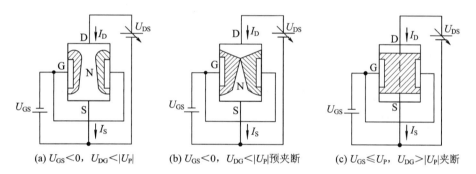

(a) $U_{GS} < 0$，$U_{DG} < |U_P|$　　(b) $U_{GS} < 0$，$U_{DG} < |U_P|$预夹断　　(c) $U_{GS} \leqslant U_P$，$U_{DG} > |U_P|$夹断

图 8-42　U_{DS} 对导电沟道和 I_D 的影响

由于结型场效应管工作时，我们总是在栅、源之间加一个反向偏置电压，使得 PN 结始终处于反向接法，故 $I_G \approx 0$。所以，场效应管的输入电阻 r_{gs} 很高。

3. 特性曲线

1）输出特性曲线

图 8-43 为 N 沟道场效应管的输出特性曲线。以 U_{GS} 为参变量时，漏极电流 I_D 与漏、源电压 U_{DS} 之间的关系称为输出特性曲线，即

$$I_D = f(U_{DS}) \mid_{U_{GS} = 常数} \tag{8-19}$$

根据工作情况，输出特性可划分为 4 个区域，即可变电阻区、恒流区、击穿区和截止区。

（1）可变电阻区。可变电阻区位于输出特性曲线的起始部分，图中用阴影线标出。此区的特点是：固定 U_{GS} 时，I_D 随 U_{DS} 增大而线性上升，相当于线性电阻；改变 U_{GS} 时，特性曲线的斜率变化，即相当于电阻的阻值不同，U_{GS} 增大，相应的电阻增大。因此，在此区域场效应管可看做一个受 U_{GS} 控制的可变电阻，即漏、源电阻 $R_{DS} = f(U_{GS})$。

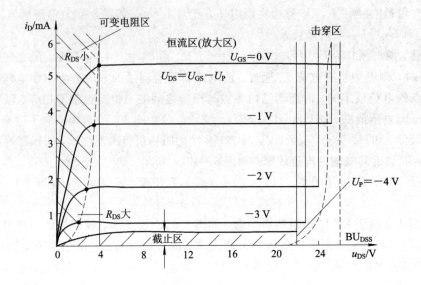

图 8 - 43 N 沟道结型场效应管的输出特性

（2）恒流区。该区的特点是：I_D 基本不随 U_{DS} 而变化，仅取决于 U_{GS} 的值，输出特性曲线趋于水平，故称为恒流区或饱和区。当组成场效应管放大电路时，为防止出现非线性失真，应使工作点设置在此区域。

（3）击穿区。击穿区位于特性曲线的最右部分，当 U_{DS} 升高到一定程度时，反向偏置的 PN 结被击穿，I_D 将突然增大。由于 U_{GS} 愈负时，达到雪崩击穿所需的 U_{DS} 电压愈小，故对应于 U_{GS} 愈负的特性曲线击穿越早。其击穿电压用 BU_{DS} 表示，当 $U_{GS}=0$ 时，其击穿电压用 BU_{DSS} 表示。

（4）截止区。当 $|U_{GS}| \geqslant |U_P|$ 时，管子的导电沟道处于完全夹断状态，$I_D = 0$，场效应管截止。

2）转移特性曲线

图 8 - 44 所示为 N 沟道结型场效应管的转移特性曲线。当漏、源之间的电压 U_{DS} 保持不变时，漏极电流 I_D 和栅、源之间的电压 U_{GS} 的关系称为转移特性，即

$$I_D = f(U_{GS})\ |_{U_{DS}=常数} \qquad (8-20)$$

它描述了栅、源之间电压 U_{GS} 对漏极电流 I_D 的控制作用。由图可见，$U_{GS}=0$ 时，$I_D=I_{DSS}$ 称为饱和漏极电流。随 $|U_{GS}|$ 增大，I_D 愈小，当 $U_{GS}=-U_P$ 时，$I_D=0$。U_P 称为夹断电压。

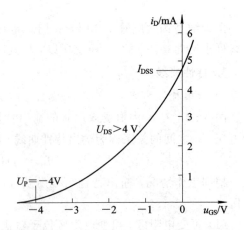

图 8 - 44 N 沟道结型场效应管的转移特性曲线

结型场效应管的转移特性在 U_{GS} 为 $0 \sim U_P$ 的范围内可用下面的近似公式表示：

$$I_D = I_{DSS}\left(1 - \frac{U_{GS}}{U_P}\right)^2 \qquad (8-21)$$

转移特性和输出特性同样是反映场效应管工作时，U_{DS}、U_{GS} 和 I_D 三者之间的关系的，

所以它们之间是可以相互转换的。如根据输出特性曲线可作出转移特性曲线，其作法如下：在输出特性曲线上，对应于 U_{DS} 等于某一固定电压作一条垂直线，将垂线与各条输出特性曲线的交点所对应的 I_D、U_{GS} 转移到 I_D—U_{GS} 坐标中，即可得转移特性曲线，如图 8-45 所示。

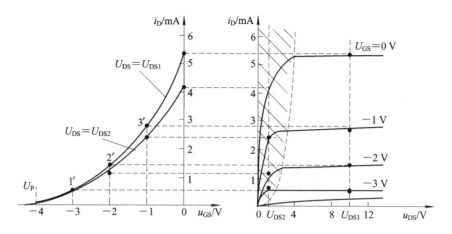

图 8-45　由输出特性画转移特性

由于在恒流区内，对于同一 U_{GS} 下不同的 U_{DS}，I_D 保持基本不变，故不同 U_{DS} 下的转移特性曲线几乎全部重合，因此可用一条转移特性曲线来表示恒流区中 U_{GS} 与 I_D 的关系。

在结型场效应管中，由于栅极与沟道之间的 PN 结被反向偏置，所以输出端电流近似为零，其输入电阻可达 $10^7 \ \Omega$ 以上。当需要更高的输入电阻时，应采用绝缘栅场效应管。

8.4.2　绝缘栅场效应管

绝缘栅场效应管通常由金属、氧化物和半导体制成，所以又称为金属-氧化物-半导体场效应管，简称 MOS 场效应管。由于这种场效应管的栅极被绝缘层（SiO_2）隔离，因此其输入电阻更高，可达 $10^9 \ \Omega$ 以上。从导电沟道来区分，绝缘栅场效应管也有 N 沟道和 P 沟道两种类型。此外，无论是 N 沟道或 P 沟道，又有增强型和耗尽型两种类型。下面以 N 沟道增强型的 MOS 场效应管为主，介绍其结构、工作原理和特性曲线。

1. N 沟道增强型 MOS 场效应管

1）结构

N 沟道增强型 MOS 场效应管的结构示意图如图 8-46 所示。把一块掺杂浓度较低的 P 型半导体作为衬底，然后在其表面上覆盖一层 SiO_2 的绝缘层，再在 SiO_2 层上刻出两个窗口，通过扩散工艺形成两个高掺杂的 N 型区（用 N^+ 表示），并在 N^+ 区和 SiO_2 的表面各自喷上一层金属铝，分别引出源极、漏极和控制栅极。衬底上也接出一根引线，通常情况下将它和源极在内部相连。

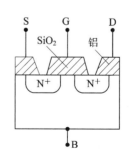

图 8-46　N 沟道增强型 MOS 场效应管的结构示意图

2）工作原理

结型场效应管是通过改变 U_{GS} 来控制 PN 结的阻挡层的宽窄，从而改变导电沟道的宽度，达到控制漏极电流 I_D 的目的。而绝缘栅场效应管则是利用 U_{GS} 来控制"感应电荷"的多少，以改变由这些"感应电荷"形成的导电沟道的状况，然后达到控制漏极电流 I_D 的目的。

对 N 沟道增强型的 MOS 场效应管，当 $U_{GS}=0$ 时，在漏极和源极的两个 N^+ 区之间是 P 型衬底，因此漏、源之间相当于两个背靠背的 PN 结。所以，无论漏、源之间加上任何极性的电压，总是不导通的，$I_D=0$。

当 $U_{GS}>0$ 时（为方便假定 $U_{DS}=0$），在 SiO_2 的绝缘层中，将产生一个垂直于半导体表面、由栅极指向 P 型衬底的电场。这个电场排斥空穴吸引电子，当 $U_{GS}>U_T$ 时，在绝缘栅下的 P 型区中形成了一层以电子为主的 N 型层。由于源极和漏极均为 N^+ 型，故此 N 型层在漏、源极间形成了电子导电的沟道，称为 N 型沟道。U_T 称为开启电压，此时在漏、源极间加 U_{DS}，则形成电流 I_D。显然，此时改变 U_{GS} 时，可改变沟道的宽窄，即改变沟道电阻大小，从而控制了漏极电流 I_D 的大小。由于这类场效应管在 $U_{GS}=0$ 时，$I_D=0$，只有在 $U_{GS}>U_T$ 后才出现沟道，形成电流，故称增强型。上述过程如图 8-47 所示。

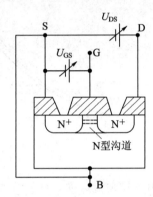

图 8-47　$U_{GS}>U_T$ 时形成的导电沟道

3）特性曲线

N 沟道增强型场效应管也用输出特性、转移特性来表示 I_D、U_{GS}、U_{DS} 之间的关系，如图 8-48 所示。

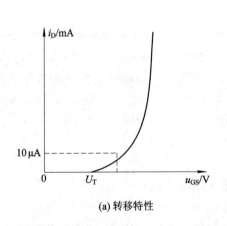

(a) 转移特性

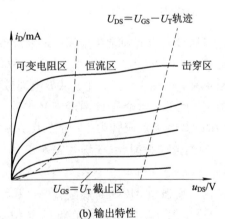

(b) 输出特性

图 8-48　N 沟道增强型 MOS 场效应管的特性曲线

由图 8-48(a)所示的转移特性曲线可见，当 $U_{GS}<U_T$ 时，由于尚未形成导电沟道，因此 I_D 基本为零。当 $U_{GS}\geqslant U_T$ 时，形成导电沟道，才能产生电流，而且 U_{GS} 增大，沟道变宽，沟道电阻变小，I_D 也增大。通常将 I_D 开始出现某一小数值（例如 10 μA）时的 U_{GS} 定义为开启电压 U_T。

MOS 场效应管的输出特性同样可以划分为四个区：可变电阻区、恒流区、击穿区和截止区，如图 8-48(b)所示。

2. N 沟道耗尽型 MOS 场效应管

N 沟道耗尽型 MOS 场效应管是在制造过程中，预先在 SiO_2 绝缘层中掺入大量的正离子，因此，当 $U_{GS}=0$ 时，这些正离子产生的电场也能在 P 型衬底中"感应"出足够的电子，形成 N 型导电沟道，如图 8-49 所示。所以当 $U_{DS}>0$ 时，将产生较大的漏极电流 I_D。

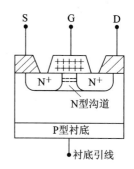

图 8-49　N 沟道耗尽型 MOS 管的结构示意图

如果使 $U_{GS}<0$，则将削弱正离子所形成的电场，使 N 沟道变窄，从而使 I_D 减小。当 I_D 更负而达到某一数值时，沟道将消失，$I_D=0$。使 $I_D=0$ 的 U_{GS} 我们也称为夹断电压，仍用 U_P 表示。N 沟道 MOS 耗尽型场效应管的特性曲线如图 8-50 所示。

N 沟道 MOS 场效应管的电路符号如图 8-51 所示。其中，图(a)表示增强型，图(b)表示耗尽型，而图(c)是 N 沟道 MOS 管的简化符号，既可表示增强型，也可表示耗尽型。

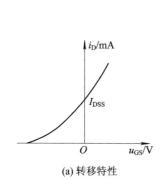

(a) 转移特性

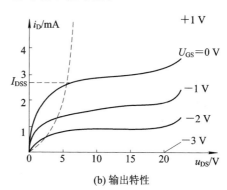

(b) 输出特性

图 8-50　N 沟道耗尽型 MOS 场效应管的特性曲线

P 沟道场效应管的工作原理与 N 沟道类似，此处不再赘述，它们的电路符号也与 N 沟道相似，图中箭头方向相反，如图 8-51(d)、(e)、(f)所示。

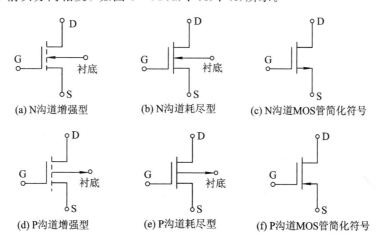

(a) N沟道增强型　　(b) N沟道耗尽型　　(c) N沟道MOS管简化符号

(d) P沟道增强型　　(e) P沟道耗尽型　　(f) P沟道MOS管简化符号

图 8-51　MOS 场效应管电路符号

8.4.3 场效应管的主要参数

场效应管的主要参数包括直流参数、交流参数、极限参数三部分。

1. 直流参数

1）饱和漏极电流 I_{DSS}

I_{DSS} 是耗尽型和结型场效应管的一个重要参数，它的定义是当栅、源之间的电压 U_{GS} 等于零，而漏、源之间的电压 U_{DS} 大于夹断电压 U_P 时对应的漏极电流。

2）夹断电压 U_P

U_P 也是耗尽型和结型场效应管的重要参数，其定义为当 U_{DS} 一定时，使 I_D 减小到某一微小电流(如 1 μA，50 μA)时所需的 U_{GS} 值。

3）开启电压 U_T

U_T 是增强型场效应管的重要参数，其定义是当 U_{DS} 一定时，漏极电流 I_D 达到某一数值(例如 10 μA)时所需加的 U_{GS} 值。

4）直流输入电阻 R_{GS}

R_{GS} 是栅、源之间所加电压与产生的栅极电流之比。由于栅极几乎不索取电流，因此输入电阻很高，结型为 10^6 Ω 以上，MOS 管可达 10^{10} Ω 以上。

2. 交流参数

1）低频跨导 g_m

此参数用于描述栅、源电压 U_{GS} 对漏极电流的控制作用。它的定义是当 U_{DS} 一定时，I_D 与 U_{GS} 的变化量之比，即

$$g_m = \frac{\partial I_D}{\partial U_{GS}}\bigg|_{U_{DS}=常数} \qquad (8-22)$$

跨导 g_m 的单位是 mA/V，它的值可由转移特性或输出特性求得。在转移特性上，工作点 Q 外切线的斜率即是 g_m，见图 8-52(a)。或由输出特性看，在工作点处作一条垂直于横坐标的直线(表示 $U_{DS}=$ 常数)，在 Q 点上下取一个较小的栅、源电压变化量 ΔU_{GS}，然后从纵坐标上找到相应的漏极电流的变化量 ΔI_D，则 $g_m = \dfrac{\Delta I_D}{\Delta U_{GS}}$，见图 8-52(b)。

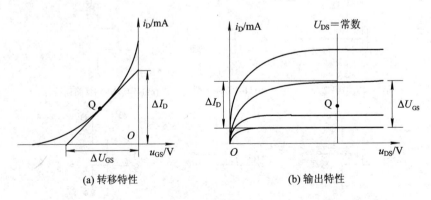

(a) 转移特性　　　　　　　(b) 输出特性

图 8-52　根据场效应管的特性曲线求 g_m

此外，对结型场效应管，可由(8-21)式求导而得

$$g_m = \frac{\partial I_D}{\partial U_{GS}} = -\frac{2I_{DSS}}{U_P}\left(1 - \frac{U_{GS}}{U_P}\right) \qquad (8-23)$$

若已知 I_{DSS}、U_P 值，只需将工作点处的 U_{GS} 值和 I_{DSS}、U_P 值代入(8-23)式，即可求得 g_m 值。

2）极间电容

场效应管三个电极之间的电容包括 C_{GS}、C_{GD}、C_{DS}。这些极间电容愈小，则管子的高频性能愈好，一般为几个皮法。

3. 极限参数

1）漏极最大允许耗散功率 P_{Dm}

P_{Dm} 与 I_D、U_{DS} 有如下关系：

$$P_{Dm} = I_D U_{DS}$$

这部分功率将转化为热能，使管子的温度升高。P_{Dm} 决定于场效应管允许的最高温升。

2）漏、源间击穿电压 BU_{DS}

BU_{DS} 是指在场效应管输出特性曲线上，当漏极电流 I_D 急剧上升产生雪崩击穿时的 U_{DS}。工作时外加在漏、源之间的电压不得超过此值。

3）栅、源间击穿电压 BU_{GS}

结型场效应管正常工作时，栅、源之间的 PN 结处于反向偏置状态，若 U_{GS} 过高，PN 结将被击穿。

对于 MOS 场效应管，由于栅极与沟道之间有一层很薄的二氧化硅绝缘层，当 U_{GS} 过高时，可能将二氧化硅绝缘层击穿，使栅极与衬底发生短路。这种击穿不同于 PN 结击穿，而和电容器击穿的情况类似，属于破坏性击穿，即栅、源间发生击穿，MOS 管立即被损坏。

8.4.4 场效应管的特点

场效应管具有放大作用，可以组成各种放大电路，它与双极性三极管相比，具有如下几个特点：

（1）场效应管是一种电压控制器件，即通过 U_{GS} 来控制 I_D。而双极性三极管是电流控制器件，通过 I_B 来控制 I_C。

（2）场效应管输入端几乎没有电流，所以其直流输入电阻和交流输入电阻都非常高。而双极性三极管的 b、e 结始终处于正向偏置，总是存在输入电流，故 b、e 极间的输入电阻较小。

（3）由于场效应管是利用多数载流子导电的，因此，与双极性三极管相比，具有噪声小、受辐射影响小、热稳定性较好等特性。

（4）由于场效应管结构对称，有时漏极和源极可以互换使用，而各项指标基本上不受影响，因此应用时比较方便、灵活。对于有的绝缘栅场效应管，制造时源极已和衬底连在一起，则漏极和源极不能互换。

（5）场效应管的制造工艺简单，有利于大规模集成。特别是 MOS 电路，每个 MOS 场效应管的硅片上所占的面积只有双极性三极管的 5%，因此集成度更高。

（6）由于 MOS 场效应管的输入电阻可高达 10^{15} Ω，因此，由外界静电感应所产生的电荷不易泄漏，而栅极上的二氧化硅绝缘层又很薄，这将在栅极上产生很高的电场强度，以致引起绝缘层击穿而损坏管子。为此，在存放时，应将各电极引线短接。焊接时，要注意将电烙铁外壳接上可靠地线，或者在焊接时将电烙铁与电源暂时脱离。

（7）场效应管的跨导较小，当组成放大电路时，在相同的负载电阻下，电压放大倍数比双极性三极管低。

8.5 可 控 硅

可控硅(Silicon Controlled Rectifier，SCR)又叫晶闸管，它是一种大功率半导体器件，具有工作过程可以控制的特点，并能以小功率信号控制大功率系统。因此，它的出现使半导体技术由弱电领域进入强电领域。可控硅还具有体积小、重量轻、容量大、效率高、动作迅速、维护方便等优点；但过载能力差，抗干扰能力弱，控制复杂。可控硅自20世纪50年代问世以来已经发展成了一个大的家族，它的主要成员有单向晶闸管、双向晶闸管、光控晶闸管、逆导晶闸管、可关断晶闸管、快速晶闸管。今天大家使用的是单向晶闸管，也就是人们常说的普通晶闸管，它是由四层半导体材料组成的，有三个 PN 结，对外有三个电极。它和二极管一样是一种单方向导电器件，关键是多了一个控制极 g，这就使它具有与二极管完全不同的工作特性。它主要用于可控整流、逆变与变频、交直流开关及调压等方面。

8.5.1 可控硅的结构和工作原理

可控硅由四层半导体 PNPN、三个 PN 结构成，具有三个电极。图 8-53 是其结构示意图及符号，P_1 和 N_2 分别引出阳极 a 和阴极 k，由 P_2 引出控制极 g。

为了说明可控硅的工作原理，可以把可控硅等效成 PNP 和 NPN 两个三极管，如图 8-54 所示。其中每个三极管的基极与另一三极管的集电极相连，阳极为 V_1 的发射极，阴极为 V_2 的发射极。若 a、k 两极间加正向电压，而 g 极无电压时，$I_{B1}=0$，V_1 不导通，只有当 a、g 极均加正向电压时，在 g 极正向电压作用下，产生控制极电流 I_G 经 V_2 放大，形成 $I_{C2}=\beta_2 I_G$，I_{C2} 又是 V_1 基极电流，经 V_1 放大为 $I_{C1}=\beta_1\beta_2 I_G$。该电流又流入 V_2 基极，再一次被放大，如此循环，形成强烈的正反馈，使两个三极管很快进入饱和状态，这就是可控硅导通过程。可控硅导通后，即使去掉 g 极与 k 极间的电压，V_1 管始终有 V_2 管的 I_{C2} 流过而维持导通。所以，g 极电压 U_G 的作用仅仅是触发晶闸管的导通。

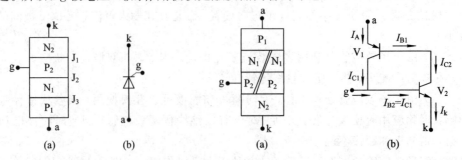

图 8-53 可控硅结构与符号　　　　　图 8-54 可控硅的工作原理

由此可知，可控硅的工作过程如下：

必须同时具备一定的正向阳极电压和正向控制极电压，而且可控硅在导通后，即使去掉控制极的控制电压,甚至加上反向电压,也不会影响导通状态及阳极电流大小,此时 g 极失去作用。只有在其阴、阳极之间加反向电压或减小阳极电流,使之不能维持正反馈过程,才能使其从导通状态恢复为阻断状态。

8.5.2 应用举例

将可控硅器件应用于整流电路,可以把交流电变为电压可调的直流电。目前,对于需要直流电源的场合,广泛采用可控整流电路。另外,它还可以作为交、直流开关电路。直流开关主要是利用它的可控单向导电性;而交流开关则是利用它在正半周承受正向电压导通、负半周承受反向电压关断来实现的。可控硅开关具有无触点、动作迅速、几乎不用维护等优点,而且它还没有通常电源开关的拉弧、噪音和机械疲劳等缺点,从而得到了广泛应用。

下面举一个简单的由可控硅组成的直流开关电路的例子,说明其应用。图 8-55 为一种能使连接在直流电源上的直流负载接通或断开的电路。开关 S 合在 A 端,使 V_1 导通,V_2 断开,电容 C 按图示极性充电。当 S 倒向 B 端时,V_2 接通,电容 C 通过 V_2 放电,使 V_1 反向偏置变成断路。

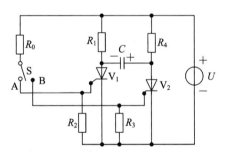

图 8-55 直流开关

本 章 小 结

(1)半导体器件是构成电子线路的基本部分,掌握好它们的工作原理和特性,是很重要的。

(2)半导体的基本知识是研究半导体器件的基础,要着重弄清载流子、载流子的扩散和漂移、PN 结的形成、耗尽层宽度与外加电压的关系等基本概念。

(3)二极管的基本特性是单向导电性,在正向偏置下电流与电压基本上是指数关系,反向偏置时只有很小的反向饱和电流,一般情况下可以忽略。但反向电流对温度特别敏感,高温下使用时不可忽视。

(4)击穿有两种机理:齐纳击穿和雪崩击穿。PN 结击穿后,电流不加限制会造成永久性破坏。如果加以控制,则可制成稳压管。稳压管只有在规定的电流范围内才可安全使用,并有良好的稳压作用。

(5)电路模型是用集中参数元件和受控源来模拟器件的电特性,是分析电路的有力工具。理想二极管大电流导通时,管压降为恒值,硅管为 0.7 V,锗管为 0.3 V。

二极管小信号模型就是 PN 结的交流电阻，$r_d \approx U_T / I_D$。

（6）三极管的发射结是一个控制结，而集电极电流则是受控电流。从本质上说，I_C 是由 U_{BE} 控制的压控电流，由于 I_B 和 I_E 都是 U_{BE} 的单值函数，所以 I_C 也可看做是 I_B 或 I_E 控制的流控电流。在基本原理部分应掌握 I_C、I_B 和 I_E 与 U_{BE} 的关系以及三个电流间的关系，掌握 α、β 的基本含义。

要知道三极管的三种连接方式及其放大作用，掌握输出特性，了解其主要参数。

场效应管是一种电压控制器件，利用改变 U_{GS} 的大小来改变导电沟道的宽窄，达到控制 I_D 的目的。导电沟道只有一种"多子"起导电作用。根据 $U_{GS} = 0$ 时有无 I_D 的差别，场效应管有增强型和耗尽型两大类型。其输出特性同样分成三个区域。

可控硅既有单向导电的整流作用，又有可以控制导电时间的开关作用，所以可用作大功率半导体可控整流元件。可控硅导通的条件是：阳极电位高于阴极电位，控制极与阴极间加适当的正向电压。导通后，控制极就失去控制作用。要使可控硅关断，必须设法使阳极电流小于维持电流。

习题与思考题

8.1　什么是本征半导体？什么是杂质半导体？各有什么特征？

8.2　N 型半导体是在本征半导体中掺入（　　）价元素，其多数载流子是（　　），少数载流子是（　　）。

8.3　在室温附近，温度升高，杂质半导体中（　　）的浓度将明显增加。

8.4　什么叫载流子的扩散运动、漂移运动？它们主要与什么有关？

8.5　PN 结是如何形成的？在热平衡下，PN 结中有无净电流流过？

8.6　PN 结中扩散电流的方向是（　　），漂移电流的方向是（　　）。

8.7　PN 结未加外部电压时，扩散电流（　　）漂移电流；加正向电压时，扩散电流（　　）漂移电流，其耗尽层（　　）；加反向电压时，扩散电流（　　）漂移电流，其耗尽层（　　）。

8.8　什么是 PN 结的击穿现象？击穿有哪两种？击穿是否意味着 PN 结坏了？为什么？

8.9　什么是 PN 结的电容效应？何谓势垒电容、扩散电容？PN 结正向运用时，主要考虑什么电容？反向运用时，主要考虑何种电容？

8.10　稳压二极管是利用二极管的（　　）特性进行稳压的。

8.11　二极管电路如图 8-56 所示，已知 $u_i = 30 \sin\omega t$（V），二极管的正向压降和反向电流均可忽略。试画出输出电压 u_o 的波形。

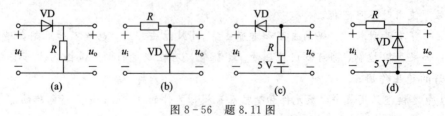

图 8-56　题 8.11 图

8.12 为了使三极管能有效地起放大作用，要求三极管的发射区掺杂浓度（　　）；基区宽度（　　）；集电结结面积比发射结结面积（　　），其理由是什么？如果将三极管的集电极和发射极对调使用（即三极管反接），能否起放大作用？

8.13 三极管工作在放大区时，发射结为（　　），集电结为（　　）；工作在饱和区时，发射结为（　　），集电结为（　　）；工作在截至区时，发射结为（　　），集电结为（　　）。

8.14 工作在放大区的三极管，当 I_B 从 20 μA 增大到 40 μA 时，I_C 从 1 mA 变成 2 mA。它的 β 约为（　　）。(50，100，200)

8.15 工作在放大状态的三极管，流过发射结的电流主要是（　　），流过集电结的电流主要是（　　）。

8.16 场效应管又称为单极性管，因为（　　）；半导体三极管又称为双极性管，因为（　　）。

8.17 半导体三极管通过基极电流控制输出电流，所以属于（　　）控制器件，其输入电阻（　　）；场效应管通过控制栅极电压控制输出电流，所以属于（　　）控制器件，其输入电阻（　　）。

8.18 简述 N 沟道结型场效应管的工作原理。

8.19 简述绝缘栅 N 沟道增强型场效应管的工作原理。

8.20 绝缘栅 N 沟道增强型与耗尽型场效应管有何不同？

8.21 根据可控硅通断条件，试分析图 8-57 所示电路。

(1) 当 S 接通时，灯泡的亮暗情况；

(2) S 接通又断开时，灯泡的亮暗情况。

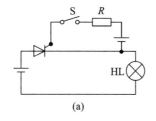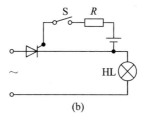

图 8-57 题 8.21 图

图(b)具有放大作用。

9.1.2　直流通路和交流通路

当输入信号为零时，电路只有直流电流；当考虑信号的放大时，我们应考虑电路的交流通路。所以在分析、计算具体放大电路前，应分清放大电路的交、直流通路。

由于放大电路中存在着电抗元件，所以直流通路和交流通路不相同。

直流通路：电容视为开路，电感视为短路。

交流通路：电容和电感作为电抗元件处理，一般电容按短路处理，电感按开路处理。直流电源因为其两端的电压固定不变，内阻视为零，故在画交流通路时也按短路处理。

放大电路的分析包含两部分内容：

直流分析：又称为静态分析，用于求解电路的直流工作参数，即基极直流电流 I_B，集电极直流电流 I_C，集电极与发射极间的直流电压 U_{CE}。

交流分析：又称为动态分析，用来求出电压放大倍数、输入电阻和输出电阻。

基本共射电路的直流通路和交流通路见图 9-3。

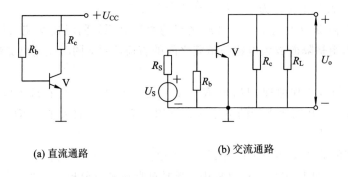

(a) 直流通路　　　　　　　　　(b) 交流通路

图 9-3　基本共射电路的直流通路和交流通路

9.2　放大电路的静态分析

9.2.1　用估算法确定静态工作点 Q

什么是放大电路的静态工作点？所谓静态工作点，就是直流工作点，简称 Q 点。我们在进行静态分析时，主要是求基极直流电流 I_B、集电极直流电流 I_C、集电极与发射极间的直流电压 U_{CE}。

根据放大电路的直流通路，可以估算出该放大电路的静态工作点。

求静态工作点就是求 I_B、I_C、U_{CE}。

(1) 求 I_B。

由于三极管导通时，U_{BE} 变化很小，可视为常数。一般地：

硅管　$U_{BE}=0.6\sim0.8\ \text{V}$，取 $0.7\ \text{V}$

锗管　$U_{BE}=0.1\sim0.3$，取 $0.2\ \text{V}$

当 U_{CC}、R_b 已知时，可求出 I_B：

$$I_B = \frac{U_{CC} - U_{BE}}{R_b}$$

（2）求 I_C。

$$I_C = \beta I_{BQ}$$

（3）求 U_{CE}。

$$U_{CEQ} = U_{CC} - I_C R_C$$

9.2.2　用图解法估算静态工作点 Q

三极管的电流、电压关系可用其输入特性曲线和输出特性曲线表示。我们可以在特性曲线上直接用作图的方法来确定静态工作点。

图解法是根据晶体管的输入和输出特性曲线以及电路参数，在特性曲线上确定静态工作点 Q 的位置，并根据输入信号的波形，画出晶体管各点的电流电压波形，以及输出信号的波形。

用图解法对放大电路的静态分析可分为两步（具体图示见图 9-4），先根据输入回路 I_B 与 U_{BE} 的关系式在输入特性曲线上确定输入回路的静态工作点 Q，随后根据输出回路 I_C 与 U_{CE} 的关系式确定输出回路的静态工作点，求出 I_{CQ} 和 U_{CEQ}。其中需要分别在输入特性图和输出特性图上作出直流负载线。

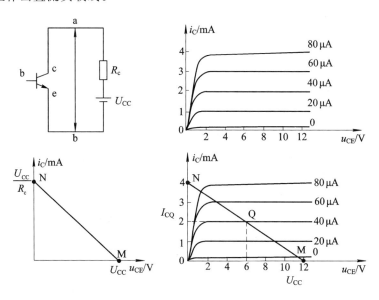

图 9-4　图解法估算静态工作点

1. 图解法求 Q 点的步骤

（1）在输出特性曲线所在坐标中，按直流负载线方程 $u_{CE} = U_{CC} - i_C R_C$，作出直流负载线。

（2）由基极回路求出 I_{BQ}。

（3）找出 $i_B = I_{BQ}$ 这一条输出特性曲线与直流负载线的交点，即为 Q 点。读出 Q 点的电流、电压即为所求。

（2）电流放大倍数 A_i。

电流放大倍数定义为输出电流与输出电流幅值或有效值之比：

$$A_i = \frac{I_o}{I_i}$$

（3）功率放大倍数 A_p。

功率放大倍数定义为输出功率与输入功率之比：

$$A_p = \frac{P_o}{P_i} = \left| \frac{U_o I_o}{U_i I_i} \right| = |A_u A_i|$$

（4）输入电阻 r_i。

放大电路由信号源提供输入信号，当放大电路与信号源相连时，就要从信号源索取电流。索取电流的大小表明了放大电路对信号源的影响程度。所以定义输入电阻来衡量放大电路对信号源的影响。当信号频率不高时，电抗效应不考虑，则有

$$r_i = \frac{U_i}{I_i}$$

对多级放大电路，本级的输入电阻又构成前级的负载，表明了本级对前级的影响。对输入电阻的要求视具体情况而不同。进行电压放大时，希望输入电阻要高；进行电流放大时，又希望输入电阻要低；有的时候又要求阻抗匹配，希望输入电阻为某一特殊的数值。

（5）输出电阻 r_o。

输出电阻是从输出端看进去的放大电路的等效电阻。

由微变等效电路求输出电阻的方法，一般是将输入信号源 U_s 短路（电流源开路），注意应保留信号源内阻。然后在输出端外接电源 U_2，并计算出该电压源供给的电流 I_2，则输出电阻由下式算出：

$$r_o = \frac{U_2}{I_2}$$

输出电阻高低表明了放大器所能带动负载的能力。r_o 越小，表明带负载能力越强。

2. 共发射极放大电路

根据共发射极放大电路(图 9 - 7(a))画出交流通路(图 9 - 7(b))的微变等效电路(图 9 - 7(c))时，把 C_1、C_2 和直流电源 U_{CC} 视为短路，三极管用微变等效电路代替。

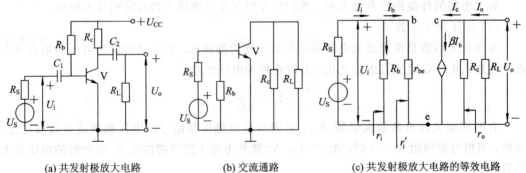

(a) 共发射极放大电路   (b) 交流通路   (c) 共发射极放大电路的等效电路

图 9 - 7 共射放大电路、交流通路及微变等效电路

（1）电压放大倍数。

$$A_u = \frac{U_o}{U_i}$$

$$U_o = -\beta I_b R_L'$$

式中 $R_L' = R_c /\!/ R_L$。由输入回路得

$$U_i = I_b r_{be}$$

$$A_u = -\frac{\beta R_L'}{r_{be}}$$

（2）电流放大倍数 A_i。

$$A_i = \frac{I_o}{I_i} \approx \frac{I_c}{I_b} = \frac{\beta I_b}{I_b} = \beta$$

（3）输入电阻 r_i。

$$r_i = R_b /\!/ r_i'$$

$$r_i' = \frac{U_i'}{I_b} = \frac{U_i}{I_b} = \frac{I_b r_{be}}{I_b} = r_{be}$$

当 $R_b \gg r_{be}$ 时，$r_i = R_b /\!/ r_{be} \approx r_{be}$。

（4）输出电阻。

由于当 $U_i = 0$ 时，$I_b = 0$，从而受控源 $\beta I_b = 0$，因此可直接得出

$$r_o = R_c$$

注意：因 r_o 常用来考虑带负载 R_L 的能力，所以求 r_o 时不应含 R_L，应将其断开。

（5）源电压放大倍数。

$$A_{uS} = \frac{U_o}{U_S} = \frac{U_i \cdot U_o}{U_S \cdot U_i} = \frac{U_i}{U_S} A_u$$

$$\frac{U_i}{U_S} = \frac{r_i}{R_S + r_i}$$

$$A_{uS} = \frac{r_i}{R_S + r_i} A_u$$

3. 共集电极放大电路

共集电极放大电路如图 9-8(a)所示，信号从基极输入，射极输出，故又称为射极输出器，等效电路如图 9-8(b)所示。

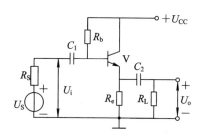

(a) 共集电极放大电路

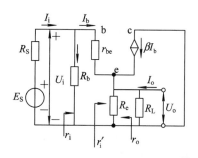

(b) 共集电极放大电路的等效电路

图 9-8　共集电极放大电路及微变等效电路

(1) 电压放大倍数。

$$A_u = \frac{U_o}{U_i}$$

$$U_o = (1+\beta)I_b R_e'$$

式中 $R_e' = R_e /\!/ R_L$。

$$U_i = I_b r_{be} + (1+\beta)R_e' \cdot I_b$$

$$A_u = \frac{U_o}{U_i} = \frac{(1+\beta)R_e'}{r_{be} + (1+\beta)R_e'}$$

通常 $(1+\beta)R_e' \gg r_{be}$，所以 $A_u < 1$ 且 $A_u \approx 1$，即共集电极放大电路的电压放大倍数小于1而接近于1，且输入电压与输出电压同相位，故又称为射极跟随器。

(2) 电流放大倍数 A_i。

$$A_i = \frac{I_o}{I_i} = \frac{-I_e}{I_b} = \frac{-(1+\beta)I_b}{I_b} = -(1+\beta)$$

(3) 输入电阻 r_i。

$$r_i = R_b /\!/ r_i'$$

$$r_i' = \frac{U_i}{I_b} = r_{be} + (1+\beta)R_e'$$

$$r_i = R_b /\!/ [r_{be} + (1+\beta)R_e']$$

共集电极放大电路输入电阻高，这是共集电极电路的特点之一。

(4) 输出电阻 r_o。

按输出电阻的计算办法，信号源 U_S 短路，在输出端加入 U_2，求出电流 I_2，则有

$$r_o = \frac{U_2}{I_2}$$

其等效电路如图 9-9 所示，可得

$$I_2 = I' + I'' + I'''$$

$$I' = \frac{U_2}{R_e}$$

$$I'' = \frac{U_2}{R_S' + r_{be}} = -I_b$$

式中 $R_S' = R_S /\!/ R_b$。

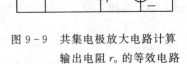

$$I''' = -\beta I_b = \frac{\beta U_2}{R_S' + r_{be}}$$

$$I_2 = \frac{U_2}{R_e} + \frac{(1+\beta)U_2}{R_S' + r_{be}}$$

$$r_o = \frac{U_2}{I_2} = R_e /\!/ \frac{R_S' + r_{be}}{1+\beta}$$

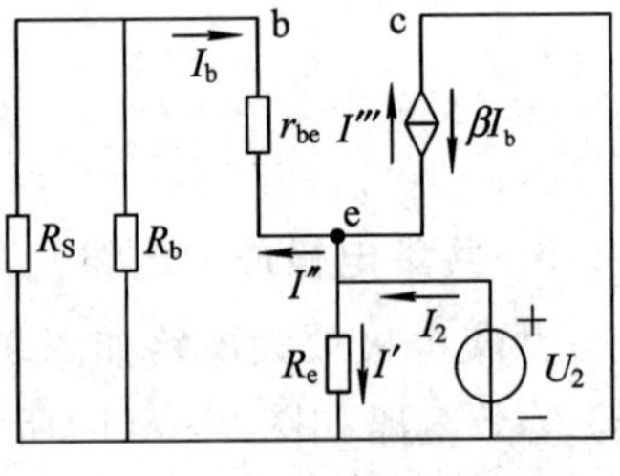

图 9-9　共集电极放大电路计算
输出电阻 r_o 的等效电路

r_o 是一个很小的值。输出电阻小，这是共集电极电路的又一特点。

4. 共基极放大电路

共基极放大电路是从发射极输入信号，从集电极输出信号，电路和等效电路分别如图 9-10(a)、(b)所示。

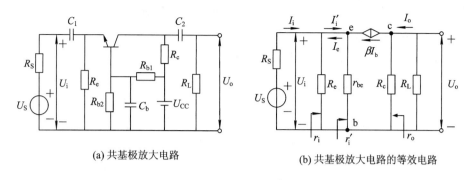

(a) 共基极放大电路　　　　　　　(b) 共基极放大电路的等效电路

图 9-10　共基极放大电路及微变等效电路

（1）电压放大倍数 A_u。

$$A_u = \frac{U_o}{U_i}$$

定义：

$$U_o = -\beta I_b R_L', \quad R_L' = R_c \mathbin{/\mkern-5mu/} R_L, \quad U_i = -I_b \cdot r_{be}$$

$$A_u = \frac{U_o}{U_i} = \frac{-\beta I_b R_L'}{-I_b r_{be}} = \frac{\beta R_L'}{r_{be}}$$

该式与共发射极相同，但输出与输入同相。

（2）输入电阻 r_i。

$$r_i = R_e \mathbin{/\mkern-5mu/} r_i'$$

$$r_i' = \frac{U_i}{I_i'}$$

$$U_i = -I_b \cdot r_{be}$$

$$I_i' = -I_e = -(1+\beta) I_b$$

$$r_i' = \frac{U_i}{I_i'} = \frac{r_{be}}{1+\beta}$$

$$r_i = R_e \mathbin{/\mkern-5mu/} r_i' = R_e \mathbin{/\mkern-5mu/} \frac{r_{be}}{1+\beta} \approx \frac{r_{be}}{1+\beta}$$

与共射极放大电路相比，其输入电阻减小

（3）输出电阻 r_o。

当 $U_S = 0$ 时，$I_b = 0$，$\beta I_b = 0$，故 $r_o = R_c$。

9.4　稳定静态工作点的偏置电路

半导体器件对温度十分敏感，温度的变化会使静态工作点产生变化，如静态工作点选择过高会产生饱和失真等。稳定静态工作点的偏置电路可以让电路具有合适工作的静态工作点。

9.4.1　放大电路的非线性失真

作为对放大电路的要求，应使输出电压尽可能的大，但它受到三极管非线性的限制，当信号过大或工作点选择不合适时，输出电压波形将产生失真。

1. 截止失真和饱和失真

由于工作点位置不合适引起的失真有截止失真和饱和失真（见图 9-11）。

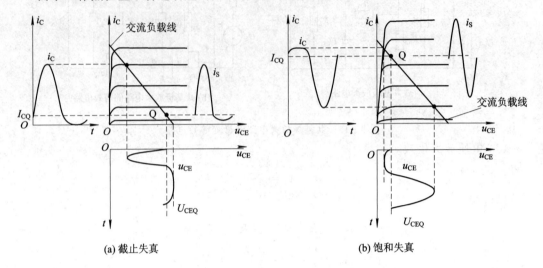

(a) 截止失真　　　　　　　　　　(b) 饱和失真

图 9-11　截止失真和饱和失真

（1）截止失真。

当工作点设置过低（I_B 过小），在输入信号的负半周，三极管的工作状态进入截止区，因而引起 i_B、i_C、u_{CE} 的波形失真，称为截止失真。

对于 NPN 型共射极放大电路，截止失真时，输出电压 u_{CE} 的波形出现顶部失真。对于 PNP 型共射极放大电路，截止失真时，输出电压 u_{CE} 的波形出现底部失真。

（2）饱和失真。

当工作点设置过高（I_B 过大），在输入信号的正半周，三极管的工作状态进入饱和区，因而引起 i_C、u_{CE} 的波形失真，称为饱和失真。

对于 NPN 型共射极放大电路，饱和失真时，输出电压 u_{CE} 的波形出现底部失真。对于 PNP 型共射极放大电路，饱和失真时，输出电压 u_{CE} 的波形出现顶部失真。

2. 最大不失真输出电压幅值 $U_{\max}$（或最大峰—峰 U_{p-p}）

由于存在截止失真和饱和失真，故放大电路存在最大不失真输出电压幅值 $U_{\max}$（或最大峰—峰 U_{p-p}），见图 9-12。

最大不失真输出电压是指：当直流工作状态已定的前提下，逐渐增大输入信号，三极管尚未进入截止或饱和时，输出所能获得的最大不失真电压。

如 u_i 增大首先进入饱和区，最大不失真输出电压受饱和区限制，则

$$U_{cem} = U_{CEQ} - U_{ces}$$

如 u_i 增大首先进入截止区，最大不失真输出电压受截止区限制，则

$$U_{cem} = I_{CQ} \cdot R_L'$$

最大不失真输出电压值，选取其中小的一个。

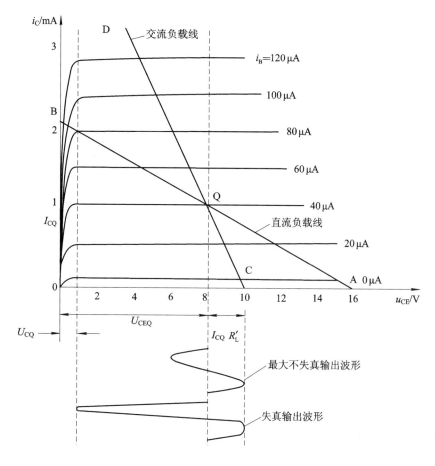

图 9 - 12 最大不失真输出电压

9.4.2 稳定静态工作点的偏置电路

1. 电流反馈式偏置电路的工作原理

工作点的变化集中在集电极电流 I_C 的变化。因此，工作点稳定的具体表现就是 I_C 的稳定。为了克服 I_C 的漂移，可将集电极电流或电压变化量的一部分反过来馈送到输入回路，影响基极电流 I_B 的大小，以补偿 I_C 的变化，这就是反馈法稳定工作点。反馈法中常用的电路有电流反馈式偏置电路、电压反馈式偏置电路和混合反馈式偏置电路三种，其中最常用的是电流反馈式偏置电路，如图 9 - 13 所示。

原理：

温度 $\uparrow \rightarrow I_C \uparrow \rightarrow U_E \uparrow \rightarrow U_{BE} \downarrow \rightarrow I_B \downarrow \rightarrow I_C \downarrow$

电路上要满足的条件如下：

（1）要保持基极电位 U_B 恒定，使它与 I_B 无关，即

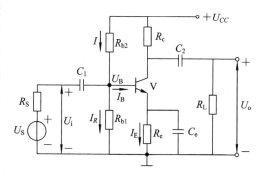

图 9 - 13 电流反馈式偏置电路

$$r_{be} = 200 + (1+\beta)\frac{26}{I_E}$$

$$= 200 + 51 \times \frac{26}{0.8}\ \Omega$$

$$= 1.86\ k\Omega$$

$$r_i = R_B \ // \ [r_{be} + (1+\beta)R_E]$$

$$\approx 8.03\ k\Omega$$

$$r_o = R_C \approx 6\ k\Omega$$

$$A_u = -\frac{\beta R_L'}{r_{be} + (1+\beta)R_E} = -8.69$$

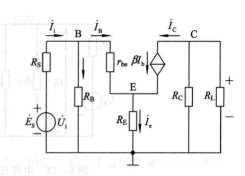

图 9 - 17 例 9 - 3 图的微变等效电路

例 9 - 4 在图 9 - 18 所示放大电路中，已知 $U_{CC} = 12$ V，$R_E = 2$ kΩ，$R_B = 200$ kΩ，$R_L = 2$ kΩ，晶体管 $\beta = 60$，$U_{BE} = 0.6$ V，信号源内阻 $R_S = 100$ Ω。试求：

(1) 静态工作点 I_B、I_E 及 U_{CE}；

(2) 画出微变等效电路；

(3) A_u、r_i 和 r_o。

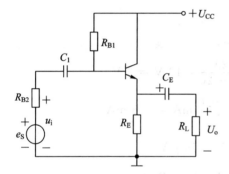

图 9 - 18 例 9 - 4 题图

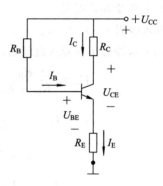

图 9 - 19 例 9 - 4 题图的直流通路

解 由直流通路求静态工作点（直流通路见图 9 - 19）：

$$I_B = \frac{U_{CC} - U_{BE}}{R_B + (1+\beta)R_E} = \frac{12 - 0.6}{200 + (1+60)\times 2}\ mA = 0.035\ mA$$

$$I_E = (1+\beta)I_B = (1+60) \times 0.035\ mA = 2.14\ mA$$

$$U_{CE} = U_{CC} - I_E R_E = 12 - 2 \times 2.14\ V = 7.72\ V$$

由微变等效电路求交流参数（微变等效电路见图 9 - 20）：

$$r_{be} \approx 200 + (1+\beta)\frac{26}{I_E} = 200 + 61 \times \frac{26}{1.24}\ \Omega$$

$$= 0.94\ k\Omega$$

$$A_u = -\frac{(1+\beta)R_L'}{r_{be} + (1+\beta)R_L'} = 0.98$$

$$r_i = R_B \ // \ [r_{be} + (1+\beta)R_L'] = 41.7\ k\Omega$$

$$r_o \approx \frac{r_{be} + R_S'}{\beta} = \frac{0.94 + 100}{60}\ \Omega = 17.3\ \Omega$$

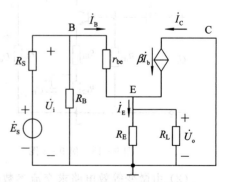

图 9 - 20 例 9 - 4 题图的微变等效电路

9.5　多级放大电路

9.5.1　多级放大电路与级间耦合方式

在实际应用中，由于单一级放大电路的放大倍数不够大，或性能指标达不到要求等原因，实际放大电路一般多是由几级基本电路及它们的改进型组合而成的多级放大电路。多级放大电路级与级之间的连接(或称级间耦合)一般有四种方式，分别为直接耦合、阻容耦合、变压器耦合和光电耦合。变压器耦合由于变压器体积大、费用高、低频特性差，故现较少采用。光电耦合是用发光器件将电信号转变为光信号，再通过光敏器件把光信号变为电信号来实现级间耦合的。这里介绍直接耦合和阻容耦合放大电路。

1. 多级放大电路的一般结构框图

多级放大电路的一般结构框图如图 9-21 所示。

图 9-21　多级放大电路的结构框图

多级放大电路对输入级的要求与信号源的性质有关。例如，当输入信号源为高阻电压源时，要求输入级也必须有高的输入电阻(例如共集电极放大电路)，以减少信号在内阻上的损失。如果输入信号为电流源，为了充分利用信号电流，则要求输入级有较低的输入电阻(例如共基极放大电路)。

中间级的主要任务是进行电压放大。多级放大电路的放大倍数主要取决于中间级，它本身就可能由若干级放大电路组成。

输出级的作用是推动负载工作，当负载仅需较大的电压时，要求输出具有大的电压动态范围。更多场合下输出级推动扬声器、电机等执行部件，需要输出足够大的功率，常称为功率放大电路。

2. 多级放大电路级间耦合方式

通常把多级放大电路中级与级、级与信号源、级与负载的连接方法称为级间耦合方式。耦合必须满足下列要求：保证各级管子有合适的工作点，避免信号失真；把前级信号尽可能多地传送到后级，减小信号损失。

常见的级间耦合方式有阻容耦合、电隔离耦合和直接耦合(见图 9-22)。

1) 阻容耦合

阻容耦合放大电路中，耦合电容起了"隔直通交"的作用。因此，各级的工作点彼此独立，互不影响；只要耦合电容的容量比较大，前级信号就能在一定的频率范围内几乎无衰减地(即不在电容上产生压降)传送到下一级。应当指出，如果信号的频率太低，则因电容的容抗很大，使传送到后级的信号变得很小，导致整个放大电路的输出信号也变小了。因此，阻容耦合放大电路不适于放大变化缓慢的信号和直流信号。

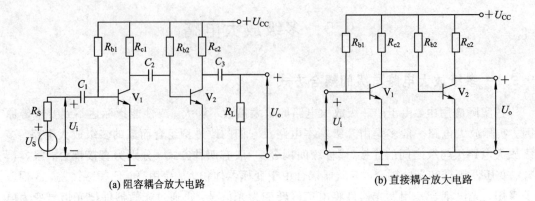

(a) 阻容耦合放大电路   (b) 直接耦合放大电路

图 9 - 22   多级放大电路的级间耦合方式

阻容耦合电路的主要特点有：

(1) 各级的工作点彼此独立，故整个电路的温漂不大(温漂概念见后面章节)。

(2) 由于耦合电容不能传送缓慢变化信号和直流信号，因此这种电路只能放大频率不太低的交流信号，而不能放大缓慢变化的信号和直流信号，故有时称为交流放大器。

(3) 由于在集成电路中制造较大容量的电容很困难，因此集成电路中不采用阻容耦合方式，它常用于分立元件电路。

2) 直接耦合

前级的输出端和后级的输入端直接连接的方式，称为直接耦合。直接耦合放大电路不需要耦合电容，一般也不采用旁路电容，它具有良好的频率特性，可以放大缓慢变化甚至零频的直流信号，因此又称为直流放大器。显然，直流信号的放大只能采用直接耦合放大电路，但直接耦合放大电路也能放大交流信号，而阻容耦合放大电路只能用于交流放大。

9.5.2 多级放大电路的指标计算

1. 电压放大倍数

多级放大电路如图 9 - 23 所示，其电压放大倍数为

$$A_u = \frac{U_o}{U_i}$$

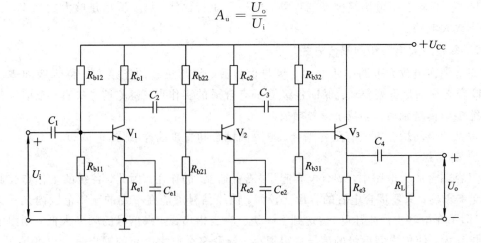

图 9 - 23   多级放大电路指标计算

$$A_u = \frac{U_{o1}}{U_i} \cdot \frac{U_{o2}}{U_{i2}} \cdot \frac{U_o}{U_{i3}} = A_{u1} \cdot A_{u2} \cdot A_{u3}$$

以此类推，所以

$$A_u = A_{u1} \cdot A_{u2} \cdot A_{u3} \cdots A_{un}$$

说明多级放大电路的电压放大倍数，等于各级电压放大倍数的乘积。

2. 输入输出电阻

一般说来，多级放大电路的输入电阻就是输入级的输入电阻，而输出电阻就是输出级的电阻。由于多级放大电路的放大倍数为各级放大倍数的乘积，所以，在设计多级放大电路的输入和输出级时，主要考虑输入电阻和输出电阻的要求，而放大倍数的要求由中间级完成。

具体计算输入电阻和输出电阻时，可直接利用已有的公式。但要注意，有的电路形式要考虑后级对输入电阻的影响和前一级对输出电阻的影响。

例 9 - 5 如图 9 - 24 所示三级放大电路。已知：$U_{CC}=15$ V，$R_{b1}=150$ kΩ，$R_{b22}=100$ kΩ，$R_{b21}=15$ kΩ，$R_{b32}=100$ kΩ，$R_{b31}=22$ kΩ，$R_{e1}=20$ kΩ，$R'_{e2}=100$ Ω，$R_{e2}=750$ Ω，$R_{e3}=1$ kΩ，$R_{c2}=5$ kΩ，$R_{c3}=3$ kΩ，$R_L=1$ kΩ，三级管的电流放大倍数均为 $\beta=50$。试求电路的静态工作点、电压放大倍数、输入电阻和输出电阻。

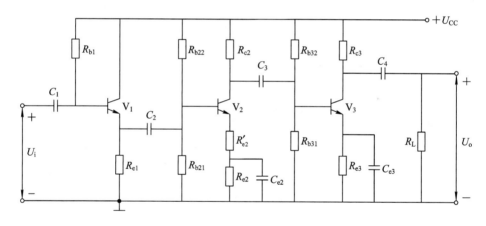

图 9 - 24 例 9 - 5 题图

解 第一级是射极输出器，第二、三级都是具有电流反馈的工作点稳定电路，均是阻容耦合，所以各级静态工作点均可单独计算。注意，第二级多出了 R'_{e2}，引入了交流负反馈，会降低第二级的电压放大倍数，但会减小失真。

（1）求静态工作点。

第一级：

$$I_{BQ} = \frac{U_{CC} - U_{BE}}{R_{b1} + (1+\beta)R_{e1}} = \frac{14.3}{150 + 51 \times 20} \approx 0.012 \text{ mA}$$

$$I_{CQ} = \beta I_{BQ} = 50 \times 0.012 = 0.61 \text{ mA}$$

$$U_{CEQ} \approx U_{CC} - I_{CQ}R_{e1} = 15 - 0.61 \times 20 = 2.8 \text{ V}$$

第二级：

$$U_{B2} = \frac{R_{b21}}{R_{b21} + R_{b22}}U_{CC} = \frac{15}{100 + 15} \times 15 \approx 1.96 \text{ V}$$

$$U_{E2} = U_{B2} - U_{BE} = 1.96 - 0.7 = 1.26 \text{ V}$$

$$I_{EQ2} = \frac{U_{E2}}{R_{e2} + R'_{e2}} = \frac{1.26}{0.85} \approx 1.48 \text{ mA} \approx I_{CQ2}$$

$$U_{CEQ2} \approx U_{CC} - I_{CQ2}(R_{c2} + R'_{e2} + R_{e2}) = 6.3 \text{ V}$$

第三级：

$$U_{B3} = \frac{R_{b31}}{R_{b31} + R_{b32}} U_{CC} = \frac{22}{100 + 22} \times 15 = 2.7 \text{ V}$$

$$U_{E3} = U_{B3} - U_{BE} = 2.7 - 0.7 = 2 \text{ V}$$

$$I_{EQ3} = \frac{U_{E3}}{R_{e3}} = \frac{2}{1} = 2 \text{ mA} \approx I_{CQ3}$$

$$U_{CEQ3} \approx U_{CC} - I_{CQ3}(R_{c3} + R_{e3}) = 7 \text{ V}$$

（2）求电压放大倍数。

$$A_u = A_{u1} \cdot A_{u2} \cdot A_{u3}$$

第一级：

$$A_{u1} = \frac{(1+\beta)R'_{e1}}{r_{be1} + (1+\beta)R'_{e1}} \approx 1$$

第二级：

$$A_{u2} = \frac{-\beta R'_{c2}}{r_{be2} + (1+\beta)R'_{e2}}$$

式中：$R'_{c2} = R_{c2} /\!/ r_{i3} = 5 /\!/ 0.96 \approx 0.8 \text{ k}\Omega$。

$$r_{i3} = R_{b31} /\!/ R_{b32} /\!/ r_{be3} = 100 /\!/ 22 /\!/ 0.96 \approx 0.96$$

$$r_{be3} = r_{bb'} + (1+\beta)\frac{26}{I_{EQ3}} = 300 + 51 \times \frac{26}{2} = 0.96 \text{ k}\Omega$$

$$r_{be2} = r_{bb'} + (1+\beta)\frac{26}{I_{EQ2}} = 300 + 51 \times \frac{26}{1.48} \approx 1.2 \text{ k}\Omega$$

$$A_{u2} = \frac{-\beta R_{c2}}{r_{be2} + (1+\beta)R'_{e2}} = \frac{-50 \times 0.8}{1.2 + 51 \times 0.1} = -5.13$$

第三级：

$$A_{u3} = -\frac{\beta R'_{c3}}{r_{be3}}$$

式中：$R'_{c3} = R_{c3} /\!/ R_L = 3 /\!/ 1 = 0.75 \text{ k}\Omega$

$$A_{u3} = -\frac{\beta R'_{c3}}{r_{be3}} = -\frac{50 \times 0.75}{0.96} = -39.06$$

故

$$A_u = A_{u1} \cdot A_{u2} \cdot A_{u3} = 1 \times 5.13 \times 39.06 \approx 200$$

（3）输入电阻。

输入电阻即为第一级的输入电阻：

$$r_i = r_{i1} = R_{b1} /\!/ r'_{i1} = 150 /\!/ 178 \approx 81 \text{ k}\Omega$$

式中：

$$r'_{i1} = r_{be1} + (1+\beta)R'_{e1} = 178 \text{ k}\Omega$$

$$R'_{e1} = R_{e1} /\!/ r_{i2} = 20 /\!/ 4.17 = 3.45 \text{ k}\Omega$$

$$r_{i2} = R_{b21} \mathbin{/\mkern-5mu/} R_{b22} \mathbin{/\mkern-5mu/} \left[r_{be2} + (1+\beta)R'_{e2} \right] = 100 \mathbin{/\mkern-5mu/} 15 \mathbin{/\mkern-5mu/} 6.3 \approx 4.17 \text{ k}\Omega$$

$$r_{be1} = r_{bb'} + (1+\beta)\frac{26}{I_{EQ1}} = 300 + 51 \times \frac{26}{0.61} \approx 2.48 \text{ k}\Omega$$

（4）输出电阻。

输出电阻即为第三级的输出电阻：

$$r_o = r_{o3} = R_{c3} = 3 \text{ k}\Omega$$

本 章 小 结

　　放大电路的功能是利用三极管的电流控制作用，或场效应管电压控制作用，把微弱的电信号（简称信号，指变化的电压、电流、功率）不失真地放大到所需的数值，实现将直流电源的能量部分地转化为按输入信号规律变化且有较大能量的输出信号。放大电路的实质是一种用较小的能量去控制较大能量转换的能量转换装置。

　　放大电路组成的原则是必须有直流电源，而且电源的设置应保证三极管或场效应管工作在线性放大状态；元件的安排要保证信号的传输，即保证信号能够从放大电路的输入端输入，经过放大电路放大后从输出端输出；元件参数的选择要保证信号能不失真地放大，并满足放大电路的性能指标要求。

习题与思考题

　　9.1　何谓三极管电路的直流通路和交流通路？直流通路与交流通路各有何用途？如何画交流通路图？

　　9.2　晶体三极管的小信号电路模型是怎样的？如何用工程近似法计算晶体三极管的直流电路？

　　9.3　图 9 - 25(a)所示电路，三极管输出特性曲线如图 9 - 25(b)所示，若 R_B 分别为 240 kΩ、120 kΩ，试用图解法求 I_C、U_{CE}。

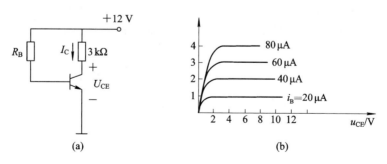

图 9 - 25　题 9.3 图

9.4 图9-26所示电路中，若分别出现下列故障，会产生什么现象？为什么？

(1) C_1 击穿短路或失效；(2) C_E 击穿短路；(3) R_{B1} 开路或短路；(4) R_{B2} 开路或短路；

(5) R_E 短路；(6) R_C 短路。

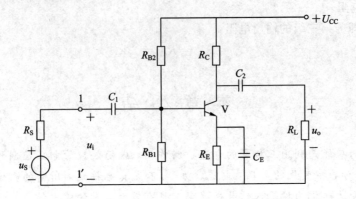

图9-26 题9.4图

9.5 根据放大电路的组成原则，指出在图9-27所示各电路中哪些具备放大作用？

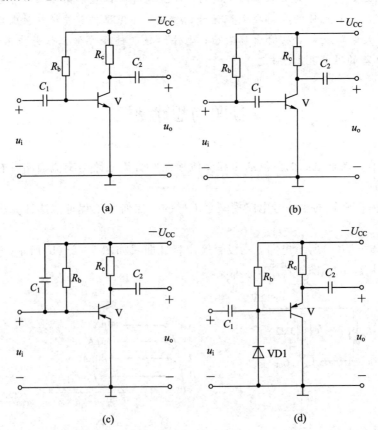

(a)

(b)

(c)

(d)

图9-27 题9.5图

9.6 基本放大电路如图9-28所示，已知 $U_{CC} = 15$ V，$R_C = 1$ kΩ，$R_B = 360$ kΩ，$R_L = 1$ kΩ，V为硅管，取 $U_{BEQ} = 0.7$ V。试求该电路的静态工作点。

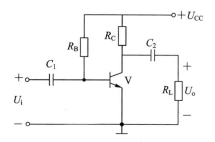

图 9-28　题 9.6 图

9.7　电路如图 9-29 所示，已知 $\beta = 80$，$R_B = 12\ \text{k}\Omega$，$R_L = 2\ \text{k}\Omega$，$R_E = 150\ \Omega$，$-U_{CC} = -6\ \text{V}$，$R_C = 10\ \text{k}\Omega$。

（1）估算静态工作点；

（2）画出微变等效电路；

（3）求 A_u、r_i、r_o 的值。

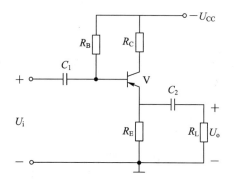

图 9-29　题 9.7 图

9.8　放大器如图 9-30 所示，$\beta_1 = \beta_2 = 50$，$r_{be1} = 1.8\ \text{k}\Omega$，$r_{be2} = 2.2\ \text{k}\Omega$。

（1）求电压放大倍数 A_u。

（2）求电路的输入电阻 r_i 及输出电阻 r_o。

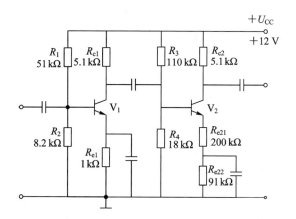

图 9-30　题 9.8 图

9.9　已知放大器的电路及其元件参数如图 9-31 所示，两管的参数为 $\beta_1 = \beta_2 = 40$，

$r_{be1} = 1.4$ kΩ，$r_{be2} = 0.9$ kΩ。试求：

(1) 输入电阻 r_i；

(2) 输出电阻 r_o；

(3) 电压增益 A_u。

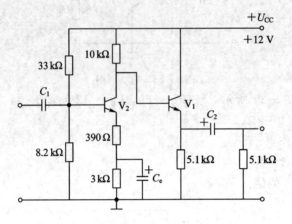

图 9-31　题 9.9 图

9.10　工作点稳定电路如图 9-32 所示，已知三极管的 $U_{BE} = 0.7$ V，$\beta = 50$，$r_{bb'} = 100$ Ω。

(1) 试计算静态工作点 Q；

(2) 试计算 A_u、A_{us}、r_i、r_o。

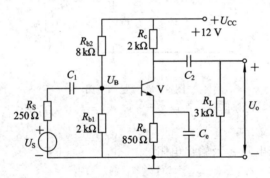

图 9-32　题 9.10 图

第10章 集成运算放大器

在电子设备以及自动控制系统中，经常遇到一些频率变化缓慢（几十赫兹）的低频信号或直流信号，采用一般的阻容耦合或变压器耦合的放大器是不能放大这些信号的。因为在阻容耦合电路中电容对低频信号呈现的电抗极大，信号被电容阻断，无法正常传输到下一级。而在变压器耦合的放大电路中，信号有可能被变压器原边线圈的低阻所短路，也无法耦合到副边传输到下一级。因此，对于直流信号或频率较低的信号宜采用直接耦合放大。集成运算放大器是利用集成电路工艺制作的一种高增益的直接耦合多级放大器，是一种典型的模拟集成电路，应用十分广泛。本章主要介绍运算放大器的基础知识及主要参数，运算放大器的分析方法，运算放大器在信号处理电路中的应用。

10.1　集成运算放大器简介

集成运算放大器（Integrated Operational Amplifier）简称集成运放，是由多级直接耦合放大电路组成的高增益模拟集成电路。它的增益高（可达 $60\sim180$ dB），输入电阻大（几十千欧至百万兆欧），输出电阻低（几十欧），共模抑制比高（$60\sim170$ dB），失调与漂移小，而且还具有输入电压为零时输出电压亦为零的特点，适用于正、负两种极性信号的输入和输出。

集成电路是以电压或电流为变量对模拟量进行放大、转换、信号处理以及信号运算的集成电路，它可以分为线性集成电路和非线性集成电路。线性集成电路是指输入信号和输出信号的变化呈线性关系的电路，如集成运算放大器。非线性集成电路是指输入和输出信号的变化呈非线性关系的集成电路，如集成稳压器。

线性集成电路有如下特点：

（1）集成电路中一般都采用直接耦合等电路结构形式。

（2）集成电路的输入级采用差动放大器放大电路，其目的是克服直接耦合电路的零点漂移。

（3）集成电路内部采用 NPN、PNP 管配合使用，从而改进了单管的性能。

（4）大量采用恒流源来设置静态工作点或作有源负载，用以提高电路性能。

10.1.1　集成运算放大器的基本组成

1. 集成运算放大器的电路符号

图 10-1 所示是集成运算放大器的两种符号。运算放大器的符号中有三个引线端：两个输入端，一个输出端。其中，一个称为同相输入端，即该端输入信号变化的极性与输出端相同，用符号"＋"表示；另一个称为反相输入端，即该端输入信号变化的极性与输出端相异，用符号"－"表示。输出端一般画在输入端的另一侧，在符号边框内标有"＋"号。实

际的运算放大器必须有正、负电源端，个别类型的集成运算放大器还有补偿端和调零端。

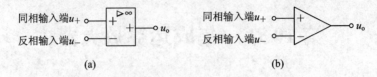

(a)   (b)

图 10-1 集成运算放大器符号

集成运算放大器满足下列关系式：

$$u_o = A_{od}(u_+ - u_-)$$

式中，A_{od} 为集成运算放大器开环电压放大倍数。

2. 集成运算放大器的基本组成

集成运算放大器的内部组成方框图如图 10-2 所示。

图 10-2 集成运算放大器的组成方框图

集成运放电路由四部分组成：输入级、中间放大级、输出级、偏置电路。

（1）输入级。

输入级是集成运算放大器性能保证的关键。为了减少零点漂移和抑制共模干扰信号，要求输入级温漂小，共模抑制比高，有极高的输入阻抗，一般输入级采用有恒流源的差动放大电路。

（2）中间放大级。

运算放大器的主要增益是由中间级提供的，因此要求中间级有较高的电压放大倍数。一般情况下，放大倍数可达几万甚至几十万以上，通常由多级放大电路组成。

（3）输出级。

输出级的作用是提供一定的电流和电压输出，用以驱动负载工作。对输出级的要求是输入阻抗高、输出阻抗低。输出阻抗低是为了提高带负载能力；输入阻抗高是为了实现中间级与输出级的隔离。所以，输出级常采用互补对称或准互补对称功率放大电路。

（4）偏置电路。

偏置电路的作用是为整个电路提供偏置电流、设置合适的静态工作点。偏置电路大多由各种恒流源电路组成。它们一般作为放大器的有源负载和差动放大器的发射极电阻。

集成运算放大器除了以上四大关键部分外，还有一些辅助电路，如过压、过流以及过热保护电路等。

10.1.2 集成运算放大器的主要技术指标

评价集成运放好坏的参数很多，它们是描述一个实际运放与理想放大器件接近程度的数据，这里仅介绍其中主要的几种。为了合理选用和正确运用运算放大器，必须了解各主要参数的意义。常用的参数有以下几种：

（1）开环差模电压放大倍数 A_{od}：运放在开环（无外加反馈）条件下，输出电压与输入差模信号电压之比，常用分贝（dB）表示。这个值越大越好，目前最高的可达 140 dB 以上。

（2）最大输出电压 U_{opp}：能使输出电压保持不失真的最大输出电压，称为运算放大器的最大输出电压。

（3）输入失调电压 U_{IO}：输入电压为零时，将输出电压除以电压增益，即为折算到输入端的失调电压。U_{IO} 是表征运放内部电路对称性的指标，越小越好，典型值为 2 mV，高质量的集成运放可达 1 mV 以下。

（4）输入失调电流 I_{IO}：当集成运放输出电压为零时，流入两输入端的电流之差，用于表征差分级输入电流不对称的程度，一般为 0.5～5 μA。

（5）输入偏置电流 I_{IB}：集成运放两个输入端偏置电流的平均值，用于衡量差动放大两个对管输入电流的大小。通常，I_{IB} 为 0.1～10 μA。

（6）最大差模输入电压 U_{IDM}：运放两输入端能承受的最大差模输入电压，超过此电压时，差分管将出现反向击穿现象。

（7）最大共模输入电压 U_{ICM}：在保证运放正常工作条件下，共模输入电压的最大允许范围。共模电压超过此值时，将使输入级工作不正常，共模抑制比显著下降。

（8）差模输入电阻 r_{id}：输入差模信号时运放的输入电阻，它是衡量差分对管从差模输入信号索取电流大小的标志。r_{id} 越大越好，性能好的运放，r_{id} 在 1 MΩ 以上。

（9）输出电阻 r_{o}：集成运放开环工作时，从输出端向里看进去的等效电阻，其值越小，说明集成运放带负载的能力越强。

（10）共模抑制比 K_{CMRR}：与差分放大电路中的定义相同，是差模电压增益与共模电压增益之比，常用分贝数来表示，$K_{\text{CMR}} = 20 \lg(A_{\text{ud}}/A_{\text{uc}})$（dB）。该值越大，说明输入差分级各参数对称程度越好。

除了以上介绍的指标外，还有带宽、转换速率、电源电压抑制比等。此外，近年来，集成运放的各项指标不断改进，除通用型外，还开发了各种专用型集成运放，如高速型（过渡时间短、转换率高）、高阻型（具有高输入电阻）、高压型（有较高的输出电压）、大功率型（输出功率高达十几瓦）、低功耗型（静态功耗低，如 1～2 V、10～100 μA）、低漂移型（温漂较小）等。实用中，考虑到便宜与采购方便，一般应选择通用型集成运放，有特殊需要时，则应选择专用型。

10.2 集成运算放大器在工程中的应用基础

10.2.1 理想运算放大器的工作条件

在分析集成运放构成的应用电路时，将集成运放看成理想运算放大器，可以使分析问题大大简化。理想运算放大器应当满足以下各项条件：

开环差模电压放大倍数 $A_{\text{od}} = \infty$

差模输入电阻 $r_{\text{id}} = \infty$

输出电阻 $r_{\text{o}} = 0$

输入偏置电流 $I_{\text{B1}} = I_{\text{B2}} = 0$

共模抑制比 $\qquad K_{CMRR} = \infty$

失调电压、失调电流及它们的温漂均为 0

上限频率 $\qquad f_H = \infty$

尽管理想运放并不存在，但由于实际集成运放的技术指标比较理想，在工程应用中具体分析时将其理想化一般是允许的。这种分析计算所带来的误差一般不大，只是在需要对运算结果进行误差分析时才予以考虑。

10.2.2　运算放大器的传输特性

实际电路中集成运放的传输特性如图 10-3 所示。

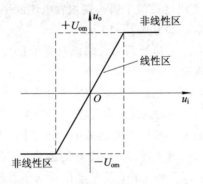

图 10-3　集成运放的传输特性

10.2.3　集成运算放大器工作在线性区、非线性区的特点

在分析运放应用电路时，还需了解运放是工作在线性区还是非线性区，只有这样才能按照不同区域所具有的特点与规律进行分析。

1. 线性区

集成运放工作在线性区时，其输出信号和输入信号之间有以下关系：

$$U_o = A_{od}(U_+ - U_-) \tag{10-1}$$

由于一般集成运放的开环差模增益都很大，因此，都要接有深度负反馈，使其净输入电压减小，这样才能使其工作在线性区。

理想运放工作在线性区时，可有以下两条重要特点：

(1) 由于 $A_{od} = \infty$，而输出电压 U_o 总为有限值，则由式(10-1)有

$$U_+ - U_- = \frac{U_o}{A_{od}} = 0 \tag{10-2}$$

(2) 由于集成运放的开环差模输入电阻 $r_{id} = \infty$，输入偏置电流 $I_B = 0$，当然不会向外部电路索取任何电流，因此其两个输入端的电流都为零，即

$$I_- = I_+ = 0 \tag{10-3}$$

这就是说，集成运放工作在线性区时，其两个输入端均无电流，这一特点称为"虚断"。

一般实际的集成运放工作在线性区时，其技术指标与理想条件非常接近，因而上述两个特点是成立的。

2. 非线性区

由于集成运放的开环增益 A_{od} 很大，当它工作于开环状态（即未接深度负反馈）或加有正反馈时，只要有差模信号输入，哪怕是微小的电压信号，集成运放都将进入非线性区，其输出电压立即达到正向饱和值 U_{om} 或负向饱和值 $-U_{om}$。此时，(10-1)式不再成立。

理想运放工作在非线性区时，有以下两个特点：

(1) 只要输入电压 U_- 与 U_+ 不相等，输出电压就饱和，因此有

$$U_o = U_{om} \qquad U_+ > U_-$$
$$U_o = -U_{om} \qquad U_+ < U_- \tag{10-4}$$

(2) 虚断仍然成立，即

$$I_- = I_+ = 0 \tag{10-5}$$

综上所述，在分析具体的集成运放应用电路时，可将集成运放按理想运放对待，判断它是否工作在线性区。一般来说，集成运放引入了深度负反馈时，将工作在线性区；集成运放引入了正反馈和负反馈时，将工作在非线性区。在此基础上，可运用上述线性区或非线性区的特点分析电路的工作原理，使分析工作大为简化。

10.3 运算放大器在信号运算方面的应用

运算放大器能完成模拟量的多种数学运算，如基本运算，加、减运算，微分与积分运算等。

10.3.1 基本运算电路

基本运算放大器包括反相输入放大器和同相输入放大器，它们是构成各种复杂运算电路的基础，是最基本的运算放大电路。

1. 反相输入比例运算放大器

反相输入放大器又称为反相比例运算电路，其基本形式如图 10-4 所示，输入信号 U_i 经 R_1 加至集成运放的反相输入端。R_f 为反馈电阻，将输出电压 U_o 反馈至反相输入端，形成深度的电压并联负反馈。

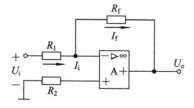

图 10-4 反相输入放大器

1）电压放大倍数（比例系数）

在图 10-4 中，

$$I_f = \frac{U_- - U_o}{R_f} = -\frac{U_o}{R_f}$$

$$I_i = \frac{U_i - U_-}{R_1} = \frac{U_i}{R_1}$$

考虑到 $I_i = 0$，故 $I_i = I_f$，即

$$U_o = -\frac{R_f}{R_1} U_i$$

$$A_{uf} = -\frac{U_o}{U_i} = -\frac{R_f}{R_1} \tag{10-6}$$

上式表明，集成运放的输出电压与输入电压相位相反，大小成比例关系。比例系数（即电压放大倍数）等于外接电阻 R_f 与 R_1 之比值，显然与运放本身的参数无关。因此，只要选用不同的 R_f、R_1 电阻值，便可方便地改变比例系数。而且，只要选用优质的精密电阻，使这两个电阻值精确、稳定，即使放大器本身的参数发生一些变化，A_{uf} 的值还是非常精确、稳定的。输出电压与输入电压相位相反，体现在（10-6）式中的负号上。特别当 $R_f = R_1$ 时，$A_{uf} = 1$，即输出电压与输入电压大小相等，相位相反，称此时的电路为反相器。

集成运放的输入级均为差动放大器，而差动放大器两边电路参数应当对称。静态时，集成运放的输入信号电压与输出电压均为零，此时电阻 R_1 与 R_f 相当于并联地接在运放反相输入端与地之间，这个并联电阻相当于差动输入级一个三极管的基极电阻。为了使差动输入级的两侧对称，在运放同相端与地之间也接入了一个电阻 R_2，并使 $R_2 = R_1 /\!/ R_f$，这样便可使电路达到静态平衡，所以 R_2 被称为平衡电阻。

2）输入、输出电阻

由于反相输入端为虚地（$U_- = 0$），所以反相输入放大器的输入电阻为无穷大，即 $r_{if} \approx \infty$。

设 r_{of} 为集成运放开环时的输出电阻（其值不会很大），则图 10-4 中电压负反馈使闭环输出电阻降低为

$$r_{if} = \frac{U_i}{I_i} = R_1, \qquad r_{of} = \frac{1}{1 + A_{od} F} r_{od}$$

其中，反馈系数 $F = R_1 / (R_1 + R_f)$，$A_{od} \to \infty$，所以可有

$$r_{of} \approx 0$$

2. 同相输入比例运算放大器

同相输入放大器又称为同相比例运算电路，其基本形式如图 10-5 所示，输入信号 U_i 经 R_2 加至集成运放的同相端。R_f 为反馈电阻，输出电压经 R_f 及 R_1 组成的分压电路，取 R_1 上的分压作为反馈信号加到运放的反相输入端，形成了深度的电压串联负反馈。R_2 为平衡电阻，其值应为 $R_2 = R_1 /\!/ R_f$。

1）电压放大倍数（比例系数）

由图 10-5 可以列出

$$I_1 = \frac{0 - U_-}{R_1} = -\frac{U_-}{R_1}, \quad I_f = \frac{U_- - U_o}{R_f}$$

由虚断有

$$I_- = I_+ = 0$$

故

$$I_1 = I_f$$

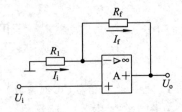

图 10-5 同相输入放大器

即

$$-\frac{U_-}{R_1} = -\frac{U_- - U_o}{R_f}$$

再由虚断及 $I_+ = 0$，有

$$U_- = U_+ = U_i$$

所以

$$-\frac{U_i}{R_1} = \frac{U_i - U_o}{R_f}$$

$$\frac{U_o}{U_i} = 1 + \frac{R_f}{R_1}$$

即

$$u_o = \left(1 + \frac{R_f}{R_1}\right)u_i$$

经整理得电压放大倍数为

$$A_{uf} = \frac{u_o}{u_i} = 1 + \frac{R_f}{R_1} \tag{10-7}$$

上式表明，集成运放的输出电压与输入电压相位相同，大小成比例关系。比例系数（即电压放大倍数）等于 $1+ R_f/R_1$，此值与运放本身的参数无关。

输出电压与输入电压相位相同，体现在式(10-7)中的 $1+ R_f/R_1$ 为正值上。作为同相输入放大器的特例，我们令 $R_f=0$（即将反馈电阻短路）或(和)$R_1 = \infty$（即将反相输入端电阻开路），则由式(10-7)可得 $A_{uf}=1$。这表明，$U_o=U_i$，输出电压与输入电压相等，如图 10-6 所示。我们称这种

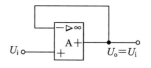

图 10-6　电压跟随器

电路为电压跟随器。这种电压跟随器比前面讨论的射极输出器（射随器）的性能强得多，它的输入电阻很高，输出电阻很低，"跟随"性能很稳定。

2）输入、输出电阻

同相输入放大器是一个电压串联负反馈电路，理想情况下，输入电阻为无穷大，即 $r_{if} \approx \infty$，而输出电阻为零，即 $r_{of} \approx 0$。即使考虑到实际参数，输入电阻仍然很大，输出电阻仍然很低。

应当指出，在同相输入放大器中，"虚短"仍然成立，但因反相端不为地电位，因此不再有虚地存在。由于两输入端都不为地，使得集成运放的共模输入电压值较高。

以上两种基本运算放大器，无论是反相输入方式还是同相输入方式，输出信号总是通过反馈网络加到集成运放的反相输入端，以实现深度负反馈。正是加了深度负反馈，才使得电压放大倍数仅取决于反馈电路和输入电路的元件值，而与运放本身的参数几乎无关；也正是由于电压负反馈，才使得电路的输出电阻很低，而输入电阻依反馈类型不同或很高（同相放大器）或很低（反相放大器）。

10.3.2　加法、减法运算

1. 加法运算

加法运算是指电路的输出电压等于各个输入电压的代数和。在图 10-4 所示的反相输

入放大器中，再增加几个支路便可组成反相加法运算电路，如图 10 - 7 所示。

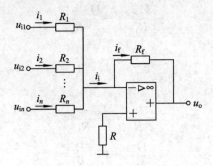

图 10 - 7 反相加法运算电路

图中，有多个输入信号加在了反相输入端。同相端的平衡电阻值为

$$R_4 = R_1 /\!/ R_2 /\!/ \cdots /\!/ R_n /\!/ R_f$$

反相加法运算电路也称反相加法器。

由虚地，有

$$U_- = U_+ = 0$$

当输入信号为三个时，各支路中的电流分别为

$$I_1 = \frac{U_{i1} - U_-}{R_1} = \frac{U_{i1}}{R_1}, \quad I_2 = \frac{U_{i2}}{R_2}, \quad I_3 = \frac{U_{i3}}{R_3}, \quad I_f = -\frac{U_o}{R_f}$$

由虚断，$I_- = 0$，则

$$I_1 + I_2 + I_3 = I_f$$

$$\frac{U_{i1}}{R_1} + \frac{U_{i2}}{R_2} + \frac{U_{i3}}{R_3} = -\frac{U_o}{R_f}$$

$$U_o = -\left(\frac{R_f}{R_1} U_{i1} + \frac{R_f}{R_1} U_{i2} + \frac{R_f}{R_1} U_{i3} \right) \tag{10-8}$$

可见，上式可以模拟这样的函数关系：

$$y = a_1 x_1 + a_2 x_2 + a_3 x_3$$

当 $R_1 = R_2 = R_3 = R$ 时，特别，当 $R = R_f$ 时，式（10 - 8）变为

$$U_o = -(U_{i1} + U_{i2} + U_{i3}) \tag{10-9}$$

当仅有 U_{i1} 输入时，对应的输出电压 U_{o1} 为

$$U_{o1} = -\frac{R_f}{R} U_{i1}$$

同样，当仅有 U_{i2}、U_{i3} 输入时，对应的输出电压 U_{o2}、U_{o3} 分别为：

$$U_{o2} = -\frac{R_f}{R_2} U_{i2}$$

$$U_{o3} = -\frac{R_f}{R_3} U_{i3}$$

这样，当 U_{i1}、U_{i2}、U_{i3} 均输入时，其输出电压 U_o 为

$$U_o = U_{o1} + U_{o2} + U_{o3} = -\left(\frac{R_f}{R_1} U_{i1} + \frac{R_f}{R_2} U_{i2} + \frac{R_f}{R_3} U_{i3} \right) \tag{10-10}$$

2. 减法运算

减法运算是指电路的输出电压与两个输入电压之差成比例，减法运算又称为差动比例

运算或差动输入放大。图 10-8 即为减法运算电路。

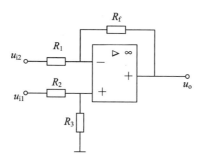

图 10-8 减法运算电路

由图可见，运放的同相输入端和反相输入端分别接有输入信号 u_{i1} 和 u_{i2}。从电路结构来看，它是由同相输入放大器和反相输入放大器组合而成的。下面用叠加原理进行分析。

当 $u_{i2}=0$、仅 u_{i1} 单独作用时，该电路为同相输入放大器，其输出电压为

$$u_{o1} = \left(1+\frac{R_f}{R_1}\right)u_+ = \left(1+\frac{R_f}{R_1}\right)\frac{R_3}{R_2+R_3}u_{i1}$$

当 $u_{i1}=0$、仅 u_{i2} 单独作用时，该电路为反相输入放大器，输出电压为

$$u_{o2} = -\frac{R_f}{R_1}u_{i2}$$

这样，当 U_{i1}、U_{i2} 同时作用时，其输出电压为 u_{o1} 与 u_{o2} 的叠加，即

$$u_o = u_{o1} + u_{o2} = \left(1+\frac{R_f}{R_1}\right)\frac{R_3}{R_2+R_3}u_{i2} - \frac{R_f}{R_1}u_{i1}$$

特别，当 $R_1=R_2$，$R_3=R_f$ 时，

$$u_o = \frac{R_f}{R_1}(u_{i2}-u_{i1}) \tag{10-11}$$

而当 $R_1=R_f$ 时，

$$u_o = u_{i2}-u_{i1} \tag{10-12}$$

可见，输出电压与两个输入电压之差成比例（(10-11)式），特殊情况下，比例系数为 1（(10-12)式)，从而实现了减法运算。

10.3.3 积分、微分运算

1. 积分运算

积分运算电路是模拟计算机中的基本单元，利用它可以实现对微分方程的模拟，能对信号进行积分运算。此外，积分运算电路在控制和测量系统中应用非常广泛。

在反相输入比例运算放大器中，将反馈电阻 R_f 换成电容 C，就成了积分运算电路，如图 10-9 所示。积分运算电路也称为积分器。

图 10-9(a)中，由于

$$U_- = 0, \quad i_1 = i_f = \frac{u_i}{R_1}$$

故

$$u_o = -\frac{1}{C}\int i_C \, \mathrm{d}t = -\frac{1}{C}\int \frac{u_i}{R} \, \mathrm{d}t = -\frac{1}{RC}\int u_C \, \mathrm{d}t \tag{10-13}$$

上式说明，输出电压为输入电压对时间的积分，实现了积分运算。式中负号表示输出与输入相位相反。R_1C 为积分时间常数，其值越小，积分作用越强，反之，积分作用越弱。

当输入电压为常数（$u_i = u_1$）时，(10-13)式变为

$$u_o = -\frac{U_1}{R_1C}t$$

由上式可以看出，当输入电压固定时，由集成运放构成的积分电路，在电容充电过程（即积分过程）中，输出电压（即电容两端电压）随时间作线性增长，增长速度均匀。而简单的 RC 积分电路所能实现的则是电容两端电压随时间按指数规律增长，只在很小范围内可近似为线性关系。从这一点来看，集成运放构成的积分器实现了接近理想的积分运算。

积分电路的波形变换作用如图 10-9(b)所示，可将矩形波变成三角波输出。积分电路在自动控制系统中用以延缓过渡过程的冲击，使被控制的电动机外加电压缓慢上升，避免其机械转矩猛增，造成传动机械的损坏。积分电路还常用来做显示器的扫描电路，以及模/数转换器、数学模拟运算等。

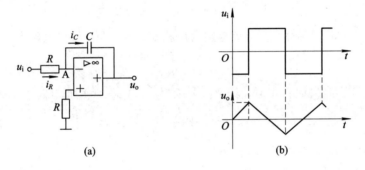

图 10-9　积分运算电路

2. 微分运算

微分与积分互为逆运算，将图 10-9 中的 C 与 R_1 位置互换，便构成微分电路，如图 10-10(a)所示。微分电路也称微分器。

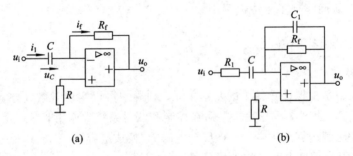

图 10-10　微分电路

在图 10-10(a)中，由 $U_- = 0$，$I_- = 0$，有 $i_1 = i_f$；又

$$i_C = C\frac{\mathrm{d}u_C}{\mathrm{d}t} = C\frac{\mathrm{d}u_i}{\mathrm{d}t}$$

$$u_o = -i_f R_f = -i_1 R_f = -R_f C\frac{\mathrm{d}u_1}{\mathrm{d}t}$$

可见，输出电压与输入电压对时间的微分成比例，实现了微分运算。式中负号表示输出与输入相位相反。R_fC 为微分时间常数，其值越大，微分作用越强；反之，微分作用越弱。

微分电路是一个高通网络，对高频干扰及高频噪声反应灵敏，会使输出的信噪比下降。此外，电路中 R、C 具有滞后移相作用，与运放本身的滞后移相相叠加，容易产生高频自激，使电路不稳定。因此，实用中常用图 10 - 10(b) 所示的改进电路。在此图中，R_1 的作用是限制输入电压突变，C_1 的作用是增强高频负反馈，从而抑制高频噪声，提高工作的稳定性。

10.4 集成运算放大器在信号处理方面的应用

在通信系统以及自动控制电路中，经常需要对信号进行处理，如信号的滤波、信号的采样和保持、信号幅度的比较等。在信号处理方面大多数运算放大器工作在非线性状态。下面分别介绍几种集成运算放大器信号处理方面的应用。

10.4.1 有源滤波器

对信号的频率具有选择性的电路称为滤波电路。滤波电路可使指定频段的信号能顺利通过，而对于其他频段的信号则进行很大的衰减甚至抑制。仅由无源元件电阻、电容或电感组成的滤波器称为无源滤波器。由 RC 电路和运算放大器组成的滤波器称为有源滤波器。有源滤波器具有体积小、效率高、频率特性好、具有放大作用等优点，因而得到广泛应用。

通常以滤波器的工作频率范围来命名，例如，低通滤波器为能通过低频信号而抑制高频信号的滤波器；与之相反的则称为高通滤波器；带通滤波器是只能通过特定频带范围内信号的滤波器；带阻滤波器是只在特定频率范围内信号不能通过的滤波器。

1. 有源低通滤波电路

图 10 - 11(a) 为一阶有源低通滤波电路。

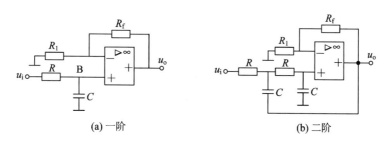

(a) 一阶 (b) 二阶

图 10 - 11 有源低通滤波电路

R 和 C 为无源低通滤波器，运算放大器接成同相比例放大组态，对输入信号中各频率分量均有如下的关系：

$$u_o = A_{ud}u_B = \left(1 + \frac{R_f}{R_1}\right)u_B = \left(1 + \frac{R_f}{R_1}\right)\frac{\frac{1}{j\omega C}}{R + \frac{1}{j\omega C}}u_i$$

$$= \left(1 + \frac{R_f}{R_1}\right)\frac{1}{1 + j\omega RC}u_i$$

由上式可看出，输入信号频率越高，相应的输出信号越小，而低频信号则可得到有效的放大，故称为低通滤波器。

令 $\omega_0 = \dfrac{1}{RC}$，则

$$\frac{u_o}{u_i} = \left(1 + \frac{R_f}{R_1}\right)\frac{1}{1 + \mathrm{j}(\omega/\omega_0)}$$

当 $\omega = \omega_0$ 时，$|A_u| = 0.707(1 + R_f/R_1)$，其中 $1 + R_f/R_1$ 是此电路的最大增益 A_{um}。

2. 有源高通滤波电路

将图 10-11(a)中 R 和 C 的位置调换，就成为有源高通滤波电路，如图 10-12 所示。在图中，滤波电容接在集成运放输入端，它将阻隔、衰减低频信号，而让高频信号顺利通过。

同低通滤波电路的分析类似，我们可以得出有源高通滤波电路的下限截止频率为 $f_1 = \dfrac{1}{2\pi RC}$，对于低于截止频率的低频信号，$|A_u| < 0.707|A_{um}|$。

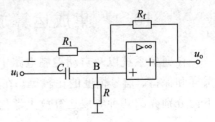

图 10-12　有源高通滤波电路

10.4.2　电压比较器

电压比较器的功能是将输入信号电压 u_i 与参考电压 U_R 进行比较，当输入电压大于或小于参考电压时，比较器的输出将是两种截然不同的状态(高电平或低电平)。电压比较器是组成非正弦波发生电路的基本单元，可将任意波形转换为矩形波，在测量电路和控制电路中应用相当广泛。

1. 单门限电压比较器

单门限电压比较器的基本电路如图 10-13(a)所示，其传输特性如图 10-13(b)所示。

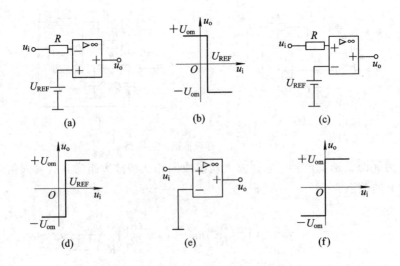

图 10-13　单门限电压比较电路

若希望当 $u_i > u_{REF}$ 时，$u_o = +U_{om}$，只需将 u_i 与 u_{REF} 的输入端调换即可，如图 10 - 13 (c)所示，其传输特性如图 10 - 13(d)所示。若 $u_{REF} = 0$，如图 10 - 13(e)所示，其传输特性如图 10 - 13(f)所示。

图 10 - 13(e)为过零电压比较器，传输特性如图 10 - 13(f)所示，其波形转换作用如图 10 - 14 所示。

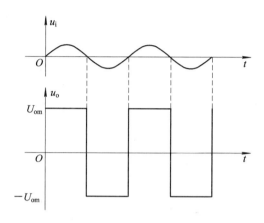

图 10 - 14　过零电压比较器的波形转换作用

2. 滞回电压比较器

前面介绍的比较器其状态翻转的门限电压是在某一个固定值上，在实际应用时，如果实际测得的信号存在外界干扰，即在正弦波上叠加了高频干扰，过零电压比较器就容易出现多次误翻转，如图 10 - 15 所示。

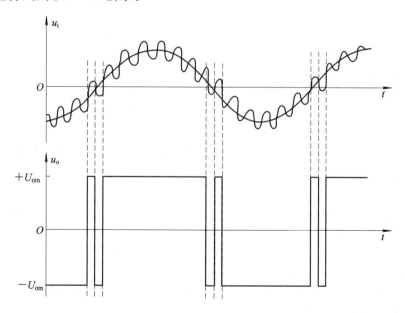

图 10 - 15　外界干扰的影响

解决办法是采用滞回电压比较器。滞回电压比较器的组成如图 10 - 16(a)所示。

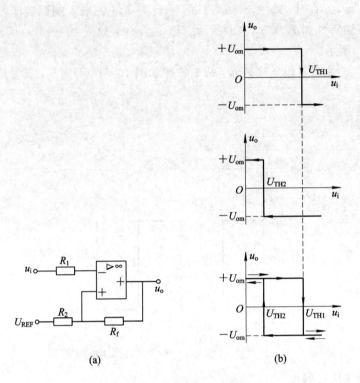

图 10-16　滞回电压比较器

1）电路特点

当输出为正向饱和电压 $+U_{om}$ 时，将集成运放的同相端电压称为上门限电平，用 U_{TH1} 表示，则有

$$U_{TH1} = u_+ = U_{REF} \frac{R_f}{R_f + R_2} + U_{om} \frac{R_2}{R_2 + R_f} \qquad (10-14)$$

当输出为负向饱和电压 $-U_{om}$ 时，将集成运放的同相端电压称为下门限电平，用 U_{TH2} 表示，则有

$$U_{TH2} = u_+ = U_{REF} \frac{R_f}{R_f + R_2} - U_{om} \frac{R_2}{R_2 + R_f} \qquad (10-15)$$

通过式（10-14）和式（10-15）可以看出，上门限电平 U_{TH1} 的值比下门限电平 U_{TH2} 的值大。

2）传输特性和回差电压 ΔU_{TH}

滞回比较器的传输特性如图 10-16（b）所示。我们把上门限电压 U_{TH1} 与下门限电压 U_{TH2} 之差称为回差电压，即

$$\Delta U_{TH} = U_{TH1} - U_{TH2} = 2U_{om} \frac{R_2}{R_2 + R_f}$$

回差电压的存在，大大提高了电路的抗干扰能力。只要干扰信号的峰值小于半个回差电压，比较器就不会因为干扰而误动作。

滞回电压比较器的输入、输出波形如图 10-17 所示。

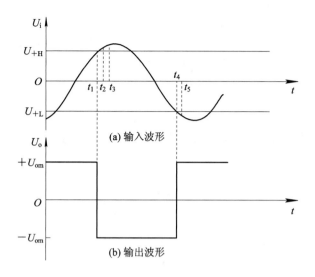

图 10-17 滞回电压比较器的输入、输出波形

本 章 小 结

(1) 集成运算放大器是模拟集成电路中应用最广泛的一类器件,它是由具有高增益的直接耦合放大电路组成的。集成运放可以实现所有由各种分立元件组成的模拟电子线路的功能。作为放大器件,它的性能指标在线性应用情况下已经相当理想;同时,在理想运放的基础上,加上各类反馈网络,就能够灵活地实现电路的输入输出关系。所以,在工程上运放也称为万能放大器件。

(2) 运算放大器工作在线性区可以完成各种基本运算,如比例运算,加、减法运算以及积分运算等。

(3) 运算放大器工作在非线性区,可以完成各种信号的处理。

习题与思考题

10.1　图 10-18 所示电路中,设 $R_1 = 20\ \text{k}\Omega$、$R_f = 200\ \text{k}\Omega$,试求输入、输出关系及 R_2 的值。若输入为 50 mV,试求输出电压。

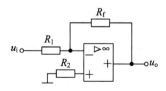

图 10-18　题 10.1 图

10.2　图 10-19 所示电路中,设 $R_1 = 20\ \text{k}\Omega$、$R_f = 180\ \text{k}\Omega$,求输入、输出关系及 R_2 的值。若输入为 50 mV,求输出电压。

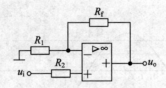

图 10 - 19　题 10.2 图

10.3　图 10 - 20 所示电路中，$R_1 = R_2 = 10$ kΩ、$R_3 = R_f = 40$ kΩ，$u_{i1} = 1$ V，$u_{i2} = 0.5$ V，求 u_o。

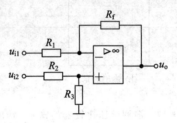

图 10 - 20　题 10.3 图

10.4　求图 10 - 21 所示电路的输入、输出关系。若图中 $R_1 = R_3 = 10$ kΩ，$R_2 = R_4 = 40$ kΩ，$u_i = 0.5$ V，求 u_{o1}、u_{o2}、u_o。

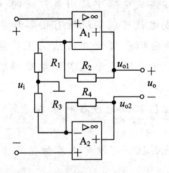

图 10 - 21　题 10.4 图

10.5　图 10 - 22 所示电路中，$R_1 = 2$ kΩ、$R_3 = R_5 = R_{f1} = R_{f2} = 10$ kΩ，$R_6 = 5$ kΩ，求电路的输入、输出关系。

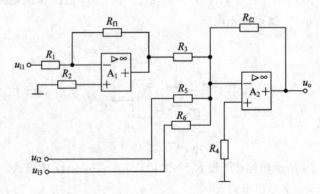

图 10 - 22　题 10.5 图

10.6 图 10-23 所示电路中，$R_1 = R_2 = 2\ \text{k}\Omega$、$R_3 = R_4 = 4\ \text{k}\Omega$、$R_f = 1\ \text{k}\Omega$，求电路的输入、输出关系。

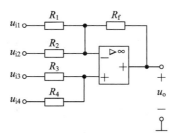

图 10-23 题 10.6 图

10.7 求图 10-24 所示电路的输入、输出关系。

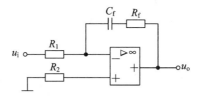

图 10-24 题 10.7 图

10.8 求图 10-25 所示电路的输入、输出关系。

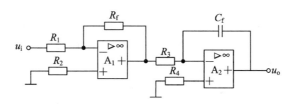

图 10-25 题 10.8 图

10.9 滞回比较器电路如图 10-26 所示，图中 $R_1 = R_f$，双向稳压管的稳定电压为 5 V，求回差电压。

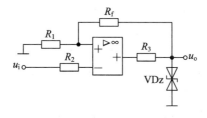

图 10-26 题 10.9 图

10.10 集成运放应用电路中，何为虚短？何为虚地？何为虚断？

第11章　直流稳压电源

电子设备、电子仪器以及家用电器与工业控制设备都需要稳定的直流电源。为了获得直流电源，目前广泛采用串联型稳压电源和开关型稳压电源。串联型稳压电源适用于一般的电子电器设备。对于要求直流电源比较稳定的电子设备，大多数采用集成稳压器或开关型稳压电源。本章主要介绍整流滤波电路的类型、基本组成和基本原理；各种滤波电路的组成原理以及优缺点和应用范围；常用串联型稳压电源电路的组成及稳压原理；从实用角度讨论三端稳压器的应用及注意事项；最后介绍开关型稳压电源的组成模型和工作原理。

11.1　常用整流、滤波和稳压电路

11.1.1　整流电路

整流电路的作用是利用二极管的单向导电性，将交流电转换成为单向脉动电压。

（1）整流电路中大都包含一个电源变压器。因为电网提供的交流电通常是 220 V 或 380 V，需通过电源变压器变换以后进行整流、滤波以及稳压，以满足各种电子电路对直流电压幅值的不同要求。电源变压器的作用一方面是"变压"（很多情况下是进行"降压"，将 220 V 降为较低的交流电压），另一方面起"隔离"作用，使电子设备与电网隔离开来。

（2）在小功率直流电源中，常常采用单相半波、单相全波或单相桥式整流电路。各种单相整流电路的原理图、波形图及性能参数如表 11-1 所示。表 11-1 中前两项参数，即整流电路的输出直流电压 U_o（也就是输出电压的平均值）和整流电路输出电压的脉动系数 S，表征一个整流电路的质量，在同样的变压器二次电压 U_2 之下，输出直流电压愈高，则愈好；输出电压的脉动系数 S 愈小，说明脉动成分小，输出电压更加平滑，则质量愈好。表中的后两项参数，即整流二极管的平均电流 I_D 和二极管承受的最大反向峰值电压 U_{RM}，则是选择整流电路中二极管器件的依据。

由表 11-1 可见，半波整流电路的结构最为简单，只用了一个整流二极管，但在同样的变压器二次电压 U_2 之下，输出直流电压 U_o 最低，而脉动系数 S 最高，因此只用在要求不高的简单电子设备中。全波整流电路和桥式整流电路在同样的 U_2 之下，它们的输出直流电压和脉动系数均相等，但桥式整流电路中每个二极管承受的最大反向峰值电压比全波整流电路低一半，因此，虽然电路中需用 4 个整流二极管（全波整流电路需用 2 个），它的应用还是比较广泛的。

表 11-1 各种单相整流电路的比较

	单相半波	单相全波	单相桥式
电路原理图			
波形图			

特点		单相半波	单相全波	单相桥式
	输出直流电压 U_o	$0.45U_2$	$0.9U_2$	$0.9U_2$
	脉动系数 S	157%	67%	67%
	二极管平均电流 i_D	i_o	$0.5i_o$	$0.5i_o$
	二极管最大反向峰值电压 U_{RM}	$\sqrt{2}U_2$	$2\sqrt{2}U_2$	$\sqrt{2}U_2$
	优点	结构简单,只用一个整流二极管	输出波形中脉动成分下降,输出直流电压是半波整流时的两倍	输出电压与全波整流相同,但二极管承受的反向电压不高
	缺点	输出波形脉动大,直流电压低,变压器半周不导电,利用率低	二极管承受的反向峰值电压高,要求变压器有中心抽头,每个线圈只有半周导电	需用四个整流二极管

(3) 倍压整流属于一种特殊的整流电路,它的作用有二:其一是整流,将交流电转换成为直流电;其二是倍压,要求在较低的 U_2 之下,得到高出若干倍的直流输出电压。

组成倍压整流电路的主要元件是二极管和电容。它的基本原理是,利用二极管的单向导电作用将交流电整流成为直流电,并将所得到的较低的直流电压分别存放在多个电容上，然后将这些电容按照相同的极性串接起来，从而在输出端得到高几倍的直流电压。

图 11-1 所示的电路是一个最简单的二倍压整流电路。图中的二极管 VD_1、VD_2 起整流作用，整流得到的直流电压分别存放在电容 C_1、C_2 上。当变压器二次电压的瞬时值 u_2 为正时，VD_1 导电，将 C_1 充电，理想情况下 C_1 上的直流电压等于 $\sqrt{2}u_2$；u_2 为负时，VD_2 导电，将 C_2 充电，理想情况下 C_2 上的直流电压也是 $\sqrt{2}u_2$。而这两个电容上电压的极性是串联相加的，所以负载 R_L 上得到的电压是电容上电压的两倍，即

$$u_o = 2\sqrt{2}u_2$$

根据同样的道理，只要在电路中接入更多的二极管给更多的电容充电，并使各电容按相同的极性串联，就可以得到高更多倍的直流输出电压。

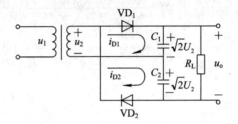

图 11-1　二倍压整流电路

倍压整流电路适用于要求输出电压很高，但负载电流比较小的设备中。

11.1.2　滤波电路

1. RC-Ⅱ 型滤波电路

如图 11-2 所示，RC-Ⅱ 型滤波电路实质上是在电容滤波电路的基础上加了一级 RC 滤波。电容 C_1 的作用与电容滤波电路一样，即利用 C_1 的充放电进行一次滤波，可在 C_1 两端获得比较平滑的电压，但这个电压包含着直流分量和交流分量。而 R 和 C_2 则构成二次滤波，一方面，R 的接入可使 C_1 放电速度减慢，减少了 C_1 两端电压的波动；另一方面，由于 C_2 的交流阻抗很小，几乎将交流分量全部短路，负载两端的脉动电压大为减小，而 C_2 对于直流分量几乎没有影响。所以，RC-Ⅱ 型滤波电路的滤波效果要比单一的电容滤波电路好许多，但是由于 R 的降压作用，直流输出电压有所降低。RC-Ⅱ 型滤波电路的负载能力较差，适用于负载电流较小的场合。

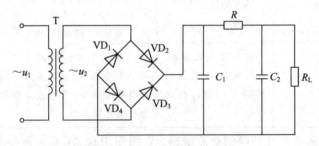

图 11-2　RC-Ⅱ 型滤波电路

2. LC-Ⅱ 型滤波电路

如图 11-3 所示的 LC-Ⅱ 型滤波电路，是用电感 L 代替 RC 滤波中的电阻 R。由于电

感的交流阻抗较大，而直流电阻较小，对于变化的电流，电感 L 上会产生一定的反电势来阻止电流的变化，对于直流成分影响不大。L 和 C_2 分压后，交流分量将大部分降到电感 L 上，直流分量几乎没有损失地直接加在负载上，再经过 C_2 进一步滤波，使得输出电压波动很小。因此这种滤波电路具有良好的滤波效果。LC-II 型滤波电路具有较强的负载能力，当负载变化时，输出电压变化很小，最适合负载电流较大的场合。

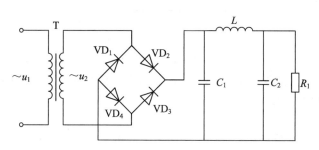

图 11-3 LC-II 型滤波电路

11.1.3 稳压电路

输入的交流电压经过整流滤波后，已经变成比较平滑的直流电压，但当输入电压波动或负载变化时，输出电压也将发生相应的变化。为了能够提供更加稳定的直流电源，还需要在整流滤波电路后面加上稳压电路。

1. 稳压电路的主要指标

1）稳压系数 S

稳压系数 S 定义为在负载固定不变的前提下，输出电压相对变化量与输入直流电压相对变化量之比，即

$$S = \frac{\Delta U_\mathrm{o}/U_\mathrm{o}}{\Delta U_\mathrm{i}/U_\mathrm{i}}\bigg|_{R_\mathrm{L}=常数}$$

该指标反映了电源电压波动对输出电压的影响，S 越小说明稳压性能越好。此处输入直流电压是指整流滤波后的直流电压。

2）输出电阻 r_o

输出电阻 r_o 定义为在输入电压不变的情况下，输出电压变化量与负载电流变化量之比，即

$$r_\mathrm{o} = \frac{\Delta U_\mathrm{o}}{\Delta I_\mathrm{o}}\bigg|_{U_\mathrm{i}=常数}$$

该指标反映了负载变化对输出电压的影响。r_o 越小说明稳压性能越好。

2. 硅稳压管稳压电路

硅稳压管稳压电路如图 11-4 所示。U_i 为经过整流、滤波后的直流电压。R_L 为负载电阻，与稳压管并联，这样 R_L 上得到的就是一个比较稳定的电压 $U_\mathrm{o}=U_\mathrm{Z}$。$R$ 为限流电阻，选择合适的 R 可使稳压管具有很小的动态电阻，有利于提高稳压效果；同时，R 对稳压管的电流具有限制作用，防止因电流过大而损坏稳压管。

引起输出电压不稳的主要原因是交流电源电压的波动和负载的变化。下面来分析在这两种情况下稳压电路的工作原理。

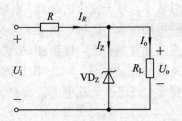

图 11-4　硅稳压管稳压电路

（1）负载电阻 R_L 不变，电源电压升高时，将使 U_i 增加，随之输出电压 U_o 也增大。由稳压管伏安特性可见，I_Z 将急剧增加，导致 I_R 增大，则电阻 R 上的压降 U_R 增大，从而使输出电压 U_o 基本保持不变，即

$$U_i \uparrow \longrightarrow U_o \uparrow \longrightarrow I_Z \uparrow \longrightarrow I_R \uparrow \longrightarrow U_R \uparrow$$
$$U_o \downarrow \longleftarrow$$

（2）电源电压不变，负载电阻 R_L 减小时，将引起负载电流 I_o 增加，电阻 R 上的电流 I_R 和其两端的电压 U_R 均增加，使输出电压 U_o 减小，U_o 的减小则使 I_Z 急剧下降，从而抵消了 I_o 的增加，保持 $I_R = I_o + I_Z$ 基本不变，R 上压降不变，则输出电压基本不变，即

$$R_L \downarrow \longrightarrow I_o \uparrow \longrightarrow I_R \uparrow \longrightarrow U_o \downarrow \longrightarrow I_Z \downarrow \longrightarrow I_R 不变$$
$$U_o 不变 \longleftarrow$$

综上所述，稳压管是利用稳压管自身对电流的吞吐作用来实现稳压的，它和限流电阻 R 配合，将电流的变化转换成电压的变化以适应电源电压或负载的波动。

11.2　串联型稳压电源

稳压管稳压电路简单，但它的输出电压不可调节，由于受稳压管电流的限制使输出电流比较小，因此稳压管稳压电路的应用范围很小，只能用于电压固定、电流较小的场合。实际中应用最为广泛的是串联型稳压电路。

11.2.1　串联型稳压电源的组成方框图

串联型稳压电源组成方框图如图 11-5 所示，主要由四大部分组成：采样电路、基准电压电路、比较放大电路（误差放大电路）和电压调整电路。各部分的主要功能如下：

（1）采样电路：也称取样电路，主要反映稳压电源输出电压的变化情况，将输出电压的变化值经过电路的处理，作为比较放大电路的输入电压。

（2）基准电压电路：是稳压电源设置的一个基准点，基准电压一方面作为比较放大电路的基准电压，另一方面整个稳压电源输出电压的大小与基准电压有关。

（3）比较放大电路（误差放大器）：是将采样电路采集的电压与基准电压进行比较、放大，进而推动电压调

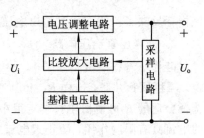

图 11-5　串联型稳压电源电路方框图

整环节工作。

（4）电压调整电路：主要功能是根据比较放大电路输出电压的大小，调整晶体管工作状态（在放大区），从而改变三极管 C－E 之间的管压降，达到改变输出电压的大小。

11.2.2 串联型稳压电路的组成及分析

图 11－6 为串联型稳压电路的原理图。

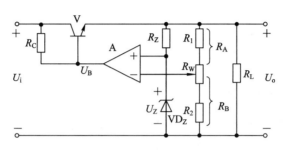

图 11－6　串联型稳压电路

1. 原理电路的组成

（1）采样电路：由电阻 R_1、R_2、R_W 组成，它对输出电压 U_o 进行分压，取出一部分作为取样电压给比较放大电路。

（2）基准电压电路：由稳压管 VD_Z 和限流电阻 R_Z 组成，可提供一个稳定性较高的直流电压 U_Z 作为调整比较的标准，称为基准电压。

（3）比较放大电路：由运放和电阻 R_C 构成，其作用是将采样电路采集的电压与基准电压进行比较、放大，进而推动电压调整环节工作。

（4）电压调整电路：由工作于线性状态的晶体管 V 构成，其基极电流受比较放大电路输出信号的控制，在比较放大电路的控制下改变调整两端的压降，使输出电压稳定。

2. 工作原理

其稳压过程如下：当电源电压或负载电阻的变化而使输出电压 U_o 升高时，$U_- = \dfrac{R_2}{R_1+R_2}U_o$ 也升高，而 $U_+ = U_Z$ 保持不变，则运算放大器输出减小，使得 V 管基极电位下降，I_C 减小，U_{CE} 增大，故输出电压 U_o 下降，从而保证 U_o 基本不变，即

$$U_o\!\uparrow \longrightarrow U_-\!\uparrow \longrightarrow U_B\!\downarrow \longrightarrow I_C\!\downarrow \longrightarrow U_{CE}\!\uparrow$$
$$U_o\!\downarrow \longleftarrow$$

同理，当 U_o 降低时，通过电路的反馈作用也会使 U_o 基本保持不变。

可见，输出电压的变化量经运算放大器放大后去调整晶体管的管压降 U_{CE}，从而达到稳定输出电压的目的，这个自动调整过程实质是一个负反馈过程，通常称晶体管 V 为调整管。该电路的核心部分是调整管 V 组成的射极跟随器，电路引入的是电压串联负反馈，故称为串联型稳压电路。调整管的工作点必须设置在放大区，才能起到电压调整作用。

3. 输出电压 U_o 的调节范围

根据同相比例运算电路可知：

$$U_o \approx U_B = \left(1 + \frac{R_A}{R_B}\right) \cdot U_Z = \frac{R_A + R_B}{R_B} \cdot U_Z$$

改变电位器 R_W 就可调节输出电压 U_o，电位器调至最下端时，U_o 最大；电位器调至最上端时，U_o 最小。

例 11-1 在图 11-6 所示电路中，稳压管稳压值 $U_Z = 6$ V，取样电阻 $R_1 = R_2 = 6$ kΩ，$R_W = 10$ kΩ，试估算输出电压调节范围。

解
$$U_{omax} = \frac{R_1 + R_2 + R_W}{R_2} \cdot U_Z = \frac{6+6+10}{6} \times 6 = 22 \text{ V}$$

$$U_{min} = \frac{R_1 + R_2 + R_W}{R_2 + R_W} \cdot U_Z = \frac{6+6+10}{6+10} \times 6 = 8 \text{ V}$$

11.2.3 三端集成稳压器

集成稳压器是将稳压电路的主要环节集成在一块半导体芯片上，并加进多种保护电路的单片集成稳压电源。它具有体积小、可靠性高、使用灵活等优点，已逐步取代了分立元件稳压电路。三端集成稳压器只有三个外部接线端：输入端、输出端和公共端，可分为固定式和可调式两大类。本节只介绍固定式三端集成稳压器。

固定式三端集成稳压器的输出电压是固定的，主要有 78×× 系列(输出正电压)和 79×× 系列(输出负电压)，×× 为集成稳压器输出的标称值，有 5 V、6 V、9 V、12 V、15 V、18 V、24 V 等。其额定输出电流以 78(79)后面的字母来区分：L 表示 0.1 A，M 表示 0.5 A，无字母表示 1.5 A。如 LM7812 表示该集成稳压器输出为 +12 V，额定输出电流为 1.5 A。固定式三端集成稳压器的外引线排列如图 11-7 所示。

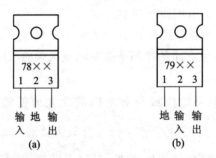

图 11-7 固定式三端集成稳压器外引线排列

三端集成稳压器的基本应用电路如图 11-8 所示。其中 C_i 用来抵消输入引线较长时的电感效应，防止自激振荡，并抑制高频干扰；C_o 用以减小输出脉动电压并改善负载的瞬态效应。C_i 和 C_o 一般取值 0.1~1 μF，安装时应紧靠集成稳压器。

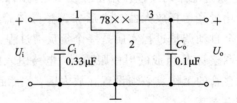

图 11-8 78 系列基本应用电路

当要求输出电压范围可调时，可以应用集成稳压器与集成运算放大器接成输出电压可调的稳压电路,如图 11-9 所示。

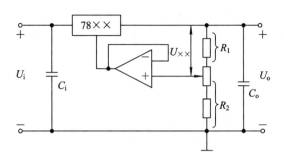

图 11-9 输出电压可调的稳压电路

上图中,运放接成电压跟随器形式,电阻 R_1 上的电压近似等于集成稳压器的标称输出电压 $U_{××}$,因

$$\frac{R_1}{R_1 + R_2} \cdot U_o = U_{××}$$

故

$$U_o = \left(1 + \frac{R_2}{R_1}\right) \cdot U_{××}$$

所以,改变 R_2 与 R_1 的比值即可调节输出电压 U_o 的大小。

11.3 开关型稳压电源

11.3.1 开关电源概述

前面介绍的串联型直流稳压电路和集成稳压器都属于稳压电路,具有结构简单、输出稳定度高、调整方便等优点。但是,这种稳压电路的调整管总是工作在放大状态,一直都有电流通过,故管子的功耗大,常需在调整管上安装散热器,电路的效率也较低,一般只有 20%~40%。而开关型稳压电路克服了上述缺点,因而它的应用日益广泛,比如计算机电源、彩色电视机电源等。

在开关型稳压电路中,调整管(也称为开关管)工作在开关状态,管子交替工作在饱和与截止两种状态。当管子饱和导通时,虽然流过较大的电流,但饱和压降很小;当调整管截止时,管压降大但流过的电流基本为零。可见,调整管工作在开关状态下,本身功耗很小,因此,开关电源的效率很高,一般可达 80%~90%。由于调整管功耗小,故散热器也可随之减小,与同样功率的线性稳压电源相比,体积和重量都小很多。

开关电路存在的主要不足之处:一是控制电路比较复杂,成本高;另一个是输出电压中纹波和噪声成分较大,这是由于调整管不断在导通与截止间转换,从而对电路产生射频干扰造成的。但由于开关电源的突出优点,仍得到了越来越广泛地应用。

开关电路的类型很多,可以按不同方式来分类。按开关信号(振荡信号)产生的方式可分为自激式、他激式和同步式三种;按控制方式可分为脉宽调制(PWM)、脉频调制(PFM)和混合调制三种方式;按开关电路的结构形式可分为降压型、反相型、升压型和变压器型等；从开关调整管与负载 R_L 的连接方式可分为串联型和并联型。一般在工程上的分类主要以连接方式和控制方式来命名开关电源，因此，经常有四种开关电源，分别为并联调宽型开关电源、串联调宽型开关电源、并联调频型开关电源、串联调频型开关电源。

11.3.2　开关电源的基本组成及基本原理

开关电源的基本组成如图 11-10 所示。它主要由交流 220 V 整流滤波电路、启动电路、开关振荡电路、高频脉冲整流滤波电路、取样和稳压控制电路等组成。有的开关电源为了保护开关电源和其他电路的安全，还设有保护电路。

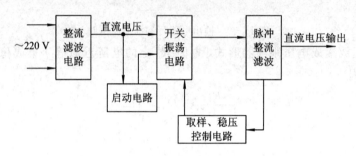

图 11-10　开关电源的基本组成方框图

各单元电路的主要作用如下：

整流滤波电路用于将交流 220 V 电压经桥式整流电路、电容滤波变为 300 V 的脉动直流电压，作为振荡电路和启动电路的工作电压。

启动电路为振荡电路中的开关调整管的基极提供正向导通的偏置电压。

开关振荡电路包括开关调整管、开关变压器（也称脉冲变压器、储能元件）、正反馈电路等，可把 300 V 的脉动直流电压变为高频脉冲电压。

脉冲整流滤波电路的任务是把高频脉冲电压变为稳定的直流电压提供给负载。

稳压电路包括取样电路、基准电压产生电路、比较电路、脉宽（或频率）调整电路，通过取样电路得到取样电压，与基准电压进行比较，产生误差电压并加以放大，然后去控制开关调整管的导通和截止时间，以改变高频脉冲的频率或脉冲宽度，从而保证输出电压的稳定。

保护电路的作用是在电路发生过压、过流故障时，破坏振荡条件，使振荡电路停振，电源输出电压下降为 0 V，整机停止工作，从而保护开关电源与其他单元电路各部分免受损坏。

11.3.3　开关电源的种类

1. 按连接方式分类

连接方式指开关管与负载的连接关系。如果开关管与负载连接为串联，则为串联型开关电源。如果开关管与负载的连接关系为并联（可以等效连接），则为并联型开关电源。

（1）串联型开关电源。

串联型开关电源的调整管串接在输入电压和输出电压之间，如图 11-11 所示。

正常工作时，从行扫描电路反馈来的行频脉冲经放大后，输入到开关管的基极，驱动开关管,使其工作在开关状态。当开关管饱和导通时,输出端的电压等于输入端的电压,储能元件储能;当开关管截止时,输出端的电压由储能元件提供。

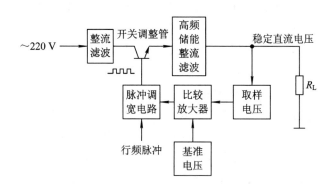

图 11-11　串联型开关电源方框图

(2) 并联型开关电源。

并联型开关电源的调整管与输入电压及输出负载相并联,如图 11-12 所示。由并联型稳压电源可以引申到一种变压器耦合并联型开关电源,如图 11-13 所示。工程上多是变压器耦合并联型开关电源,特别是目前的彩色电视机、计算机电源都采用变压器耦合并联型开关电源。

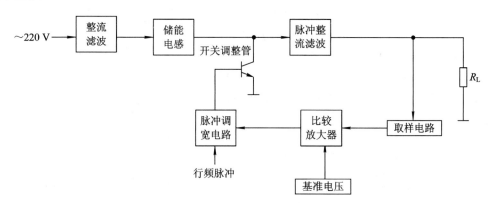

图 11-12　并联型开关电源方框图

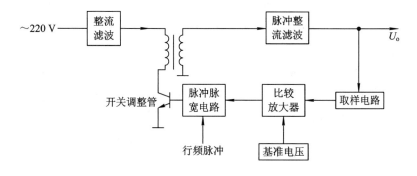

图 11-13　变压器耦合并联型开关稳压电源方框图

2. 按开关电源启动方式分类

按开关电源启动方式分为自激式和他激式两种开关电源。

自激式开关稳压电源是利用开关管、脉冲变压器等组成正反馈环路，形成自激振荡，使开关稳压电源有直流输出电压。

他激式开关稳压电源需要附加一个振荡器来产生开关脉冲，作用于开关调整管，让电源有直流电压输出。

3. 按开关电源的稳压控制方式分类

脉冲宽度控制方式：简称为调宽式，实质是开关脉冲频率保持不变，通过改变脉冲的占空比，从而达到改变开关管饱和和截止时间的大小，以实现控制输出电压的大小。

脉冲频率控制方式：简称为调频式，实质是开关脉冲频率是变化的，通过改变开关脉冲的频率或周期，可以达到控制开关管饱和和截止时间的大小，同样实现控制输出电压的大小。

11.3.4 开关稳压电源的基本原理

1. 电路的组成（以并联调宽型为例）

变压器耦合并联型开关电源的原理电路图如图 11-14 所示。它由开关调整管 V、脉冲变压器 T、脉冲整流二极管 VD、滤波电容 C、负载电阻 R_L 等组成。从脉冲调宽电路输出的开关脉冲信号 u_b 加在开关调整管 V 的基极上，以控制其饱和导通与截止，即开关脉冲高电平时导通，低电平时截止。实际中，高电平时间越长，开关管导通时间越长，开关变压器储存能量越多，输出电压越高，如图 11-15 所示。

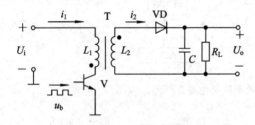

图 11-14 变压器耦合并联型开关电源原理电路图

2. 基本工作原理

（1）在 $t_0 \sim t_1$ 期间：调整管 V 饱和导通，电流自上而下经变压器初级流入开关管 V，在 L_1 上产生一个上正下负的感应电压 U_{L1}。

$$U_{L1} = L_1 \frac{\mathrm{d}i_1}{\mathrm{d}t}$$

$$I_1 = \frac{U_i}{L_1}t + I_1(0)$$

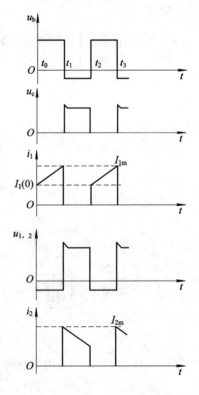

图 11-15 并联型开关电源工作波形图

式中，$I_1(0)$由初始状态确定。

显然i_1呈线性上升，在 V 截止前达到最大值。脉冲变压器 T 的初级感应电压为上负下正；VD 截止；随着电流的上升，脉冲变压器 T 中的能量的储存量增大。

（2）在$t_1 \sim t_2$期间：调整管 V 截止时$i_1 = 0$，L_1、L_2上立即感应出与前期极性相反的电动势。这时 VD 导通，脉冲变压器 T 中储存的能量以电能的形式向电容 C 及负载R_L释放并形成直流电压。

（3）t_2时刻：V 又开始导通，VD 截止，T 又储存能量。当然 T 的次级L_2中的能量并未耗完，又转移到初级L_1中，使i_1从$I_1(0)$开始上升，这时负载所需的电流由电容 C 放电提供。此后电路重复上述过程。

结论　在分析开关电源时，必须注意三大要素：开关管、开关变压器、输出电压。理清三大要素的关系对分析任何一种开关电源都是非常有用的。开关管导通的时间越长，开关变压器储存的能量越多，输出电压越高；反之亦成立。

本 章 小 结

（1）掌握二极管具有单向导电性的特征，利用其特性可以完成将交流电压转换为脉动的直流电压的功能，即整流。整流分为半波整流、全波整流、桥式整流。

（2）掌握各类型整流电路输出直流电压与输入电压之间的关系，即：半波整流输出电压是输入交流电压有效值的 0.45 倍；全波及桥式整流输出电压是输入交流电压的 0.9 倍。

（3）熟悉滤波电路的特性以及电路的形式：电容滤波和 Ⅱ 型滤波电路。了解滤波电路的基本工作原理。

（4）了解并联型稳压电源的基本原理及电路组成。

（5）掌握串联型稳压电源的电路组成、工作原理以及稳压过程，并能简单计算其参数。

（6）了解开关电源电路的基本组成、工作原理、开关电源的类型以及稳压过程。

习题与思考题

11.1　整流滤波电路如图 11-16 所示，二极管为理想器件，负载电阻$R_L = 400\ \Omega$，滤波电容$C = 470\ \mu F$，变压器副边电压有效值$U_2 = 20\ V$，试说明在下列三种情况下输出电压的数值。

（1）当二极管短路时，输出电压是多少？

（2）当滤波电容开路时，输出电压是多少？

（3）正常工作时，输出电压是多少？

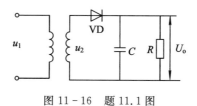

图 11-16　题 11.1 图

11.2 试分析图 11-17 所示桥式整流电路中二极管 VD_2 或 VD_4 断开时负载电压的波形。如果 VD_2 或 VD_4 接反，后果如何？如果 VD_2 或 VD_4 因击穿或短路，后果又如何？

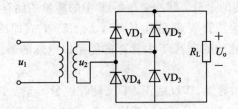

图 11-17 题 11.2 图

11.3 已知桥式整流电容滤波电路，整流管为理想器件，滤波电容 $C=1000\ \mu\text{F}$，$R_L=100\ \Omega$，负载两端输出直流电压 $U_o=30\ \text{V}$，变压器原边输入电压为 220 V。

(1) 计算变压器副边电压的有效值 U_2；

(2) 定性画出输出电压波形。

11.4 串联稳压电源通常由几部分组成？各部分的作用是什么？

11.5 试说明图 11-6 所示串联型稳压电源的工作原理以及稳压过程。

11.6 电路如图 11-18 所示，已知 $U_i=24\ \text{V}$，$U_Z=5.3\ \text{V}$，$U_{BE}=0.7\ \text{V}$，$U_{CES}=2\ \text{V}$，$R_3=R_4=R_p=300\ \Omega$。

(1) 计算输出电压的可调范围。

(2) 若 $R_3=600\ \Omega$，输出电压最高为多少？

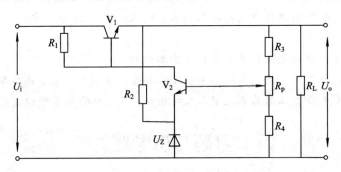

图 11-18 题 11.6 图

第 12 章　数字电路基础

在时间上和数量上都不连续，变化总是发生在一系列离散的瞬间，数量大小和每次的增减变化都是某一个最小单位的整数倍，这一类物理量叫做数字量。表示数字量的信号称为数字信号。工作在数字信号下的电路叫做数字电路。

12.1　逻辑代数基础

12.1.1　数　制

数制即计数的方法。在我们的日常生活中，最常用的是十进制。数字电路中采用的数制有二进制、八进制、十六进制等。

1. 十进制

十进制是最常用的数制。在十进制数中有 0～9 这 10 个数码，任何一个十进制数均可用这 10 个数码来表示。计数时以 10 为基数，逢十进一，同一数码在不同位置上表示的数值不同。例如：

$$9999 = 9 \times 10^3 + 9 \times 10^2 + 9 \times 10^1 + 9 \times 10^0$$

其中，10^0、10^1、10^2、10^3 称为十进制各位的"权"。

对于任意一个十进制整数 M，可用下式来表示：

$$M = \pm(a_n \times 10^{n-1} + a_{n-1} \times 10^{n-2} + \cdots + a_2 \times 10^1 + a_1 \times 10^0)$$

上式中 a_1、a_2、$\cdots$、a_{n-1}、a_n 为各位的十进制数码。

2. 二进制

在数字电路中广泛应用的是二进制。在二进制数中，只有"0"和"1"两个数码，计数时以 2 为基数，逢二进一，即 $1 + 1 = 10$，同一数码在不同位置所表示的数值是不同的。对于任何一个二进制整数 N，可用下式表示：

$$N = \pm(K_n \times 2^{n-1} + K_{n-1} \times 2^{n-2} + \cdots + K_2 \times 2^1 + K_1 \times 2^0)$$

例如：

$$(1011)_2 = 1 \times 2^3 + 0 \times 2^2 + 1 \times 2^1 + 1 \times 2^0$$

其中，2^0、2^1、2^2、2^3 为二进制数各位的"权"。

3. 二进制数与十进制数之间的转换

数字电路采用二进制比较方便，但人们习惯用十进制，因此，经常需在两者间进行转换。

（1）二进制数转换为十进制数——按权相加法。

例如，将二进制数 1111 转换成十进制数，

$$(1101)_2 = 1 \times 2^3 + 1 \times 2^2 + 0 \times 2^1 + 1 \times 2^0 = 8 + 4 + 0 + 1 = (13)_{10}$$

（2）十进制数转换为二进制数——除二取余法。

例如，将十进制数 29 转换为二进制数，换算结果为

$$(29)_{10} = (11101)_2$$

由以上可以看出，把十进制整数转换为二进制整数时，可将十进制数连续除 2，直到商为 0，每次所得余数就依次是二进制由低位到高位的各位数字。

4. 十六进制

十六进制数有 16 个数码：0、1、2、3、4、5、6、7、8、9、A、B、C、D、E、F，其中，A~F 分别代表十进制的 10~15，计数时，逢十六进一。为了与十进制数区别，规定十六进制数通常在末尾加字母 H，例如 28H、5678H 等。

十六进制数各位的"权"从低位到高位依次是 16^0、16^1、16^2…。例如：

$$5C4H = 5 \times 16^2 + 12 \times 16^1 + 4 \times 16^0 = (1476)_{10}$$

可见，将十六进制数转换为十进制数时，只要按"权"展开即可。要将十进制数转换为十六进制数时，可先转换为二进制数，再由二进制数转换为十六进制数。例如：

$$(29)_{10} = (11101)_2 = (1D)_{16}$$

三种数制的数值比较：

十进制数	0	1	2	3	4	5	6	7	8	9	10	11	12	13	14	15
二进制数	0	1	10	11	100	101	110	111	1000	1001	1010	1011	1100	1101	1110	1111
十六进制数	0	1	2	3	4	5	6	7	8	9	A	B	C	D	E	F

12.1.2 编码

用数字或某种文字符号来表示某一对象和信号的过程叫编码。在数字电路中，十进制编码或某种文字符号难于实现，一般采用四位二进制数码来表示一位十进制数码，这种方法称为二—十进制编码，即 BCD 码。由于这种编码的四位数码从左到右各位对应值分别为 2^3、2^2、2^1、2^0，即 8、4、2、1，所以 BCD 码也叫 8421 码，其对应关系如下：

十进制数	0	1	2	3	4	5	6	7	8	9
8421BCD 码	0000	0001	0010	0011	0100	0101	0110	0111	1000	1001

例如，一个十进制数 458 可用 8421 码表示如下：

十进制数：　　　　4　　　　　5　　　　　8

BCD 码：　　0100　　　0101　　　1000

除此之外，还有一些其它编码方式，这里不再介绍。

12.2 逻辑函数的表示方法

所谓逻辑，是指条件与结果之间的关系。输入与输出信号之间存在一定逻辑关系的电路称为逻辑电路。门电路是一种具有多个输入端和一个输出端的开关电路。由于它的输出

信号与输入信号之间存在着一定的逻辑关系,所以称为逻辑门电路。门电路是数字电路的基本单元。

12.2.1 与逻辑及与门电路

1. 与逻辑

与逻辑是指当决定事件发生的所有条件 A、B 均具备时,事件 F 才发生。如图 12-1 所示,只有当开关 S_1 与 S_2 同时接通时灯泡才亮。

完整地表示输入与输出之间逻辑关系的表格称为真值表。

若开关接通为"1"、断开为"0",灯亮为"1"、不亮为"0",则图 12-1 所示关系的真值表如表 12-1 所示。

与逻辑通常用逻辑函数表达式表示为

$$F = A \cdot B$$

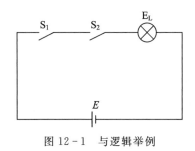

图 12-1 与逻辑举例

表 12-1 真值表

A	B	F
0	0	0
0	1	0
1	0	0
1	1	1

2. 与门电路

实现与逻辑运算的电路叫与门电路,二极管与门电路如图 12-2(a)所示,输入端 A、B 代表条件,输出端 F 代表结果。

当 $U_A = U_B = 0$ 时,VD_1、VD_2 均导通,输出 U_F 被限制在 0.7 V;当 $U_A = 0$ V,$U_B = 3$ V 时,VD_1 先导通,$U_F = 0.7$ V,VD_2 承受反压而截止;当 $U_A = 3$ V,$U_B = 0$ V 时,VD_2 先导通,VD_1 承受反压而截止;当 $U_A = U_B = 3$ V 时,VD_1、VD_2 导通,输出端电压 $U_F = 3.7$ V。若忽略二极管压降,高电平用 1、低电平用 0 代替,其结果与真值表是一致的。与门电路逻辑符号如图 12-2(b)所示。

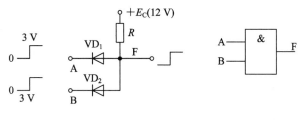

(a) 二极管与门电路　　　　　　(b) 与逻辑符号

图 12-2 与门电路和符号

与逻辑又称为逻辑乘,其基本运算规则如下:

$$0 \cdot 0 = 0, \quad 0 \cdot 1 = 0, \quad 1 \cdot 0 = 0, \quad 1 \cdot 1 = 1$$

12.2.2　或逻辑及或门电路

1. 或逻辑

或逻辑是指当决定事件发生的各种条件 A、B 中只要具备一个或一个以上时，事件 F 就发生。例如，把两个开关并联后与一盏灯串联接到电源上，当两只开关中有一个或一个以上闭合时灯均能亮，只有两个开关全断开时灯才不亮，如图 12 - 3(a)所示，真值表见表 12 - 2。其逻辑函数表达式为

$$F = A + B$$

表 12 - 2　真值表

A	B	F
0	0	0
0	1	1
1	0	1
1	1	1

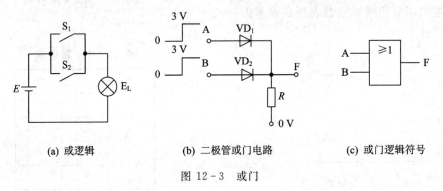

(a) 或逻辑　　　　(b) 二极管或门电路　　　　(c) 或门逻辑符号

图 12 - 3　或门

2. 或门电路

用二极管实现"或"逻辑的电路如图 12 - 3(b)所示；图 12 - 3(c)是或门的逻辑符号。或逻辑又称为逻辑加，其基本运算规则如下：

$$0+0=0, \quad 0+1=1, \quad 1+0=1, \quad 1+1=1$$

12.2.3　非逻辑及非门电路

1. 非逻辑

非逻辑是指某事件的发生取决于某个条件的否定，即某条件成立，这事件不发生；某条件不成立，这事件反而会发生。如图 12 - 4(a)所示，开关 S 接通，灯 E_L 灭；开关断开，

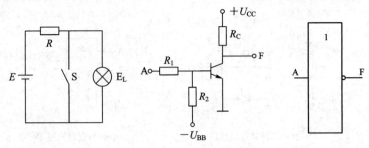

(a) 非逻辑　　　　(b) 三极管非门电路　　　　(c) 非门逻辑符号

图 12 - 4　非门

灯 E_L 亮,灯亮与开关断合满足非逻辑关系。其真值表见表 12-3,其逻表达式为

$$F = \overline{A}$$

2. 非门电路

用三极管连接的非门电路如图 12-4(b)所示。在实际电路中,若电路参数选择合适,当输入为低电平时,三极管因发射结反偏而截止,则输出为高电平;当输入为高电平时,三极管饱合导通,则输出为低电平。所以输入与输出符合非逻辑关系,非门也称为反相器。图 12-4(c)是非门的逻辑符号。其真值表见表 12-3。

表 12-3　真值表

A	F
0	1
1	0

12.2.4　复合门电路

基本逻辑门经简单组合可构成复合门电路。常用的复合门电路有与非门电路和或非门电路。

与门的输出端接一个非门,使与门的输出反相,就构成了与非门。与非门的逻辑表达式为 $F = \overline{AB}$,逻辑符号如图 12-5 所示。

或门输出端接一个非门,使输入与输出反相,构成了或非门。或非门的逻辑表达式为 $F = \overline{A + B}$,逻辑符号如图 12-6 所示。

图 12-5　与非门逻辑符号

图 12-6　或非门逻辑符号

例 12-1　两个输入端的与门、或门和与非门的输入波形如图 12-7(a)所示,试画出其输出信号的波形。

解　设与门的输出为 F_1,或门的输出为 F_2,与非门的输出为 F_3,根据逻辑关系,其输出波形如图 12-7(b)所示。

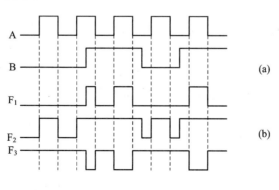

图 12-7　例 12-1 图

12.2.5　逻辑代数的运算法则和基本定律

1. 基本运算法则

逻辑代数的基本运算法则如下:

$$0 \cdot A = 0 \qquad 1 \cdot A = A$$
$$A \cdot \overline{A} = 0 \qquad A \cdot A = A$$
$$0 + A = A \qquad 1 + A = 1$$
$$A + \overline{A} = 1 \qquad A + A = A$$

2. 逻辑代数的基本定律

交换律：$A \cdot B = B \cdot A$ $\qquad\qquad$ $A + B = B + A$

结合律：$ABC = (AB)C = A(BC)$ $\qquad$ $A + B + C = (A+B) + C = A + (B+C)$

分配律：$A(B+C) = AB + AC$ $\qquad$ $A + BC = (A+B)(A+C)$

反演律：$\overline{A \cdot B} = \overline{A} + \overline{B}$ $\qquad\qquad$ $\overline{A+B} = \overline{A} \cdot \overline{B}$

例 12-2 试证：

(1) $A + \overline{A}B = A + B$；(2) $AB + \overline{A}C + BC = AB + \overline{A}C$

证明

(1) $A + \overline{A}B = A + AB + \overline{A}B = A + B(A + \overline{A}) = A + B$

(2) $AB + \overline{A}C + BC = AB + \overline{A}C + (A + \overline{A})BC$
$$\qquad\qquad\qquad = (AB + ABC) + (\overline{A}C + \overline{A}BC)$$
$$\qquad\qquad\qquad = AB + \overline{A}C$$

推论
$$AB + \overline{A}C + BCD = AB + \overline{A}C$$

例 12-3 用逻辑代数运算法则化简逻辑式：
$$F = \overline{A}B\overline{C} + \overline{A}BC + \overline{B} + \overline{B}C$$

解 $F = \overline{A}B(C + \overline{C}) + \overline{B}(1 + C) = \overline{A}B + \overline{B} = \overline{A}B + \overline{B}(1 + \overline{A})$
$$\qquad = \overline{A}(B + \overline{B}) + \overline{B} = \overline{A} + \overline{B}$$

12.3　晶体管开关状态特性

1. 静态开关特性

图 12-8 中的三极管相当于开关。从三极管的工作原理和特性曲线可知，三极管可以工作在放大、截止、饱和三个工作区。在开关电路中，三极管工作在饱和和截止两个区。当基极控制电压 $u_i \leqslant 0$ 时，$u_{BE} \leqslant 0$，$i_B \approx 0$，$i_C = I_{CEO} \approx 0$，三极管工作于截止区，其集电极到发射极之间如同断开的开关一样，此时输出电压 $u_o = U_{OH} = V_{CC}$。

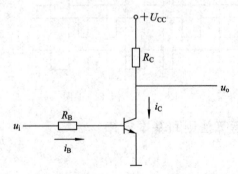

图 12-8　三极管的开关电路

当 $u_i > 0$(高电平)且数值足够大时，只要参数安排适当，使 $i_B \geqslant I_{BS} = \dfrac{U_{CC}}{\beta R_C}$ (I_{BS} 为三极管的临界饱和基极电流)，则有 $u_{BE} > 0$，$u_{BC} > 0$，三极管工作于饱和区，i_C 不随 i_B 的增加而增加。此时，三极管 c-e 间的饱和管压降 $U_{CE(sat)} \approx 0$，如同开关闭合一样，输出电压 $u_o = U_{OL} \approx 0$。

由上述可见，只要用 u_i 的高、低电平控制三极管，即可使其分别工作在饱和和截止状态，三极管处于开关状态，在其输出端可获得对应的高、低电平。

实际电路中，一般都能满足 $U_{CC} \gg U_{CE(sat)}$、$I_{CEO} \approx 0$，所以在分析三极管开关电路时经常使用图 12-9 所示的双极型三极管开关电路。

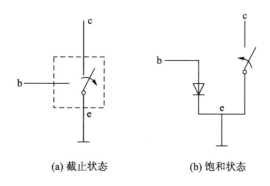

(a) 截止状态   (b) 饱和状态

图 12-9　双极型三极管开关的等效电路

2. 动态开关特性

在动态情况下，即三极管在截止与饱和导通两种状态间迅速转换时，由于三极管内部电荷的建立和消散都需要一定的时间，所以集电极电流的变化滞后于基极电压的变化，如图 12-10 所示。当然，输出电压 u_o 的变化比输入电压 u_i 的变化也相应地滞后。

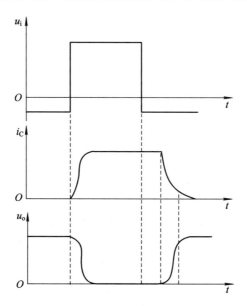

图 12-10　三极管的动态开关特性

12.4 TTL 集成门电路

前面讨论的门电路都是由二极管、三极管等元件组成的，称为分立元件门电路。随着集成电路的发展，分立元件门电路的应用逐渐减少，但是它的工作原理是集成门电路的基础，有助于掌握集成电路。下面介绍常用的集成门电路。

1. 电路结构

图 12-11(a) 是最常用的 TTL 与非门，图 12-11(b) 是其逻辑符号图。

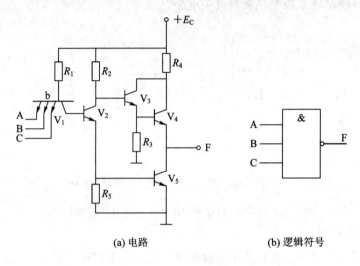

(a) 电路   (b) 逻辑符号

图 12-11 TTL 与非门电路及逻辑符号

在图 12-11(a) 中，V_1 为多发射极管，它的基极与每个发射极之间都有一个 PN 结。若用二极管代替 PN 结，V_1 等效电路如图 12-12 所示。V_2、R_2 和 R_5 组成了中间级，V_3、V_4、V_5 和 R_4、R_3 组成了输出级。

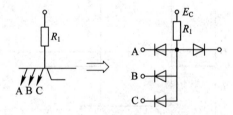

图 12-12 用二极管表示多发射极晶体管中的 PN 结

2. TTL 与非门的工作原理

（1）输入端 A、B、C 均接高电平（3～6 V）时，E_C 通过 R_1 为 V_1 提供足够的基极电流，通过 V_1 集电结向 V_2 注入基极电流。V_2 发射极电流又为 V_5 提供基极电流，使 V_5 导通，此时 V_1 基极电位为三个 PN 结正向压降之和，即

$$U_{B1} = U_{BE1} + U_{BE2} + U_{BE5} = 2.1 \text{ V}$$

此时，V_1 发射结均为反偏，由于 V_2 饱和，V_2 集电极电位为

$$U_{C2} = U_{BE5} + U_{CES2} = 0.7 + 0.3 = 1.0 \text{ V}$$

由于 $U_{B3}=U_{C2}=1.0$ V，V_3 导通，则

$$U_{E3} = U_{B4} = 0.3 \text{ V}$$

V_4 基极电位为 0.3 V，V_4 的发射极电位也是 0.3 V，所以，V_4 截止，V_5 导通，输出为低电平 0.3 V。可见，输入端全部接高电平 U_{IH} 或悬空，则输出为低电平 U_{OL}。

（2）输入端 A、B、C 任一个接低电平，设 $U_A=0.3$ V，B、C 端接高电平或悬空，V_1 的发射结正偏导通，V_1 的基极电位 $U_{B1}\approx1.0$ V，

$$I_{B1} = \frac{E_C - U_{B1}}{R_1} = 1.4 \text{ mA}$$

V_1 集电结通过 V_2 集电结、R_2 接到 E_C。由于 V_1 集电结反偏，I_{C1} 仅为很小的反向漏电流，故 V_1 处于深饱和状态，则 $U_{CES1}\leqslant0.1$ V。因此，

$$U_{C1} = 0.3 + U_{CES1} \leqslant 0.3 + 0.1 = 0.4 \text{ V}$$

即 $U_{B2}\leqslant0.4$ V。这时 V_2、V_5 截止，由于 V_2 截止，E_C 经 R_2 驱动复合管 V_3、V_4 进入导通状态，因此，输出高电平为

$$U_{OH} = +E_C - I_{B3}R_2 - U_{BE3} - U_{BE4} \approx 5 - 0 - 0.7 - 0.7 \approx 3.6 \text{ V}$$

可见，输入端有一个或几个全部为低电平时，输出为高电平 U_{OH}。

TTL 集成与非门的主要参数如下：

（1）输出高电平 U_{OH}：输入端有一个或一个以上低电平时，输出端得到的高电平值；典型值为 3.6 V。

（2）输出低电平 U_{OL}：输入端全部为高电平时，输出端得到的低电平值；典型值为 0.3 V。

（3）开门电平 U_{ON}：保证输出低电平的最小输入电平值；典型值为 1.4 V。

（4）关门电平 U_{OFF}：使输出电压达到规定高电平的 90% 时，输入低电平的最大值；典型值为 1 V。

（5）扇出系数 N_o：输出端最多能带同类门电路的个数，它反映了与非门的最大负载能力；对 TTL 与非门，一般扇出系数 $N_o=8\sim10$。

本 章 小 结

（1）数字电路中经常使用二进制和十六进制。二进制和十六进制之间可以相互转换。

（2）逻辑代数的运算法则有交换律、结合律、反演律、分配律和吸收律。

（3）门电路是具有多个输入端和一个输出端的开关电路。

习题与思考题

12.1　数字电路与模拟电路的主要区别是什么？数字电路有何优点？

12.2　将下列二进制数转换成十进制数：

（1）100

（2）10100

（3）11011

(4) 1010

12.3 将下列十进制数转换成二进制数：

(1) 5

(2) 9

(3) 51

(4) 99

12.4 将下列十六进制数转换成二进制数和十进制数：

(1) 17H

(2) 11H

(3) 25H

(4) 99H

12.5 证明下列等式：

(1) $A + \overline{A}B = A + B$

(2) $ABC + A\overline{B}C + AB\overline{C} = AC + AB$

第 13 章　组合逻辑电路与时序逻辑电路

13.1　组合逻辑电路的分析与设计方法

组合逻辑电路的分析是指根据给定的逻辑电路图，归纳出该逻辑电路的逻辑功能。

组合逻辑电路的分析通常采用代数法，一般按照以下步骤进行：

（1）根据给定组合逻辑电路的逻辑图，从输入端开始，逐级推导出输出端的逻辑函数表达式；

（2）由输出函数表达式，列出它的真值表；

（3）从逻辑函数表达式或真值表，概括出给定组合逻辑电路的逻辑功能。

例 13-1　分析图 13-1 所示的组合逻辑电路。

解　（1）根据与非门的逻辑关系，写出各输出端表达式。

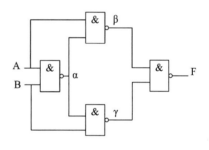

图 13-1　组合逻辑电路

$$\alpha = \overline{AB}$$

$$\beta = \overline{A\alpha} = \overline{A\,\overline{AB}} = \overline{A\overline{B}}$$

$$\gamma = \overline{B\alpha} = \overline{B\,\overline{AB}} = \overline{B\overline{A}}$$

$$F = \overline{\beta\gamma} = \overline{\overline{A\overline{B}} \cdot \overline{B\overline{A}}} = A\overline{B} + \overline{A}B$$

（2）列真值表。

A	B	F
0	0	0
0	1	1
1	0	1
1	1	0

（3）归纳逻辑功能。

从真值表上可以看出，当 A、B 同时为"0"或者同时为"1"时，结果为"0"；否则，结果为"1"，所以该电路为异或逻辑电路。

13.2　常用组合逻辑电路的分析

13.2.1　加法器

1. 半加器

（1）只考虑两个一位二进制数的相加，而不考虑来自低位进位数的运算电路，称为半加器。如在第 i 位的两个加数 A_i 和 B_i 相加，它除产生本位和数 S_i 之外，还有一个向高位的进位数。因此，

输入信号：加数 A_i，被加数 B_i

输出信号：本位和数 S_i，向高位的进位 C_i

（2）根据二进制加法原则（逢二进一），得真值表如表 13-1 所示。

（3）输出逻辑函数式为

$$\begin{cases} S_i = \overline{A_i}B_i + A_i\overline{B_i} \\ C_i = A_iB_i \end{cases}$$

（4）逻辑电路由一个异或门和一个与门组成，如图 13-2(a)所示。

（5）逻辑符号如图 13-2(b)所示。

表 13-1　半加器真值表

输入		输出	
A_i	B_i	S_i	C_i
0	0	0	0
0	1	1	0
1	0	1	0
1	1	0	1

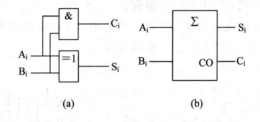

图 13-2　半加器的逻辑电路和符号

2. 全加器

（1）不仅考虑两个一位二进制数相加，而且还考虑来自低位进位数相加的运算电路，称为全加器。

如在第 i 位二进制数相加时，被加数、加数和来自低位的进位数分别为 A_i、B_i、C_{i-1}，输出本位和及向相邻高位的进位数为 S_i、C_i。因此，

输入信号：加数 A_i、被加数 B_i、来自低位的进位 C_{i-1}

输出信号：本位和数 S_i，向高位的进位 C_i

（2）真值表如表 13-2 所示。

（3）由真值表列出输出逻辑函数表达式并化简，得

$$\begin{cases} \overline{S_i} = \overline{A_i}\,\overline{B_i}\,\overline{C_{i-1}} + \overline{A_i}B_iC_{i-1} + A_i\overline{B_i}C_{i-1} + A_iB_i\overline{C_{i-1}} \\ \overline{C_i} = \overline{A_i}\,\overline{B_i} + \overline{A_i}\,\overline{C_{i-1}} + \overline{B_i}\,\overline{C_{i-1}} \end{cases}$$

据此可求得 S_i 和 C_i 的输出逻辑函数表达式（与或非式）为

$$\begin{cases} S_i = \overline{\overline{A_i}\,\overline{B_i}\,\overline{C_{i-1}} + \overline{A_i}B_iC_{i-1} + A_i\overline{B_i}C_{i-1} + A_iB_i\overline{C_{i-1}}} \\ C_i = \overline{\overline{A_i}\,\overline{B_i} + \overline{A_i}\,\overline{C_{i-1}} + \overline{B_i}\,\overline{C_{i-1}}} \end{cases}$$

表 13-2　全加器真值表

输入			输出	
A_i	B_i	C_{i-1}	S_i	C_i
0	0	0	0	0
0	0	1	1	0
0	1	0	1	0
0	1	1	0	1
1	0	0	1	0
1	0	1	0	1
1	1	0	0	1
1	1	1	1	1

（4）逻辑图如图13-3(a)所示。

（5）逻辑符号如图13-3(b)所示。

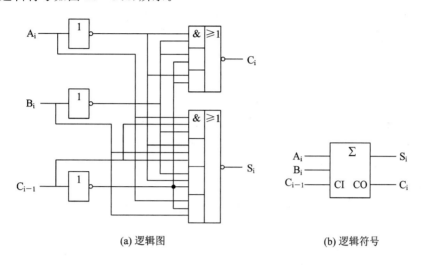

(a) 逻辑图　　　　　　　　　(b) 逻辑符号

图13-3　全加器及其逻辑符号

13.2.2　编码器

编码是指用代码表示特定对象的过程，例如商品条形码、键盘编码器。编码器则是指实现编码的逻辑电路。

二进制编码原则：用n位二进制代码可以表示2^n个信号，在对N个信号编码时，应由$2^n \geq N$来确定编码位数n。

1. 二进制编码器

（1）二进制编码器：用n位二进制代码对2^n个信号进行编码的电路。

（2）电路图：图13-4所示为三位二进制编码器。

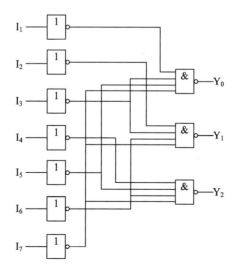

图13-4　三位二进制编码器

输入：$I_0 \sim I_7$ 为 8 个需要编码的信号

输出：Y_2、Y_1、Y_0 为三位二进制代码

由于该编码器有 8 个输入端，3 个输出端，故称 8—3 线编码器。

（3）输出逻辑函数。

$$\begin{cases} Y_0 = \overline{\overline{I_1} \cdot \overline{I_3} \cdot \overline{I_5} \cdot \overline{I_7}} \\ Y_1 = \overline{\overline{I_2} \cdot \overline{I_3} \cdot \overline{I_6} \cdot \overline{I_7}} \\ Y_2 = \overline{\overline{I_4} \cdot \overline{I_5} \cdot \overline{I_6} \cdot \overline{I_7}} \end{cases}$$

编码器在任何时刻只能对一个输入信号进行编码，不允许有两个或两个以上的输入信号同时请求编码，否则输出编码会发生混乱。这就是说，I_0、I_1、$\cdots$、I_7 这 8 个编码信号是相互排斥的。在 $I_1 \sim I_7$ 为 0 时，输出就是 I_0 的编码，故 I_0 未画。

（4）真值表如表 13-3 所示。

表 13-3　8 线—3 线编码器真值表

输　　　入								输　　出		
I_0	I_1	I_2	I_3	I_4	I_5	I_6	I_7	Y_2	Y_1	Y_0
1	0	0	0	0	0	0	0	0	0	0
0	1	0	0	0	0	0	0	0	0	1
0	0	1	0	0	0	0	0	0	1	0
0	0	0	1	0	0	0	0	0	1	1
0	0	0	0	1	0	0	0	1	0	0
0	0	0	0	0	1	0	0	1	0	1
0	0	0	0	0	0	1	0	1	1	0
0	0	0	0	0	0	0	1	1	1	1

（5）分析。

输入信号为高电平有效（有效：表示有编码请求）；

输出代码编为原码（对应自然二进制数）。

2. 二—十进制编码器

人们习惯用十进制，而数字电路只识别二进制，所以需要相互转换。

（1）二—十进制编码器：将 $0 \sim 9$ 十个十进制数转换为二进制代码的电路。

（2）逻辑电路图如图 13-5 所示。

需要编码的 10 个输入信号：$I_0 \sim I_9$

输出 4 位二进制代码：Y_3、Y_2、Y_1、Y_0

（3）输出逻辑函数。

$$\begin{cases} Y_0 = \overline{\overline{I_0} \cdot \overline{I_3} \cdot \overline{I_5} \cdot \overline{I_7} \cdot \overline{I_9}} \\ Y_1 = \overline{\overline{I_2} \cdot \overline{I_3} \cdot \overline{I_6} \cdot \overline{I_7}} \\ Y_2 = \overline{\overline{I_4} \cdot \overline{I_5} \cdot \overline{I_6} \cdot \overline{I_7}} \\ Y_3 = \overline{\overline{I_8} \cdot \overline{I_9}} \end{cases}$$

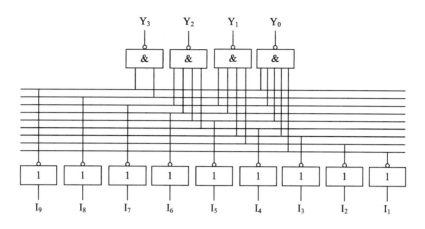

图 13-5　二—十进制编码器

（4）真值表如表 13-4 所示。

表 13-4　二—十进制编码器真值表

输入										输出			
I_0	I_1	I_2	I_3	I_4	I_5	I_6	I_7	I_8	I_9	Y_3	Y_2	Y_1	Y_0
1	0	0	0	0	0	0	0	0	0	0	0	0	0
0	1	0	0	0	0	0	0	0	0	0	0	0	1
0	0	1	0	0	0	0	0	0	0	0	0	1	0
0	0	0	1	0	0	0	0	0	0	0	0	1	1
0	0	0	0	1	0	0	0	0	0	0	1	0	0
0	0	0	0	0	1	0	0	0	0	0	1	0	1
0	0	0	0	0	0	1	0	0	0	0	1	1	0
0	0	0	0	0	0	0	1	0	0	0	1	1	1
0	0	0	0	0	0	0	0	1	0	1	0	0	0
0	0	0	0	0	0	0	0	0	1	1	0	0	1

13.2.3　译码器

译码是编码的逆过程，是指将表示特定意义信息的二进制代码翻译出来。实现译码功能的电路称为译码器。

二进制译码原则是用 n 位二进制代码表示 2^n 个信号，对 n 位代码译码时，应由 $2^n \geqslant N$ 来确定译码信号位数 N。

1. 二进制译码器

功能：将输入二进制代码译成相应输出信号的电路。

MSI 译码器 CT74LS138 有 3 个输入端、8 个输出端，因此，又称 3 线—8 线译码器。

（1）逻辑图如图 13-6 所示。

输入端：A_2、A_1、A_0 为二进制代码；

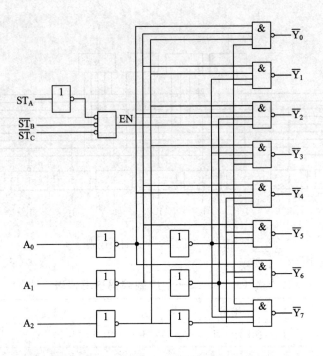

图 13-6 3线—8线译码器 74LS138 逻辑图

输出端：$\overline{Y}_7 \sim \overline{Y}_0$，低电平有效；

使能端：ST_A（高电平有效）、$\overline{ST}_B$（低电平有效）和$\overline{ST}_C$（低电平有效），且

$$EN=ST_A \cdot \overline{\overline{ST}_B} \cdot \overline{\overline{ST}_C}=ST_A(\overline{\overline{ST}_B+ST_C})$$

（2）真值表如表 13-5 所示。

表 13-5　3线—8线译码器 74LS138 真值表

输入					输出							
ST_A	$\overline{ST}_B+\overline{ST}_C$	A_2	A_1	A_0	$\overline{Y}_0$	$\overline{Y}_1$	$\overline{Y}_2$	$\overline{Y}_3$	$\overline{Y}_4$	$\overline{Y}_5$	$\overline{Y}_6$	$\overline{Y}_7$
×	1	×	×	×	1	1	1	1	1	1	1	1
0	×	×	×	×	1	1	1	1	1	1	1	1
1	0	0	0	0	0	1	1	1	1	1	1	1
1	0	0	0	1	1	0	1	1	1	1	1	1
1	0	0	1	0	1	1	0	1	1	1	1	1
1	0	0	1	1	1	1	1	0	1	1	1	1
1	0	1	0	0	1	1	1	1	0	1	1	1
1	0	1	0	1	1	1	1	1	1	0	1	1
1	0	1	1	0	1	1	1	1	1	1	0	1
1	0	1	1	1	1	1	1	1	1	1	1	0

（3）逻辑功能：

① 当 $ST_A=0$ 或 $\overline{ST}_B+\overline{ST}_C=1$ 时，$EN=0$，译码器禁止译码，输出 $\overline{Y}_7\sim\overline{Y}_0$ 都为高电平 1。

② 当 $ST_A=1$ 且 $\overline{ST}_B+\overline{ST}_C=0$ 时，$EN=1$，译码器工作，输出低电平 0 有效。

这时，译码器输出 $\overline{Y}_7\sim\overline{Y}_0$ 由输入二进制代码决定，输出逻辑函数式为

$$\left\{\begin{array}{l}\overline{Y}_0=\overline{\overline{A}_2\,\overline{A}_1\,\overline{A}_0}=\overline{m}_0\\[4pt]\overline{Y}_1=\overline{\overline{A}_2\,\overline{A}_1\,A_0}=\overline{m}_1\\[4pt]\overline{Y}_2=\overline{\overline{A}_2\,A_1\,\overline{A}_0}=\overline{m}_2\\[4pt]\overline{Y}_3=\overline{\overline{A}_2\,A_1\,A_0}=\overline{m}_3\\[4pt]\overline{Y}_4=\overline{A_2\,\overline{A}_1\,\overline{A}_0}=\overline{m}_4\\[4pt]\overline{Y}_5=\overline{A_2\,\overline{A}_1\,A_0}=\overline{m}_5\\[4pt]\overline{Y}_6=\overline{A_2\,A_1\,\overline{A}_0}=\overline{m}_6\\[4pt]\overline{Y}_7=\overline{A_2\,A_1\,A_0}=\overline{m}_7\end{array}\right.$$

二进制译码器的输出将输入二进制代码的各种状态都译出来了。因此，二进制译码器又称全译码器，它的输出提供了输入变量的全部最小项。

2. 二—十进制译码器

功能：将 4 位 BCD 码的十组代码翻译成 $0\sim9$ 十个对应输出信号的电路。

由于它有 4 个输入端，10 个输出端，所以，又称 4 线—10 线译码器（CT74LS42）。

（1）逻辑图如图 13-7 所示。

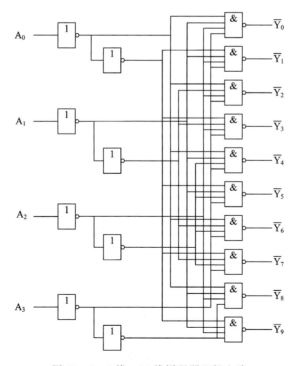

图 13-7　4 线—10 线译码器逻辑电路

输入端：A_3、A_2、A_1、A_0为 4 位 8421BCD 码

输出端：$\overline{Y}_9 \sim \overline{Y}_0$，低电平有效

（2）真值表如表 13-6 所示（代码 1010～1111 没有使用，称做伪码）。

表 13-6　4 线—10 线译码器真值表

十进制数	输入				输出									
	A_3	A_2	A_1	A_0	$\overline{Y}_0$	$\overline{Y}_1$	$\overline{Y}_2$	$\overline{Y}_3$	$\overline{Y}_4$	$\overline{Y}_5$	$\overline{Y}_6$	$\overline{Y}_7$	$\overline{Y}_8$	$\overline{Y}_9$
0	0	0	0	0	0	1	1	1	1	1	1	1	1	1
1	0	0	0	1	1	0	1	1	1	1	1	1	1	1
2	0	0	1	0	1	1	0	1	1	1	1	1	1	1
3	0	0	1	1	1	1	1	0	1	1	1	1	1	1
4	0	1	0	0	1	1	1	1	0	1	1	1	1	1
5	0	1	0	1	1	1	1	1	1	0	1	1	1	1
6	0	1	1	0	1	1	1	1	1	1	0	1	1	1
7	0	1	1	1	1	1	1	1	1	1	1	0	1	1
8	1	0	0	0	1	1	1	1	1	1	1	1	0	1
9	1	0	0	1	1	1	1	1	1	1	1	1	1	0
伪码	1	0	1	0	1	1	1	1	1	1	1	1	1	1
	1	0	1	1	1	1	1	1	1	1	1	1	1	1
	1	1	0	0	1	1	1	1	1	1	1	1	1	1
	1	1	0	1	1	1	1	1	1	1	1	1	1	1
	1	1	1	0	1	1	1	1	1	1	1	1	1	1
	1	1	1	1	1	1	1	1	1	1	1	1	1	1

（3）逻辑函数式：

$$
\begin{cases}
\overline{Y}_0 = \overline{\overline{A}_3\overline{A}_2\overline{A}_1\overline{A}_0}, & \overline{Y}_5 = \overline{\overline{A}_3 A_2 \overline{A}_1 A_0} \\[4pt]
\overline{Y}_1 = \overline{\overline{A}_3\overline{A}_2\overline{A}_1 A_0}, & \overline{Y}_6 = \overline{\overline{A}_3 A_2 A_1 \overline{A}_0} \\[4pt]
\overline{Y}_2 = \overline{\overline{A}_3\overline{A}_2 A_1 \overline{A}_0}, & \overline{Y}_7 = \overline{\overline{A}_3 A_2 A_1 A_0} \\[4pt]
\overline{Y}_3 = \overline{\overline{A}_3\overline{A}_2 A_1 A_0}, & \overline{Y}_8 = \overline{A_3 \overline{A}_2 \overline{A}_1 \overline{A}_0} \\[4pt]
\overline{Y}_4 = \overline{\overline{A}_3 A_2 \overline{A}_1 \overline{A}_0}, & \overline{Y}_9 = \overline{A_3 \overline{A}_2 \overline{A}_1 A_0}
\end{cases}
$$

由式可知，当输入伪码 1010～1111 时，输出 $\overline{Y}_9 \sim \overline{Y}_0$ 都为高电平 1，不会出现低电平 0。因此，译码器不会产生错误译码。

例 13-2　试用译码器和门电路实现逻辑函数：

$$Y = \overline{A}BC + AB\overline{C} + C$$

解 （1）根据逻辑函数选用译码器。由于逻辑函数 Y 中有 A、B、C 三个变量，故应选用 3 线—8 线译码器 CT74LS138。其输出为低电平有效，故选用与非门。

（2）写出标准与或表达式为

$$Y = \overline{A}BC + AB\overline{C} + C$$
$$= \overline{A}\,\overline{B}C + \overline{A}BC + A\overline{B}C + AB\overline{C} + ABC$$
$$= m_1 + m_3 + m_5 + m_6 + m_7$$
$$= \overline{\overline{m_1} \cdot \overline{m_3} \cdot \overline{m_5} \cdot \overline{m_6} \cdot \overline{m_7}}$$

（3）将逻辑函数 Y 和 CT74LS138 的输出表达式进行比较。设 $A = A_2$、$B = A_1$、$C = A_0$，比较得

$$Y = \overline{\overline{Y_1} \cdot \overline{Y_3} \cdot \overline{Y_5} \cdot \overline{Y_6} \cdot \overline{Y_7}}$$

（4）画出的逻辑电路图如图 13-8 所示。

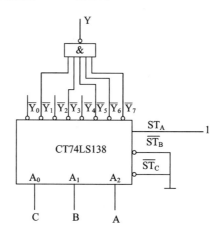

图 13-8　例 13-2 图

13.3　基本 RS 触发器、时钟控制触发器介绍

利用集成门电路可以组成具有记忆功能的触发器。触发器是一种具有两种稳定状态的电路，可以分别代表二进制数码"1"或"0"。当外加触发信号时，触发器能从一种状态翻转到另一种状态，即它能按逻辑功能在 1、0 两数码之间变化。因此，触发器是储存数字信号的基本单元电路，是各种时序电路的基础。目前，触发器大多采用集成电路产品。按逻辑功能的不同，触发器有 RS 触发器、JK 触发器和 D 触发器等。

13.3.1　基本 RS 触发器

图 13-9 是基本 RS 触发器的逻辑图和逻辑符号。它由两个与非门交叉连接而成，R、S 是输入端，Q、$\overline{Q}$ 是输出端。

在正常条件下，若 Q=1，则 $\overline{Q}$=0，称触发器处于"1"态；若 Q=0，则 $\overline{Q}$=1，称触发器处于"0"态；输入端 R 称为置"0"端，S 称为置"1"端。

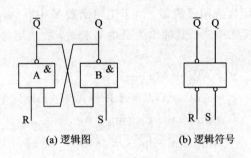

(a) 逻辑图　　　　　　(b) 逻辑符号

图 13-9　基本 RS 触发器的逻辑图和逻辑符号

下面分析输入与输出的逻辑关系。

(1) S=1，R=0。

当 R=0 时，与非门 A 的输出为 1，即 $\overline{Q}$=1。由于 S=1，与非门 B 的两个输入端全为 1，所以 B 门的输出为 0，即 Q=0。若触发器原来处于"0"态，在 S=1，R=0 信号作用下，则触发器仍保持"0"态；若原来处于"1"态，则触发器就会由"1"状态翻转为"0 状态。

(2) S=0，R=1。

设触发器的初始状态为 0，则 Q=0，$\overline{Q}$=1。由于 S=0，B 门有一个输入为 0，其输出 Q 则为 1，而 A 门的输入全为 1，其输出则为 0。因此，触发器由"0"状态翻转为"1"状态。若它的初始状态为 1 态，则触发器仍保持"1"状态不变。

(3) S=1，R=1。

在 S=1、R=1 时，若触发器原来处于"0"态，即 Q=0，$\overline{Q}$=1，此时 B 门的两个输入端都是 1，输出 Q=0，A 门有一个输入为 0，输出 $\overline{Q}$=1，触发器的状态不变。若触发器原来处于"1"状态，即 Q=1、$\overline{Q}$=0，此时，A 门输出为 0，即 $\overline{Q}$=0，B 门输出为 1，即 Q=1，触发器的状态也不变。可见，S=1，R=1 触发器保持原有状态，这体现了触发器的记忆功能。

(4) S=0，R=0。

R、S 全为 0 时，A、B 两门都有 0 输入端，则它们的输出 Q、$\overline{Q}$ 全为 1，这时，不符合 Q 与 $\overline{Q}$ 相反的逻辑状态。当 R 和 S 同时由 0 变为 1 后，触发器的状态不能确定，这种情况在使用中应避免出现。

综上所述，可列出基本 RS 触发器的逻辑状态表，如表 13-7 所示。

表 13-7　基本 RS 触发器的状态表

S	R	Q	$\overline{Q}$	逻辑功能
0	1	1	0	置1
1	0	0	1	置0
1	1	不变	不变	保持
0	0	不定	不定	不允许

从上述分析可知，基本 RS 触发器有两个状态，它可以直接置位或复位，并具有存储和记忆功能。

13.3.2 同步 RS 触发器

图 13-10(a)是同步 RS 触发器的逻辑电路图，图 13-10(b)是其逻辑符号图。其中，与非门 A 和 B 构成基本 RS 触发器，与非门 C、D 构成导引电路，通过它把输入信号引导到基本触发器上。R_D、S_D 是直接复位、直接置位端。只要在 R_D 或 S_D 上直接加上一个低电平信号，就可以使触发器处于预先规定的"0"状态或"1"状态。另外，R_D、S_D 在不使用时应置高电平。CP 是时钟脉冲输入端，时钟脉冲来到之前，即 CP=0 时，无论 R 和 S 端的电平如何变化，C 门、D 门的输出均为 1，基本触发器保持原状态不变。在时钟脉冲来到之后，即 CP=1 时，触发器才按 R、S 端的输入状态决定其输出状态。时钟脉冲过去之后，输出状态保持时钟脉冲为高电平时的状态不变。

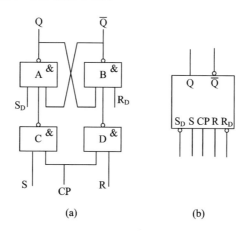

图 13-10　同步 RS 触发器的逻辑电路图

在时钟脉冲来到之后，CP 变为 1，R 和 S 的状态开始起作用，其工作状态如下所述。

(1) S=1，R=0。

由于 S=1，当时钟脉冲来到时，CP=1，C 门输出为 0。若触发器原来处于"0"态，即 Q=0、$\overline{Q}$=1，则 A 门输出转变为 Q=1。因为 R=0，D 门输出为 1，B 门输入全为 1，则输出变为 $\overline{Q}$=0。若触发器原来处于"1"状态，即 Q=1、$\overline{Q}$=0，则 A 门输出为 Q=1。因为 R=0，D 门输出为 1，B 门输入全为 1，则输出为 $\overline{Q}$=0。

结论，当 S=1，R=0 时，不管触发器原来处于何种状态，在 CP 到来后触发器处于"1"状态。

(2) S=0，R=1。

由于 R=1，时钟脉冲来到之后，CP=1，D 门输入全为 1，则 D 门输出为 0，不管触发器原来处于何种状态，$\overline{Q}$=1。由于 A 门输入全为 1，所以 Q=0。

(3) R=0，S=0。

由于 R=0、S=0，则 C 门、D 门均输出为 1，所以触发器的状态不会改变。

(4) S=1，R=1。

当时钟脉冲到来之后，CP=1，则 C 门与 D 门输出都为 0，A 门与 B 门输出为 1，即 Q=$\overline{Q}$=1，破坏了 Q 与 $\overline{Q}$ 的逻辑关系，当输入信号消失后，触发器的状态不能确定，因而实际使用中应避免出现此情况。

图 13-11 是同步 RS 触发器的工作波形，表 13-8 是其逻辑状态表。表中 Q^{n+1} 表示脉冲到来之后的状态，Q^n 表示现态。由图 13-11 可知，触发器状态随 R、S 及 CP 脉冲而变化，在时钟脉冲 CP 作用期间，即 CP=1 期间，R 和 S 不能同时为 1；若 R、S 的状态连续发生变化，则触发器的状态亦随之发生变化，即出现了在一个计数脉冲作用下，可能引起触发器一次或多次翻转，产生了"空翻"现象。因此，同步 RS 触发器不能作为计数器使用。

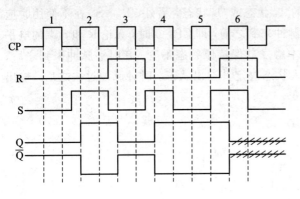

图 13-11 同步 RS 触发器时序图

表 13-8 同步 RS 触发器逻辑状态表

S	R	Q^{n+1}
0	0	Q^n
0	1	0
1	0	1
1	1	不定

13.3.3 JK 触发器

图 13-12(a)是 JK 触发器的逻辑电路图，图 13-12(b)是其逻辑符号。它由两个同步 RS 触发器组成，前级为主触发器，后级为从触发器，$\overline{S}_D$、$\overline{R}_D$ 是直接置位、复位端（平时应处于高电平），J、K 为控制输入端，时钟脉冲经过反相器加到从触发器上，从而形成两个互补的时钟控制信号。

时钟脉冲作用期间，CP=1，$\overline{CP}=0$，从触发器被封锁，保持原状态，Q 在脉冲作用期间不变；主触发器的状态取决于时钟脉冲为低电平的状态和 J、K 输入端的状态。

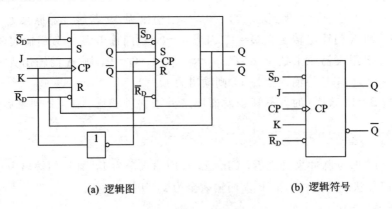

(a) 逻辑图   (b) 逻辑符号

图 13-12 JK 触发器

时钟脉冲作用期间，CP=1，$\overline{CP}=0$，从触发器被封锁，保持原状态，Q 在脉冲作用期间不变；主触发器的状态取决于时钟脉冲为低电平的状态和 J、K 输入端的状态。

当时钟脉冲过去后，CP=0，$\overline{CP}=1$，主触发器被封锁，从触发器导引门畅通，将主触发器的状态移入从触发器中。其工作过程如下：

(1) J=1，K=1。

设时钟脉冲到来之前，即 CP=0，触发器的初始状态为"0"，这时主触发器的 S= $\overline{Q}$=1，R=Q=0，当时钟脉冲到来之后，即 CP=1 时，由于主触发器的 J=1 和 R=0，故翻转为"1"态。当 CP 从 1 下跳为 0 时，由于从触发器 S=1 和 R=0，它也翻转为"1"态。反之，设主触发器的 J=0 和 R=1，当 CP=1 时，它翻转为"0"态。当 CP 下跳为 0 时，从触发器也翻转为"0"态。

(2) J=0，K=0。

设触发器的初始状态为"0"态。当主触发器 CP=1 时，由于主触发器的 J=0 和 R=0，它的状态保持不变，当 CP 下跳时，由于从触发器的 S=0 和 R=1，也保持原状态不变；如果初始状态为 1，也保持原状态不变。

(3) J=0，K=1。

设触发器的初始状态为"1"，当时钟脉冲上升沿来到之后，主触发器 Q=0， $\overline{Q}$=1，所以，在 CP=1 期间，主触发器被置为 0。由于 $\overline{Q}$=0，从触发器被封锁，主触发器的 0 态被暂存起来，当时钟脉冲下跳后，CP=0，主触发器被封锁，而 $\overline{CP}$=1，从触发器打开，其输出与主触发器一致。

若触发器的初始状态为 0，由同样的分析可知，在时钟脉冲作用后，触发器的状态仍为 0。可见，不论触发器原来的状态如何，当 J=0，K=1 时，总是使触发器置 0。

(4) J=1，K=0。

同样分析可得（读者可自行分析），当时钟脉冲作用之后，触发器的状态总是和 J 状态一致，即保持 1 态。

JK 触发器的逻辑功能如表 13-9 所示。表 13-9 中 Q^{n+1} 是脉冲到来之后的状态。

表 13-9　JK 触发器的逻辑功能表

J	K	Q^{n+1}
0	0	Q^n
0	1	0
1	0	1
1	1	$\overline{Q^n}$

由以上分析可知，当 J=K=1 时，每到来一时钟脉冲，触发器状态就翻转一次；当 J=K=0 时，触发器将保持原状态不变；当 J≠K 时，触发器翻转后的状态将和 J 的状态一致，主触发器的状态更新发生在时钟脉冲 CP=1 期间，从触发器的状态翻转发生在时钟脉冲的下降沿。

13.3.4　D 触发器

图 13-13(a) 是 D 触发器的逻辑符号。D 触发器只有一个同步输入端，其应用十分广泛。其中，D 是数据输入端，CP 为时钟脉冲输入端，$\overline{S}_D$、$\overline{R}_D$ 为直接置位、复位端，它们均为低电平有效，不用时应使之处于高电平状态。表 13-10 是其逻辑功能表；图 13-13(b) 是其工作波形时序图。

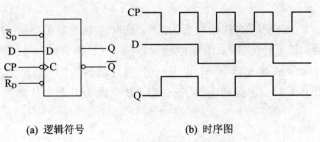

(a) 逻辑符号	(b) 时序图

图 13-13　工作波形时序图

表 13-10　D 触发器功能表

D	Q^n	Q^{n+1}
0	0	0
0	1	0
1	0	1
1	1	1

D 触发器的逻辑功能是当 D＝0 时，在时钟脉冲下降沿到来后，输出状态将变成 $Q^{n+1}＝0$；而当 D＝1 时，在 CP 下降沿到来后，输出状态将变成 $Q^{n+1}＝1$。综上所述，D 触发器的输出状态只取决于 CP 到达前 D 输入端的状态，与触发器现态无关，即 $Q^{n+1}＝D$。

例 13-3　将 D 触发器的输入端 D 接到输出端，如图 13-14 所示，试分析其功能。

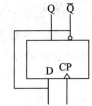

解　若初态为 0，即 Q＝0、$\overline{Q}$＝1，则当 CP 上升沿来到时，Q 翻转为 1，即 Q＝1、$\overline{Q}$＝0；下一个 CP 上升沿来到时，Q 翻转为 0，即 Q＝0、$\overline{Q}$＝1。可见，每来一个 CP 脉冲，触发器翻转一次，具有计数功能，即 $Q^{n+1}＝\overline{Q}^n$。此电路称为 T 触发器电路。

图 13-14　例题 13-3 电路

13.4　寄　存　器

把若干个触发器串接起来，就可以构成一个移位寄存器。按照数据移动的方向可把寄存器分为右移寄存器和左移寄存器。由 4 个边沿 D 触发器构成的 4 位移位寄存器的逻辑电路如图 13-15 所示。数据从串行输入端 D_i 输入；左边触发器的输出作为右邻触发器的数据输入。假设移位寄存器的初始状态为 0000，现将数码 $D_3D_2D_1D_0$（1101）从高位（D_3）至低位依次送到 D_i 端，经过第一个时钟脉冲后，$Q_0＝D_3$。由于跟随数码 D_3 后面的数码是 D_2，则经过第二个时钟脉冲后，触发器 FF_0 的状态移入触发器 FF_1，而 FF_0 变为新的状态，即 $Q_1＝D_3$，$Q_0＝D_2$。依此类推，可得 4 位右向移位寄存器的状态，如表 13-11 所示。

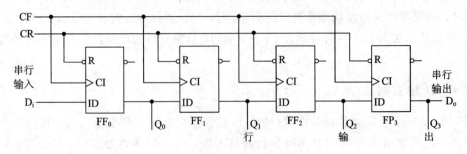

图 13-15　4 位移位寄存器

表 13 - 11 4 位移位寄存器状态表

CP	Q_0	Q_1	Q_2	Q_3
0	0	0	0	0
1	D_3	0	0	0
2	D_2	D_3	0	0
3	D_1	D_2	D_3	0
4	D_0	D_1	D_2	D_3

由表可知，输入数码依次由低位触发器移到高位触发器，作右向移动。经过 4 个时钟脉冲后，4 个触发器的输出状态 $Q_3Q_2Q_1Q_0$ 与输入数码 $D_3D_2D_1D_0$ 相对应。为了加深理解，在图 13 - 16 中画出了数码 1101（相当于 $D_3 = 1$，$D_2 = 1$，$D_1 = 0$，$D_0 = 1$）在寄存器中移位的波形，经过了 4 个时钟脉冲后，1101 出现在寄存器的输出端 $Q_3Q_2Q_1Q_0$。这样，就可将串行输入（从 D_1 端输入）的数码转换为并行输出（从 Q_3、Q_2、Q_1、Q_0 端输出）的数码。这种转换方式特别适用于将接收到的串行输入信号转换为并行输出信号，以便于打印或由计算机处理。

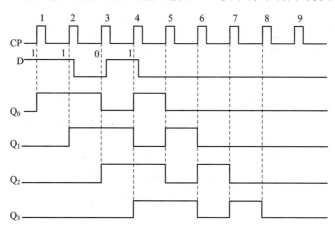

图 13 - 16 4 位移位寄存器时序图

13.5 二进制计数器的组成与分析

在电子计算机和数字系统中，计数器是重要的基本部件，它能累计和寄存输入脉冲的数目。计数器的应用十分广泛，在各种数字设备中几乎都要用计数器。计数器按其进位制的不同，可分为二进制计数器和十进制计数器，本节着重介绍二进制计数器。

图 13 - 17 是由 JK 触发器组成的四位二进制加法计数器的逻辑电路图。JK 触发器作计数器使用时，JK 输入端悬空，相当于接高电平，根据 JK 触发器的工作原理，$J = K = 1$ 时，每当一个时钟脉冲结束时，触发器就翻转一次，实现计数；低位触发器翻转两次，即计两个数，就产生了一个进位脉冲。

因此，高位触发器的 CP 端应接低位的 Q 端。计数前，先在各触发器的 $\overline{R}_D$ 端加一置 "0" 负脉冲，使所有的触发器 $F_0 \sim F_3$ 全部处于 "0" 状态，即 $Q_0 = Q_1 = Q_2 = Q_3 = 0$，这种情况称计数器清 "0"。已清 "0" 的所有计数器初始状态为 "0"，即计数器为 "0000" 状态。

当第一个脉冲结束时，触发器 F_0 由 0 变为 1，即 Q_0 由 0 变为 1，F_0 由 0 变为 1 产生一正跳变，它对 F_1 不起作用，这时计数器呈 $Q_3Q_2Q_1Q_0 = 0001$ 状态。

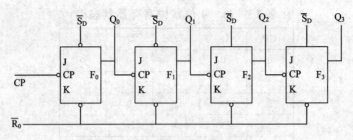

图 13-17　加法计数器的逻辑电路图

当第二个脉冲结束时，触发器 F_0 由 1 变为 0，即 $Q_0=0$，$\overline{Q}_0=1$，由于 Q_0 由 1 变为 0 产生负跳变，送至 F_1 的输入端，于是 F_1 由 0 变为 1，并产生一正跳变，这个脉冲对 F_2 不起作用，故计数器呈 $Q_3Q_2Q_1Q_0=0010$ 状态。

当第三个计数脉冲结束时，触发器 F_0 翻转为 1，即 $Q_1=1$，$\overline{Q}_1=0$，$F_1F_2F_3$ 都不翻转，计数器状态为 $Q_3Q_2Q_1Q_0=0011$。如此继续下去，可画出如图 13-18 所示的波形图，其状态表如表 13-12 所示。

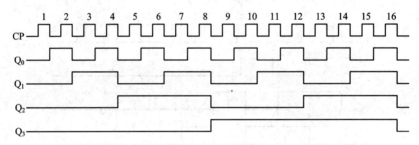

图 13-18　二进制加法计数器的工作波形图

表 13-12　加法计数器状态表

输入脉冲序号	Q_3	Q_2	Q_1	Q_0
0	0	0	0	0
1	0	0	0	1
2	0	0	1	0
3	0	0	1	1
4	0	1	0	0
5	0	1	0	1
6	0	1	1	0
7	0	1	1	1
8	1	0	0	0
9	1	0	0	1
10	1	0	1	0
11	1	0	1	1
12	1	1	0	0
13	1	1	0	1
14	1	1	1	0
15	1	1	1	1

图 13-18 中，第一位 Q_0 每累计一个数，状态都要变一次；第二位 Q_1 每累计两个数，状态变一次；第三位 Q_2 每累计四个数，状态变一次；第四位 Q_3 每累计八个数，状态变一次。每个触发器的脉冲的频率是低一位触发器输出脉冲频率的二分之一。所以，这种计数器也可作分频器使用。

13.6　555 定时器

555 定时器是一种多用途的数字—模拟混合集成电路，可以方便地构成施密特触发器、单稳态触发器和多谐振荡器。

13.6.1　555 定时器的电路结构与功能

555 定时器有两个比较器 C_1 和 C_2，各有一个输入端连接到三个电阻 R 组成的分压器上，比较器的输出接到 RS 触发器上。此外还有输出级和放电管，输出级的驱动电流可达 200 mA。555 定时器的电路图如图 13-19 所示。

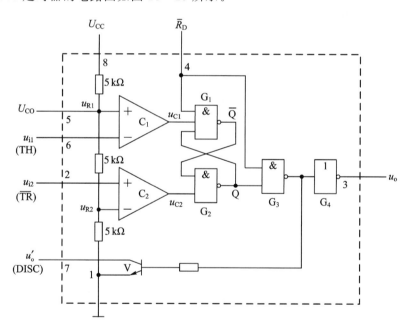

图 13-19　555 定时器

比较器 C_1 和 C_2 的参考电压分别为 U_{R1} 和 U_{R2}，根据 C_1 和 C_2 的另一个输入端——触发输入和阈值输入，可判断出 RS 触发器的输出状态。当复位端为低电平时，RS 触发器被强制复位。若无需复位操作，复位端应接高电平。由于三个电阻等值，所以当没有控制电压输入时，

$$U_{R2} = \frac{1}{3} U_{CC}, \quad U_{R1} = \frac{2}{3} U_{CC}$$

当控制电压外接时，如外接 U_C，则 $U_{R2} = \frac{1}{2} U_C$，$U_{R1} = U_C$。为防止干扰，控制电压端悬空时，应接一滤波电容到地。555 定时器的逻辑功能如表 13-13 所示。

表 13 - 13 555 定时器的逻辑功能表

输入			输出	
$\overline{R_D}$	U_{i1}	U_{i2}	U_o	V 状态
0	×	×	低	导通
1	$> \dfrac{2U_{CC}}{3}$	$> \dfrac{U_{CC}}{3}$	低	导通
1	$< \dfrac{2U_{CC}}{3}$	$> \dfrac{U_{CC}}{3}$	不变	不变
1	$< \dfrac{2U_{CC}}{3}$	$< \dfrac{U_{CC}}{3}$	高	截止
1	$> \dfrac{2U_{CC}}{3}$	$< \dfrac{U_{CC}}{3}$	高	截止

13.6.2 555 定时器的应用

1. 用 555 定时器接成施密特触发器

图 13 - 20 为用 555 定时器接成的施密特触发器，可以提高 U_{R1} 和 U_{R2} 的稳定性。C_1 与 C_2 的参考电压不同，因而基本 RS 触发器的置 0 信号和置 1 信号必然发生在输入信号 U_i 的不同电平。回差电压 $\Delta U_T = U_{th}^+ - U_{th}^- = U_{CC}/3$。

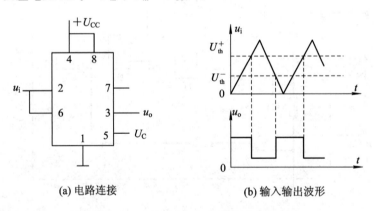

(a) 电路连接　　　　　　　(b) 输入输出波形

图 13 - 20 555 电路构成的施密特触发器

2. 用 555 定时器接成单稳态触发器

图 13 - 21(a) 为电路连接，图 13 - 21(b) 为各点波形。其中 R_2、C_2 为单稳态定时电路；R_1、C_1 为输入微分电路；C_3 为滤波电容，典型值为 $0.01~\mu F$。无触发时，$u_2 > U_{R2}$，U_{CC} 通过 R_2 对 C_2 充电，当 $u_6 > U_{R1}$ 时，u_o 为低电平，C_2 通过放电管 V 放电，u_o 不变，电路进入稳态。触发后，$u_2 < U_{R2}$，u_o 变为高电平，电路进入暂稳态；由于放电管截止，C_2 又被充电，当 $u_6 > U_{R1}$ 时，u_o 返回到低电平，暂稳态结束。

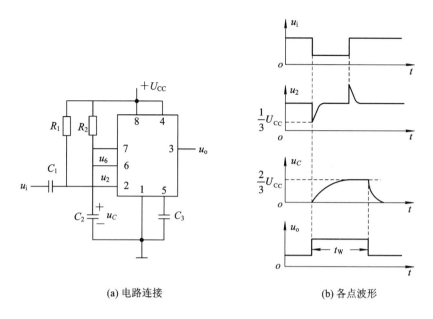

(a) 电路连接   (b) 各点波形

图 13－21　555 定时器构成的单稳态触发器

输出脉冲的宽度 t_W 等于暂稳态的持续时间，即 t_W 等于电容电压在充电过程中从 0 上升至 $2U_{cc}/3$ 所需时间：

$$t_W = RC \ln \frac{U_{cc}-0}{U_{cc}-\dfrac{2}{3}U_{cc}} = RC \ln 3$$

3. 用 555 定时器接成多谐振荡器

1）电路结构

用 555 定时器接成的多谐振荡器如图 13－22(a)所示。

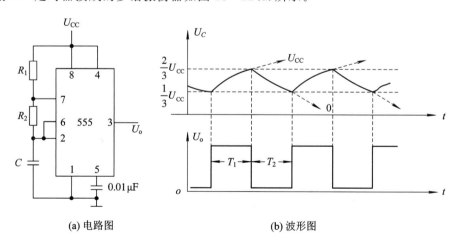

(a) 电路图   (b) 波形图

图 13－22　用 555 定时器构成的多谐振荡器

2）工作原理

多谐振荡器只有两个暂稳态。假设当电源接通后，电路处于某一暂稳态，电容 C 上电

压 U_c 略低于 $\frac{1}{3}U_{cc}$，U_o 输出高电平，V_1 截止，电源 U_{cc} 通过 R_1、R_2 给电容 C 充电。随着充电的进行，U_c 逐渐增高，但只要 $\frac{1}{3}U_{cc}<U_c<\frac{2}{3}U_{cc}$，输出电压 U_o 就一直保持高电平不变，这就是第一个暂稳态。当电容 C 上的电压 U_c 略微超过 $\frac{2}{3}U_{cc}$ 时（即 U_6 和 U_2 均大于等于 $\frac{2}{3}U_{cc}$ 时），RS 触发器置 0，使输出电压 U_o 从原来的高电平翻转到低电平，即 $U_o=0$，V_1 导通饱和，此时电容 C 通过 R_2 和 V_1 放电。随着电容 C 放电，U_c 下降，但只要 $\frac{2}{3}U_{cc}>U_c>\frac{1}{3}U_{cc}$，$U_o$ 就一直保持低电平不变，这就是第二个暂稳态。当 U_c 下降到略微低于 $\frac{1}{3}U_{cc}$ 时，RS 触发器置 1，电路输出又变为 $U_o=1$，V_1 截止，电容 C 再次充电，又重复上述过程，电路输出便得到周期性的矩形脉冲。其工作波形如图 13-22(b) 所示。

3) 振荡周期 T 的计算

多谐振荡器的振荡周期为两个暂稳态的持续时间，$T=T_1+T_2$。由图 13-22(b) 中 U_c 的波形求得电容 C 的充电时间 T_1 和放电时间 T_2 各为：

$$T_1=(R_1+R_2)C\ln\frac{U_{cc}-U_{T-}}{U_{cc}-U_{T+}}=(R_1+R_2)C\ln 2$$

$$T_2=R_2C\ln\frac{0-U_{T+}}{0-U_{T-}}=R_2C\ln 2$$

因而，振荡周期为

$$T=T_1+T_2=0.7(R_1+2R_2)C$$

占空比为

$$q=\frac{T_1}{T}=\frac{R_1+R_2}{R_1+2R_2}$$

则占空比 q 始终大于 50%。

例 13-4 试用 CB555 定时器设计一个多谐振荡器，要求振荡周期为 1 秒，输出脉冲幅度大于 3 V 而小于 5 V，输出脉冲的占空比 $q=2/3$。

解 电路参数与结构如图 13-23 所示。

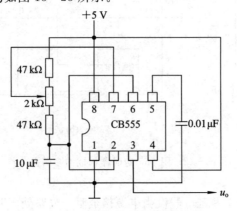

图 13-23 设计的多谐振荡器

本 章 小 结

(1) 组合逻辑电路的设计分为三个步骤:首先根据给定组合逻辑电路的逻辑图,从输入端开始,逐级推导出输出端的逻辑函数表达式;其次由输出函数表达式列出它的真值表;最后从逻辑函数表达式或真值表概括出给定组合逻辑电路的逻辑功能。

(2) 常见的组合逻辑电路有加法器、编码器和译码器等。

(3) 基本 RS 触发器具有两个稳定状态("0"态和"1"态),因而具有记忆功能。

(4) 同步 RS 触发器的状态随 R、S 及 CP 脉冲而变化。

(5) JK 触发器和 D 触发器均具有计数功能且不会产生"空翻"。

(6) 计数器能累计和寄存输入脉冲的数目。

习题与思考题

13.1   RS 触发器的缺点是什么? JK 触发器是如何克服 RS 触发器的缺点的?

13.2   为什么二进制计数器又称为分频器?

13.3   在基本 RS 触发器中输入如图 13-24 所示的波形,试画出 Q 和 $\overline{Q}$ 端的波形。

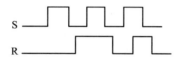

图 13-24   题 13.3 图

13.4   主从 JK 触发器的初始状态为 0,请画出在如图 13-25 所示的 CP、J、K 信号的作用下 Q 端的波形。

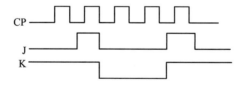

图 13-25   题 13.4 图

13.5   试用 CB555 定时器设计一个多谐振荡器,要求振荡周期为 2 秒,输出脉冲幅度大于 3 V 而小于 5 V,输出脉冲的占空比 $q=2/3$。

参 考 文 献

[1] 江甦. 电工与工业电子学. 西安：西安电子科技大学出版社，2002.

[2] 刘振廷. 模拟电子技术. 北京：机械工业出版社，2007.

[3] 李耐根. 电工与电子技术基础. 北京：冶金工业出版社，2008.

[4] 杜平勇. 电工电子技术. 北京：高等教育出版社，2000.

[5] 宋卫海，杨现德. 数字电子技术. 北京：北京大学出版社，2010.

[6] 李中发. 数字电子技术. 北京：中国水利水电出版社，2001.

[7] 陈小虎. 电工电子技术. 北京：高等教育出版社，2000.

[8] 于占河. 电工基础. 北京：电子工业出版社，2003.